Praktische Anwendung der Baugrunduntersuchungen

bei Entwurf und Beurteilung von Erdbauten und Gründungen

Von

Dr.-Ing. habil. W. Loos

Regierungsbaurat, Geschäftsführer der Deutschen Forschungsgesellschaft für Bodenmechanik (Degebo), Berlin

Dritte, umgearbeitete und erweiterte Auflage

Mit 164 Textabbildungen

Springer-Verlag Berlin Heidelberg GmbH
1937

Ursprünglich erschienen bei Julius Springer in Berlin 1937

ISBN 978-3-662-35553-4 ISBN 978-3-662-36382-9 (eBook)
DOI 10.1007/978-3-662-36382-9

Aus dem Vorwort zur ersten Auflage.

Aus Kreisen der Bauingenieure in der Praxis mehren sich die Fragen nach einer kurzen, leichtfaßlichen Darstellung der angewandten neueren Baugrundforschung. Gewiß besteht eine Anzahl umfangreicherer Lehr- und Handbücher[1], die dem Verfasser selbst viel Wertvolles geboten haben, die jedoch dem im Berufsleben stehenden Fachgenossen meist zu ausführlich sind oder weitere Vorstudien erfordern. Auch wird darüber geklagt, daß in vielen Fällen, besonders bei geologischen Abhandlungen, nicht der Schlüssel zur praktischen Nutzanwendung gegeben wird.

Deshalb soll in diesem kurzen Buch versucht werden, die Zusammenhänge so darzustellen, wie es für den Bauingenieur, der seine Hauptsorge auf Entwurf und Baustelle verwenden muß, nützlich sein kann. Es gilt, dem entwerfenden und ausführenden Fachgenossen den Nutzen der neueren Erkenntnisse nahezubringen und den Mann der Praxis, dem sich fast täglich solche Probleme bieten, so weit für diese Art des Vorgehens zu gewinnen, als sie nach dem heutigen Stande draußen verwertbar ist. Wer sich dann mehr in dieses Sonderfach vertiefen will, lese in den angeführten Büchern und Zeitschriften nach. Er wird vielleicht sogar nach einer kurzen Einführung gerne darauf zurückgreifen, sobald ihm durch die Behandlung eines verwendungsfähigen Beispiels die Brücke geschlagen ist.

Das bei der Abfassung zu Rate gezogene Schrifttum ist möglichst ausführlich im Verzeichnis angegeben, und zwar mehr der praktische als der theoretische Teil. Da man jedoch mit einem sehr langen Schrifttumsverzeichnis wenig anfangen kann, wenn man nicht gerade sehr viel Zeit hat, wird im Text angedeutet, was beim besprochenen Fall besonders in Betracht kommt.

Es ist erstaunlich, daß z. T. so einfache Überlegungen und Verfahren, wie z. B. die bodenphysikalischen Untersuchungsmethoden und die sich daraus ergebende Betrachtung der Dinge, nicht schneller Eingang finden, zumal sie eine Fülle von Kosten, Zeit und Ärger ersparen können. Durch Schulungskurse über Baugrunduntersuchungen und ihre Anwendung hat man mit Erfolg versucht, die bereits in der Praxis stehenden Bauingenieure mit den Grundzügen der neueren Baugrundforschung bekannt zu machen. Im großen und ganzen deckt sich der Inhalt der folgenden Ausführungen mit den Vorträgen und Übungen dieser Kurse, die auch die Anregung zur Veröffentlichung gaben.

---

[1] Siehe Schrifttumsverzeichnis.

Es lassen sich heute Erfahrungen beim Bau und am Bauwerk auf Böden beziehen, deren wichtigste Eigenschaften man ausreichend genau beschreiben kann, um aus diesen Erfahrungen bei ähnlich gelegenen Fällen großen Nutzen zu ziehen. Auch kann der Erfahrene auf Grund der Untersuchung von Bodenproben, deren Ausführlichkeit ihm überlassen bleiben muß, je nach Lage des Falles, das Verhalten der Bauwerke voraussagen. Dies wird ihm bei sehr eindeutigen Fällen sogar ohne zeitraubende und kostspielige Versuche möglich sein.

Die Fragen, die der Praktiker stellen wird, und die bei der Behandlung des Stoffes berücksichtigt werden sollen, heißen ungefähr:

1. Welche Untersuchungen sind praxisreif, d. h. sind sie in kurzer Zeit zu erschwinglichen Kosten durchführbar, und kann man auf Grund der Auswertung brauchbare Vorschläge machen?

2. In welcher Reihenfolge und wie faßt man die Sache am geschicktesten an?

3. Wer bearbeitet diese Dinge am zweckmäßigsten und wo greifen die verschiedenen Fachgebiete ineinander?

4. Sind diese neueren Verfahren wirtschaftlich, ersparen sie Baukosten, Zeit, Ärger und unnötige Reibungen? Dienen sie dem guten Ruf einer leistungsfähigen Baufirma?

5. Was kann und soll auf der Baustelle untersucht werden, was im Versuchslaboratorium?

Soweit infolge der Kürze der zur Verfügung stehenden Zeit einzelne Gebiete weniger ausführlich behandelt wurden oder sich durch ständig hinzukommende neue Erfahrungen Verbesserungen ergeben, können diese in einer späteren Ausgabe berücksichtigt werden. Jetzt kam es darauf an, zu einer Zeit, in der sehr viele Fragen ähnlicher Art gestellt werden, bald eine Antwort zu geben.

Um diesen Leitfaden noch während der regen Bautätigkeit dieses Sommers herausbringen zu können, stand für die Ausarbeitung nur eine verhältnismäßig kurze Zeit zur Verfügung. Da jedoch wiederholt um eine Niederschrift der in den bei der „Deutschen Forschungsgesellschaft für Bodenmechanik“ abgehaltenen Kursen behandelten Fragen gebeten wurde, galt die baldige Drucklegung mehr als eine große Vollständigkeit des Stoffes.

Bei der Fertigstellung wurde ich unterstützt durch Herrn Dr. phil. Alfred Ramspeck, der den Abschnitt „Dynamische Bodenuntersuchungen“ verfaßte, und Herrn Dipl.-Ing. Rudolf Müller, der mir vor allem bei der Durchsicht und der Ergänzung der Abbildungen und Beilagen behilflich war.

Berlin-Charlottenburg im Mai 1935. **W. Loos.**

Aus dem Vorwort zur zweiten unveränderten Auflage.

Als ein erfreuliches Zeichen für die zunehmende Beschäftigung mit Baugrundfragen kann es gelten, daß die erste Auflage 5 Monate nach dem Erscheinen bereits vergriffen war.

Charlottenburg, den 24. 3. 1936. **W. Loos.**

Vorwort zur dritten Auflage.

Das Buch erscheint diesmal, wie vor einem Jahre angekündigt, neu bearbeitet und ergänzt. Gerade das Jahr 1936 brachte eine starke Zunahme der Arbeiten auf dem Gebiet der Baugrundforschung und ihrer Nutzanwendungen. Außer tieferem Eindringen in die einzelnen Zusammenhänge ist vor allem ein großer Breitenzuwachs zu verzeichnen, der sich am besten in der Zahl der Bauingenieure ausdrückt, die sich jetzt mit diesen Arbeiten befassen, infolge der großen Bauausführungen, bei denen solche Untersuchungen angewandt werden.

Auch jetzt wieder lag es nahe, durch Auffüllung der „Lücken“ und Einreihen der Fortschritte ein Handbuch von 5—600 Seiten herzustellen. Wir blieben jedoch bei dem alten Aufbau und mußten deshalb manches weglassen, was wohl lesenswert gewesen wäre, aber der kurzen Übersicht geschadet hätte. Die Ratschläge aus den Buchbesprechungen wurden — soweit sie berechtigt schienen und im Rahmen des Buches Platz hatten — befolgt. Ausführliche Rechenbeispiele werden gelegentlich herausgebracht werden. Für Einzelgebiete, z. B. Tunnelgeologie, war kein Raum verfügbar.

Bei der Durchsicht und Ergänzung wurde ich bereitwillig unterstützt durch Herrn Dr. Alfred Ramspeck, der den Abschnitt „Dynamische Bodenuntersuchungen“ neu bearbeitete, und Herrn Dipl.-Ing. Herbert Meischeider, der einige Ergänzungen lieferte und vor allem bei der Durchsicht der Tafeln und Beilagen mitarbeitete.

Berlin-Charlottenburg im September 1937.

W. Loos.

Inhaltsverzeichnis.

I. Allgemeines.

1. Rückblick.

Die sogenannte klassische Erdbaumechanik, in Hauptsache die klassische Erddrucktheorie, wurde bereits vor etwa 150 Jahren (Coulomb 1773) begründet. Rankine u. a. haben daran fortgearbeitet, und auch heute noch sind ihre Arbeiten für uns wertvoll und größtenteils gültig. Wenig bekannt sind die Abhandlungen Collins (1846) [1], der eine große Zahl von Damm- und Böschungsrutschungen beobachtete, aufmessen ließ und die Querschnitte der gekrümmten Gleitflächen als Zykloiden ableitete (Abb. 1), die mit der örtlichen Beobachtung gut

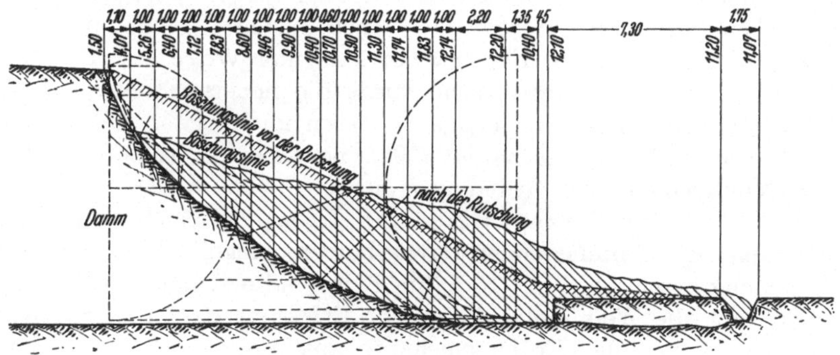

Abb. 1. Rutschung am Kanal von Burgund.

übereinstimmten. Von deutschen Forschern haben Tiefenbacher, von Kaven, Zimmermann (1888) u. a. m. auf diesem Gebiet fortgearbeitet. Die durch Zimmermann [2] nach einer Entwicklung Schwedlers dargestellte Gleitlinie im Boden infolge einer Auflast als logarithmische Spirale (S. 112—113) stimmt mit Versuchen gut überein [3, 4, 5]. Hinter diesen Ableitungen, die aus der Theorie heraus die Dinge auf geradezu verblüffende Weise darstellen und auch heute noch nicht überholt sind, blieb die versuchsmäßige Entwicklung der für die Rechnung erforderlichen Beiwerte recht weit zurück. Das mag zum Teil daran liegen, daß das Versuchswesen der Bauingenieur-Wissenschaft im Gegensatz zu der Chemie und Experimentalphysik noch verhältnismäßig jung ist und lange Zeit ganz vernachlässigt wurde.

Zwar gaben die meisten unserer technischen Handbücher Beiwerte für den Boden (Raumgewicht, Reibungsbeiwert, zulässige Bodenpressung u. dgl.), die meist schon deshalb nicht brauchbar waren, weil die

Bezeichnung der Bodenarten sehr ungenau und keineswegs einheitlich war. Infolgedessen konnte sich der Entwerfende die ihm gerade passenden Beiwerte innerhalb weiter Grenzen wählen. Erst in neuerer Zeit begann wieder die planmäßige Beobachtung im Gelände zusammen mit vorausschauender und erklärender Berechnung der Erscheinungen durch die neuere Erdbaumechanik auf bodenphysikalischer Grundlage.

2. Neuere Entwicklung.

Bereits in den letzten Jahren vor dem Kriege bekam die Erforschung des Bodens als Baugrund in verschiedenen Ländern neuen Auftrieb. Die schwedischen Staatsbahnen setzten 1913 eine geotechnische Kommission ein, die vor allem eine Anzahl folgenschwerer Rutschungen von Bahndämmen untersuchen und auf ähnliche Weise gefährdete Hänge und Dämme beobachten sollte. Der umfangreiche Schlußbericht ist 1922 erschienen [6]. Die darin verwerteten Bodenuntersuchungen wurden hauptsächlich nach bodenkundlichen (Atterberg), geologischen und empirischen Verfahren durchgeführt. Auch in den Vereinigten Staaten (Bureau of Public Roads) fing man in ähnlicher Weise an. Besonders durch Prof. von Terzaghi-Wien wurde die neuere Erdbaumechanik auf bodenphysikalischer Grundlage vertreten und vorwärtsgebracht [7, 8, 9]. In seiner „Erdbaumechanik" (1925) hebt Terzaghi die Bedeutung der bodenphysikalischen Grundlagen hervor; auch in der „Ingenieurgeologie" (1929) von Terzaghi-Redlich-Kampe finden wir eine Reihe von Beispielen und umfassenden Darstellungen. Ausführlicher wird diese Entwicklung beschrieben in „15 Jahre Baugrundforschung" [10]. Ebendort ist auch die Weiterentwicklung zur Erfassung der bodenphysikalischen Grundlagen der Erdbaumechanik ausführlicher gekennzeichnet. Die letzten Jahre standen im Zeichen einer raschen Fortentwicklung, so daß Erdbaulaboratorien, die bodenphysikalische Untersuchungen vornehmen, nunmehr bereits in fast allen Ländern bestehen.

In Deutschland wurde 1928 die „Deutsche Forschungsgesellschaft für Bodenmechanik[1]" gegründet, daneben haben Versuchsanstalten in Berlin, Hannover und Freiberg etwa seit 1926 sich u. a. mit den Fragen

---

[1] Die „Deutsche Forschungsgesellschaft für Bodenmechanik", abgekürzt „Degebo", wurde 1928 gegründet. Beteiligt: Reichsverkehrsministerium und Reichsbahn-Hauptverwaltung, die auch die 27 Mitglieder ernennen oder berufen. Vorstand: Ministerialrat Dr.-Ing. Ellerbeck. Arbeitsausschuß zur Zeit: Geh. Reg.-Rat Prof. Dr.-Ing. e. h. Hertwig, Prof. Dr. Leo von zur Mühlen, Prof. Dr.-Ing. Agatz, Reg.-Baurat Dr.-Ing. habil. Loos. Die Gesellschaft stellt sich zur Aufgabe, praktische und wissenschaftliche Forschungen über Bodenmechanik und den Boden als Baugrund und Baustoff anzustellen. Sie hat eine Forschungsstelle mit Erdbaulaboratorium in Berlin-Charlottenburg, Technische Hochschule (Hardenbergstr. 35). Für Außenversuche Schwingungsapparatur mit Meßgeräten, Entnahmegeräte für Bodenproben aus dem Schürf- und Bohrloch.

der Druckverteilung im Baugrund, der Scherfestigkeit und klärender Versuchsmethoden beschäftigt.

In diesem Zustand der Entwicklung boten die großen Bauvorhaben in Deutschland, vor allem die Reichsautobahnen, und die Zusammenfassung des Straßenwesens Anlaß zur sofortigen praktischen Anwendung, wobei Dr. Todt sich besonders für die Erforschung des Baugrundes einsetzte. Dies bedeutet bereits einen großen Schritt vorwärts und wird anderseits wieder Gelegenheit zur Vervollkommnung und Nachprüfung dieser Verfahren am praktischen Beispiel bieten.

Auch im letzten Jahr sind erhebliche Fortschritte zu verzeichnen, wie zunächst aus dem Schrifttum [11] hervorgeht und wie überdies die erste internationale Konferenz für Bodenmechanik und Gründungen in Cambridge, Mass. (USA.) durch ihren Verlauf deutlich gezeigt hat. Sie wurde in „Engineering News Record" vom 2. Juli 1936 als ein „Markstein" in der Geschichte des Ingenieurwesens bezeichnet. Ihr Zweck war: Ausschaltung doppelter Forschung an mehreren Stellen, Austausch neuer Ergebnisse und Anregung zur Weiterarbeit. Ihre Berichte enthalten, neben Wiederholungen bereits bekannter Dinge, die Beschreibung neuer Versuchsgeräte für die Laboratorien, einiger neuer Entnahmegeräte, besonders für ungestörte Sandproben aus dem Bohrloch mit Hilfe der Einspritzung von Bitumenemulsion, Abhandlungen über hydraulische Dammschüttung, Verdichtung und Verfestigung von Böden, Auswertung von Setzungsanalysen und eine Fülle von Beobachtungen an Bauten in vielen Ländern [12]. Sie gab die Anregung zur Bildung einer „Internationalen Vereinigung für Bodenmechanik und Gründungen".

In Deutschland machte der Ausbau der Bodenprüfstellen bei den Reichsautobahnen und die Anwendung der Untersuchungen auf vielen Baustellen gute Fortschritte. Wir wissen, daß, verteilt über das Reichsgebiet, einige Dutzend Bauingenieure in dieser Richtung arbeiten; der Erfolg wird nicht ausbleiben.

Der II. Internationale Kongreß für Brückenbau und Hochbau in Berlin (Oktober 1936) widmete einen Vormittag dem Thema VIII „Baugrundforschung". Die Berichte sind bereits gedruckt [13]; die Herausgabe der Diskussionsbeiträge hat sich durch einzelne verspätete Einsendungen leider verzögert. Auch hier sah man, daß auf verschiedenen Gebieten, z. B. dynamischer Bodenuntersuchungen, Verfestigung der Böden, Theorie des Erddruckes, Setzungsbeobachtungen, wertvolle Fortschritte zu verzeichnen sind. Auch aus dem Gebiet des Betonbaues lassen sich einzelne bahnbrechende Mitteilungen, wie z. B. die von Freyssinet-Paris, als Anregung für die Untersuchung bindiger Böden verwenden.

Das Schrifttum hat, abgesehen von den hier bereits angeführten Veröffentlichungen, eine wesentliche Bereicherung erfahren und wird noch jeweils in den folgenden Abschnitten erwähnt werden. Auch ein

Beitrag muß hier erwähnt werden, der keine Bereicherung darstellt. Im Dezember 1936 erschien in Wien eine Streitschrift „Erdbaumechanik?“ von Prof. Dr. Paul Fillunger (im Selbstverlag des Verfassers) [14], der der Entwicklung der Baugrundforschung, wie sie besonders durch Terzaghi eingeleitet wurde, fast jeden Nutzen abspricht. Ihre Einseitigkeit verrät eine fast völlige Unkenntnis der praktischen Nutzanwendungen der letzten Jahre. Sie wird hier lediglich erwähnt, damit sich die Fachgenossen nicht irremachen lassen, zumal die Schrift sich eigentlich nicht mit dem ganzen Gebiet beschäftigt, sondern in der Hauptsache einzelne Ableitungen des Buches „Theorie und Setzung von Tonschichten“ angreift, davon ausgehend jedoch stark verallgemeinert und z. B. die bautechnischen Anwendungen ablehnt [146].

Der Nutzen der eingehenderen Beschäftigung mit den Verfahren der Bodenuntersuchungen liegt nicht so sehr in der Erlangung genauer Rechnungswerte und Kennziffern als in dem tieferen praktischen Eindringen in die wesentlichen Zusammenhänge, die auch dem entwerfenden und bauausführenden Ingenieur bald wertvoll wurden und ihre Unentbehrlichkeit bewiesen haben. Wir sind uns klar darüber, daß die Entwicklung auch nicht annähernd abgeschlossen ist, daß überall der Ausbau der Verfahren Hand in Hand mit der Praxis weitergehen muß, daß es jedoch auch gerade deshalb notwendig ist, sie möglichst vielseitig anzuwenden und die durch Theorie und Versuche ermittelten Werte am ausgeführten Bauwerk nachzuprüfen oder richtigzustellen. In den Abschnitten III, IV und V wird ausführlicher dargelegt, was mit diesen zunächst recht allgemeinen Hinweisen gemeint ist.

Besonders hervorzuheben wäre noch, daß gerade im Erdbau und Gründungswesen langwierige Streitfragen über Schadenersatzfälle, Kostenüberschreitungen usw. entstanden sind, bei denen der Richter auf das Urteil der Sachverständigen angewiesen war, die besonders in Baugrundfragen manchmal zu diametral entgegengesetzten Schlüssen kamen und sich sehr oft der obenerwähnten klärenden Versuche, Rechnungswerte und Kennziffern nicht bedienten, da sie noch nicht Allgemeingut des Bauingenieurs sind. Eine Besserung wird erst eintreten, wenn der Ingenieurgeologe oder Baugrundingenieur für den Richter ebenso zum Begriff wird wie der Sachverständige z. B. für Stahlbau oder Eisenbetonbau.

II. Der Boden als Baugrund und Baustoff.

Der Ingenieur kennt von den meisten Baustoffen, die er verarbeitet (Eisen, Beton, Stein, Holz), die Festigkeitseigenschaften und das Verhalten ziemlich genau. Für diese Stoffe sind die zulässigen Beanspruchungen weitgehend festgelegt und die Berechnungsverfahren mit Hilfe der erprobten Theorien bis ins einzelne entwickelt. Dadurch wird die Erreichung sicherer und wirtschaftlicher Gestaltung erleichtert und die errechneten Sicherheiten sind verhältnismäßig groß (4—5fach).

Der Boden dagegen ist als Baugrund und Baustoff von einer erstaunlich großen Vielfältigkeit, die sich durch einzelne Kennziffern allein nicht beschreiben läßt. Die technischen Handbücher geben denn auch für die physikalischen Eigenschaften der Erdstoffe recht ungenaue Werte, was insofern gut ist, als die Bezeichnung noch lange nicht einheitlich durchgeführt wird und das Fehlen genauer Angaben dann zu gründlicher Untersuchung Veranlassung gibt. Trotz dieser Unklarheiten sind gerade im Erdbau und Gründungswesen die üblichen Sicherheitsgrade besonders klein (an ausgeführten Bauwerken zwischen 1,2 und 2,5), da sonst diese Bauten zu große Abmessungen bekämen. Wenn dann auch noch falsche Annahmen gemacht werden, kann die Sicherheit überhaupt verlorengehen.

Der Boden erleidet bei zusätzlicher Belastung eine Zusammendrückung, er weicht aus, rutscht, fließt, wird durch Erschütterungen eingerüttelt, ist durchlässig und begünstigt Ausspülung, saugt Wasser auf, quillt, gefriert, verursacht in diesem Fall z. B. unter der Straße zunächst Frosthebungen und später beim Auftauen einen stark aufgeweichten, suppigen Untergrund, der dann Deckendurchbrüche begünstigt.

Bezeichnung und Beschreibung der Bodenarten.

Die einheitliche Bezeichnung der Bodenarten, um die sich z. B. der Deutsche Ausschuß für Baugrundforschung bei der Deutschen Gesellschaft für Bauwesen seit Jahren bemüht, ist ganz und gar keine rein verwaltungstechnische Angelegenheit, sondern von grundlegender Bedeutung für die ganze Baugrundforschung und den Grundbau überhaupt. Denn unsere praktischen Erfahrungen mit gewissen Bodenarten und -verhältnissen sind nur brauchbar, wenn wir ihre Haupteigenschaften und Beiwerte auch einwandfrei beschreiben und festlegen können. Gerade in diesem Punkt werden oft noch große Fehler gemacht, indem man z. B. zwei Böden, die in einzelnen Eigenschaften (Farbe, Korn z. B.) übereinstimmen, als „ähnlich“ bezeichnet und dann an ihnen gemachte Beobachtungen verallgemeinert. Es gilt zu erkennen, wie die verschiedenen Eigenschaften zusammenwirken, sich gegenseitig verstärken oder abschwächen und das Verhalten des Bodens unter dem Bauwerk bedingen. Man wird dann sehen, daß sich auch durch Änderung einzelner Eigenschaften beim Gleichbleiben der übrigen (z. B. Kornverteilung, Porengehalt) das Verhalten im Bauwerk sehr stark ändern kann. Beispiel: Ein feiner Sand mit mehr als 3 Gewichtsprozenten von $< 0,02$ mm Korndurchmesser kann unter gewissen örtlichen Verhältnissen (Grundwasser) frostschiebend sein, während derselbe Sand ohne diese 3% es bestimmt nicht ist. Der Unterschied ist, selbst bei gleicher Farbe, Korngröße und -form, dem Geübten durch Aufschütteln mit Wasser im Reagensglas leicht erkennbar. Anderes Beispiel: Der übliche Berliner Sand kann auf einer Baustelle in gleich starken Schichten gelagert und dem Auge als gleichmäßig erkennbar vorkommen, während auf Grund dynamischer Bodenuntersuchungen sich eine sehr verschiedene Einrüttelungsfähigkeit und eine zu erwartende Setzung ergibt, die innerhalb 30 m Abstand um 50% verschieden ist. Weiter: Ein mooriger Schlick an der norddeutschen Küste kann 100% Wassergehalt vom Trockengewicht haben und ein durch Ortseingesessene als „ähnlicher Boden" bezeichneter Schlick erreicht bis zu 250% Wassergehalt vom Trockengewicht, zum Teil infolge organischer Bestandteile. Anderswo, z. B. im alten Neckarbett südwestlich von Darmstadt, bezeichnet man mit Schlick eine Bodenart, die nur etwa 35% Wassergehalt besitzt.

Welcher Mißbrauch wird oft noch mit der Benennung „Fließsand" oder „Faulschlamm" getrieben und wie verschiedene Bodenarten werden mit diesen Bezeichnungen belegt!

Aber auch beim selben Wassergehalt und derselben Korngröße kann die Struktur des Bodens sehr verschieden sein. Weicher Ton z. B. kann durch mechanische Einflüsse (Rutschungen, Rammarbeiten usw.) stark „gestört" werden, so daß seine Eigenschaften als Tragkörper sich um ein Vielfaches verschlechtern [15, 16].

Es entspräche nicht dem Zweck dieser Abhandlung, wenn man nun auf dem Papier eine tabellenartige Einteilung vornehmen wollte. Wer eine solche wünscht, findet in der „Ingenieurgeologie" auf S. 315 u. 316 eine Einteilung in 7 Gruppen. Das Normblatt DIN 4022 (s. Beilage 1) gibt eine Anweisung für die anzuwendenden Benennungen. Sehr wichtig ist hierbei, daß neben der geologischen Bezeichnung, die im ganzen Reich verstanden werden sollte, auch die ortsübliche Benennung vorkommt, damit ein Bohrmeister nicht durch gezwungene Anwendung ihm ungeläufiger Bezeichnungen grobe Fehler macht.

In der Versuchsanstalt kann dann nach den klärenden Versuchen immer noch eine richtigere Bezeichnung gegeben und durch Kennziffern belegt werden. Aber wie gesagt: Eine Fülle von Versuchen und kostbaren Erfahrungen sind schlecht übertragbar, weil die Bezeichnung der betreffenden Bodenart nicht eindeutig ist.

Für die Verwertung bereits vorhandener Bohrungen, die meist Hunderte oder Tausende von Mark gekostet haben, ist die zum mindesten gleichartige Benennung ausschlaggebend, besonders dann, wenn die Proben nicht oder auf ungeeignete Weise (z. B. in Fächerkästen) aufbewahrt werden. Es ist in solchen Fällen immer noch ein Auswerten der vorhandenen Bohrungen möglich, wenn man einige zusätzliche Bohrungen anordnet, sie — wenn es geht — durch denselben Bohrmeister ausführen läßt, der dann auch wieder seine Bezeichnungen anwendet. Auf diese Weise brauchen Bohrungen, die an sich unseren Anweisungen nicht entsprechen, nicht wertlos zu sein und ermöglichen sogar das Aufzeichnen von ungefähren Bohrprofilen (Abb. 2). Die Skizze zeigt die Anordnung der neuen Bohr- oder Schürflöcher.

Zum guten Verständnis des oben Gesagten ist es notwendig, daß wir die einzelnen Eigenschaften, die sich gegenseitig ergänzen, übereinandergreifen oder ausschließen, kurz besprechen. (Die Feststellung der Eigenschaften wird unter IV beschrieben.)

Ein Erdstoff läßt sich, wie bereits angedeutet, als Baugrund oder Baustoff nie auf Grund einer der bodenphysikalischen Eigenschaften allein kennzeichnen oder beurteilen. Ein gleichförmiger Sand z. B. hat ein Recht auf einen viel größeren Porengehalt als ein ähnlicher, ungleichförmiger Sand unter demselben Druck. Dasselbe gilt für den Porengehalt — gleich dem Wasser- und Luftgehalt — bei bindigen Böden.

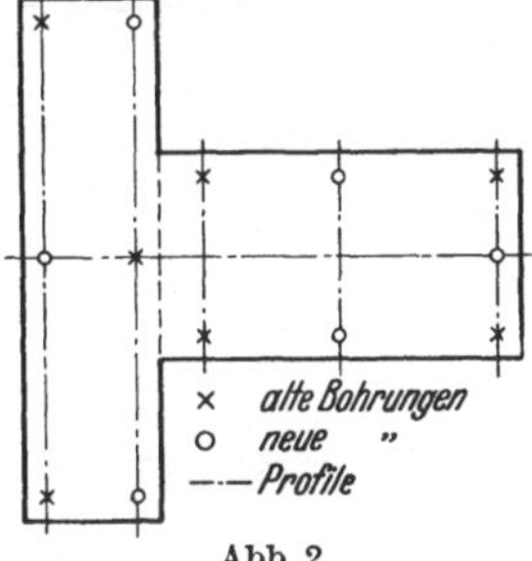

Abb. 2.

Eines der sinnfälligsten Unterscheidungsmerkmale bei in der Natur entnommenen Bodenproben ist die Haftung der einzelnen Bodenteile aneinander. Das Maß dieses Zusammenhaltes kann man in einfacher Weise dadurch feststellen, daß man die Probe trocknet und sie nach der Trocknung zu zerdrücken versucht. Sande werden dann sofort zerfallen, tonige Sande lassen sich zwischen den Fingerspitzen zerdrücken und fette Tone werden hart wie Stein. Aus dieser Eigenschaft ergibt sich die Einteilung in zwei Hauptgruppen: bindige und nichtbindige Böden.

a) Nichtbindige (kohäsionslose) Böden.

Hierher gehören die unverkitteten Massen kleiner Gesteinstrümmer, in der Hauptsache Kiese und Sande.

Korngröße. Die Korngröße eines Sandes läßt sich ungefähr ermitteln durch Aussieben, die der feinsten Teile unter 0,06 mm Durchmesser (kleinste Maschenweite der Normensiebe) durch Schlämmen. Bei dem Verlauf der Kornverteilungskurve (Abb. 3) ist nicht nur wichtig die Größe der kleinsten und größten Körner, sondern auch der mengenmäßige Anteil der einzelnen Korndurchmesser (Fraktionen). Wenn der größte Teil der Körner gleichen Durchmesser hat, sprechen wir von gleichförmigem (I), wenn jedoch sehr viele Korngrößen vertreten sind — also die Kornverteilungskurve des Sandes der beim Beton angewandten Fuller-Kurve ähnelt —, von ungleichförmigem (II) Sand. Natürliche Lagerung, Porengehalt, Durchlässigkeit, Verdichtungsfähigkeit, Einrütteln, Einschlämmen usw. sind für diese beiden Arten recht verschieden [17, 18].

Der Sand hat im unbelasteten Zustand so gut wie keine Scherfestigkeit. Durch äußere Kräfte entsteht jedoch eine sog. „scheinbare Kohäsion“ („Ingenieurgeologie“ S. 319). Diese Kräfte können wirksam sein durch den Druck einer Überlagerung, die Spannung in den Kapillaren beim Austrocknen und äußeren Überdruck auf Sandzellen. A. Casagrande veranschaulicht dies durch einen einfachen Versuch: Aus einer dünnwandigen Gummizelle, die mit lockerem Sand gefüllt ist, wird durch die Wasserstrahlpumpe Luft abgesaugt, so daß der Inhalt sich fest wie Beton anfühlt. Der „Zementleim“ wird in diesem

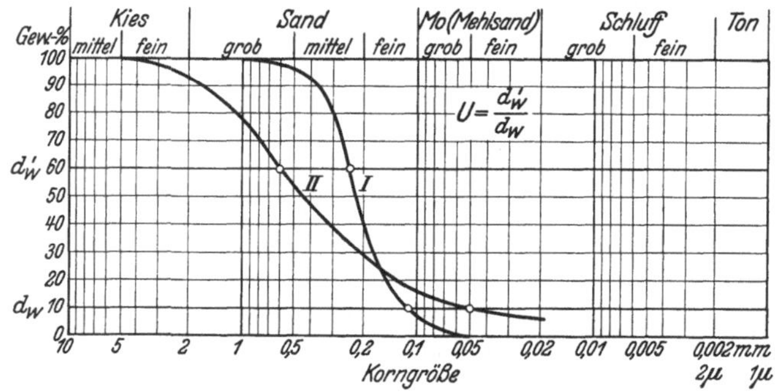

Abb. 3. Vergleich von gleichförmigem und ungleichförmigem Sand.

Fall durch den äußeren Überdruck ersetzt und eine starke Reibung und Haftung der Sandkörper untereinander erzeugt. Dieser einfache Zusammenhang ist deshalb wichtig, weil man aus dem Bohrloch lose zutage geförderten Sandproben, besonders wenn das Korn sehr fein ist, oft nur geringe Tragfähigkeit zutraut, während solche Sande in größerer Tiefe, zwischen den anderen Bodenschichten eingeschlossen und belastet, sehr wohl tragfähig sind, da hierfür Lagerungsdichte, Scherfestigkeit und Reibung gelten.

Kornform. Die Siebanalyse ergibt nur den größten Durchmesser des Kornes, wenn es ziemlich massig ist. Teile, die aus Stäbchen, Schuppen usw. bestehen, werden nur recht ungenau erfaßt. Auch die Schlämmanalyse gibt nur eine „äquivalente Korngröße“, weil die bei der Auswertung angewandten Gesetze (Stokes) in einer Flüssigkeit fallende Kugeln annehmen. Durch Betrachten, allenfalls unter dem Mikroskop, kann man sich Klarheit darüber verschaffen, ob starke Abweichungen von der Kugel- oder Würfelform vorliegen und z. B. den Sand besonders sperrig machen. (Ähnlich wie im großen der Unterschied zwischen Flußkies und Steinschlag.) Die größten Gegensätze zeigen beispielsweise scharfkantige Quarzsande und gemahlener Glimmer. Auf der Baustelle bilden stark glimmerhaltige Sande bei Wasseraustritt besonders gefährdete Böschungen.

Verdichten und Schwellen. Terzaghi benutzt Sand und Glimmer in verschiedenen Mischungen, um Verdichtungs- und Schwellfähigkeit, die in größerem Maße bei bindigen Böden vorhanden sind, an dem sog. „Glimmergleichwert" zu zeigen, das Verhalten bei Be- und Entlastung festzulegen und zu einer Einordnung der Böden zu verwenden. Ein Schaubild, bei dem außerdem die Durchlässigkeit herangezogen wird, findet sich in der „Ingenieurgeologie" S. 349. Der Größenordnung nach liegt die Durchlässigkeit in cm/min bei 10^0 C und einem Druck von 1,5 kg/cm^2 für feinen Sand bei etwa $10^{-3} \div 10^{-4}$ und für fetten Ton bei $10^{-7} \div 10^{-8}$. Die versuchstechnische Ermittlung der verschiedenen Eigenschaften wird unter IV besprochen.

Bei nichtbindigen Böden ergibt ein Einrüttelungsversuch im Laboratorium die erreichbare Verdichtungsfähigkeit und dadurch eine Gütezahl für die Wirkung von Verdichtungsverfahren, die man früher auf den „gewachsenen Boden" beziehen wollte. Da jedoch der Boden in der Natur in beliebiger Dichte gelagert ist und auf vielen Baustellen eine größere Verdichtung erreicht wird, war diese vom gewachsenen Boden abgeleitete Gütezahl nicht brauchbar.

b) „Fließsand."

Es hat sich bereits öfters als notwendig erwiesen, vor der Benennung „Fließsand" zu warnen[1]. Es gibt sogar Leute, die die feinen Unterschiede zwischen Fließ-, Schwemm-, Schwimm-, Schwitz-, Trieb-, Treib- und Laufsand (holländisch Loopzand, klepzand, dryfzand) genau beschreiben wollen. Ein feiner, gleichförmiger Sand fließt, wenn durch genügenden Wasserüberdruck, Sättigung oder Strömung die innere Reibung nahezu aufgehoben wird. Eine ähnliche Wirkung kann man bei trockenem, feinem Sand auch durch Schwingen oder Rütteln erzeugen. Im Versuchsraum läßt sich am Modell zeigen, daß man den gewöhnlichen Berliner Sand, der tragfähig ist, durch aufsteigenden Wasserstrom zum Fließsand machen kann, in dem ein aufgesetzter Modellpfeiler versinkt.

c) Bindige (kohäsive) Böden.

Noch viel mannigfaltiger in ihren Eigenschaften sind die bindigen Böden. Eine scharfe Grenze zwischen einem schwach tonigen Sand und einem stark sandigen Ton ist selbstverständlich schwer zu ziehen, da die Kornverteilungskurve nicht treppenförmig abfällt, sondern meist ziemlich stetig verläuft. Der Schluff, ein feines Gesteinsmehl von etwa 0,02—0,002 mm Korndurchmesser, zeigt bereits eine schwache Kohäsion. Durch größeren Anteil an noch feineren Teilchen bis zum Kolloidschlamm wächst der Zusammenhang immer mehr. Trotzdem ist auch die Kornverteilung lange nicht die einzige Kennziffer für den Boden.

[1] Erlaß Min. Öffentl. Arbeiten III A 18. 28 A.C. 16 D 1397, abgedruckt im Zbl. Bauverw. 1920 S. 113.

Es sollen hier aus der großen Zahl der Kennziffern („Ingenieurgeologie" S. 327—344) nur diejenigen erwähnt werden, die besonders gebräuchlich sind und auch dem weniger Eingeweihten das Erkennen der Zusammenhänge erleichtern. Die unter den nichtbindigen Böden bereits besprochenen Feststellungen sind hier ebenfalls unerläßlich.

Die *Korngröße* wird bei den Tonen durch die Schlämmanalyse, bei den Böden, die auch gröbere Teile enthalten, durch die sog. kombinierte Analyse (Sieb- und Schlämmanalyse an derselben Bodenprobe) ermittelt. Daraus entsteht eine zusammengesetzte Kornverteilungskurve, die dem Geübten bereits eine überschlägliche Beurteilung ermöglicht.

Das Verhalten bei Zusammendrückung und anschließender Entlastung kann ebenfalls durch Versuche festgestellt und aufgezeichnet werden und ergibt dann u. a. den Verdichtungs- und Schwellbeiwert. (Siehe IV, 1./11.)

Der *natürliche Wassergehalt* läßt sich einfach bestimmen und liefert bei wassergesättigten, bindigen Böden, nach Rechnung, den Porengehalt und die Porenziffer.

Das *spezifische Gewicht* der Einzelkörner ist wichtig als Hilfswert für andere Bestimmungen (z. B. Schlämmanalyse).

Auch das *Raumgewicht* vervollständigt die Einordnung der Bodenproben.

Kohäsion, Scherfestigkeit und Winkel der inneren Reibung, die in den Berechnungen über Erddruck, Rutschgefahr, Pfeilereinbruch usw. eine maßgebende Rolle spielen, werden durch Reibungsversuche (IV, 1./10) und Druckversuche mit unbehinderter Seitenausdehnung (IV, 1./9) ermittelt.

Bei den bindigen Böden geben die *Atterbergschen Konsistenzgrenzen*, die aus der landwirtschaftlichen Bodenkunde übernommen wurden, ein Bild über die plastischen Eigenschaften, die Raumbeständigkeit und zum Teil auch indirekt über die innere Reibung des Bodens. Die Bestimmungen (IV, 1./7) sind lediglich durch Übereinkunft genauer festgelegt. Sie finden jetzt hauptsächlich nach den Angaben von A. *Casagrande* statt und ergeben dadurch Kennziffern, die eine Einordnung und klare Bezeichnung ermöglichen. Der Unterschied des Wassergehaltes zwischen der *Fließgrenze* und der *Ausrollgrenze* heißt *Plastizitätsziffer*. Als *Schrumpfgrenze* bezeichnet *Atterberg* den Wassergehalt bei Erreichung der Raumbeständigkeit. Die *Klebegrenze* hat nur im Zusammenhang mit Bodenbearbeitungsgeräten eine gewisse Bedeutung.

Ähnlichen Zwecken dient die *schwedische Kegelprobe* (IV, 1./8), die in „Statens Järnvägars Geotekniska Kommission 1914—22 — Slutbetänkande" auf S. 46—55 ausführlich beschrieben wird. Einige Ergänzungen gibt *Gunnar Ekström* in „Klassifikation av Svenska åkerjordar" [15]. Ein großer Vorteil dieses Versuches ist, daß er zunächst an der ungestörten und dann an der gestörten Probe durchgeführt werden kann. Da die beiden erhaltenen Festigkeitszahlen bei verschiedenen Böden sehr weit auseinanderliegen, ergibt sich in Schweden aus Tausenden von beobachteten Fällen auf empirischem Wege eine einfache Beurteilung des Bodens, z. B. der Rutschgefährlichkeit (Abb. 21). Ein neuer Kegelapparat, bei dem der Kegel mit 60 Grad Spitzenwinkel durch Gewichte zwischen 0,3 und 12 kg belastet werden kann, wird durch Bretting auf S. 1518—1522 des Vorberichtes [13] beschrieben.

Die Bestimmung der Durchlässigkeit, die auf verschiedene Weise stattfinden kann (IV, 1./12), ist — außer für hydrologische Zwecke — wichtig für die Bewertung bindiger Böden als Dichtungsmaterial und die Vorausberechnung der Zeitdauer von Setzungen, für Wasserhaltung.

Die Bestimmung der kapillaren Steighöhe in Böden spielt u. a. im Straßenbau (V, A. 3) bei Beurteilung der Frostgefahr eine wichtige Rolle (IV, 1./13a u. b).

In gewissen Fällen ist die Feststellung der chemischen Zusammensetzung aufschlußreich. Besonders empfiehlt es sich, diese bei Böden, die organische Stoffe enthalten, zu bestimmen, da durch ihr Vorhandensein der Wassergehalt und z. B. auch die Lage der Fließgrenze anormal beeinflußt wird. Moor besteht manchmal fast nur aus organischen Stoffen, und stark mooriger Schlick hat einen Wassergehalt, der ein Vielfaches von dem eines ähnlich aussehenden anorganischen Schlickes betragen kann.

Meist ist es zweckmäßig, außer dem Boden auch das Grundwasser chemisch zu untersuchen, zumal der Träger der schädlichen Stoffe eher das Wasser als die feste Masse des Bodens ist. Auch hierbei hängt von der Art der Probeentnahme sehr viel ab, weshalb sich besondere Versandgefäße (Vierkantflaschen in gepolstertem Kasten) und ausführliche Entnahmeanweisungen in der Praxis bewährt haben.

Jede der vorerwähnten Feststellungen ergibt Kennziffern, die das Gesamtbild einer gewonnenen Bodenprobe vervollständigen. Welche von ihnen im praktischen Fall besonders wichtig sind, welche man nur an einzelnen Proben vornimmt oder sogar unterlassen kann, läßt sich für die Baustelle nicht von vornherein vorschreiben. Das wird sich aus den Darstellungen in den Abschnitten IV und V ergeben.

d) Der Löß.

Über den Löß als besonders eigenartigen Erdstoff sind einige kurze Bemerkungen erforderlich. Sehr ausführlich sind seine Eigenschaften beschrieben in A. Scheidig: „Der Löß und seine geotechnischen Eigenschaften“ [19]. Die Korngröße liegt meist zu 60—80% zwischen 0,1 und 0,02 mm.

Infolge der vielen kleinen Wurzelröhrchen ist die Durchlässigkeit im ungestörten Zustand ziemlich groß, sinkt dagegen sehr stark, sobald das Material durchgeknetet und eingestampft wird. Der Größenordnung nach liegt die Durchlässigkeit von Löß in natürlicher Lagerung zwischen $1 \cdot 10^{-3}$ und $1 \cdot 10^{-5}$ cm/min. Löß ist ziemlich standfest und meist nicht rutschgefährlich. Er hat hohen Kalkgehalt und bietet dem Einrammen von Pfählen erheblichen Widerstand.

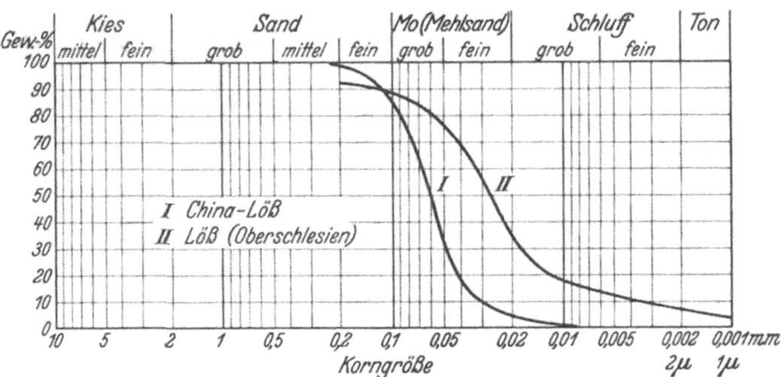

Abb. 4. Siebkurven zweier Lößarten.

Seine ungünstigsten Eigenschaften zeigen sich im Straßenbau, da infolge der hohen Durchlässigkeit und der feinen Korngröße, gepaart mit großer kapillarer Steighöhe, ein mengenmäßig erheblicher Wassernachschub bis zu 5 und 6 m über Grundwasserspiegel erfolgt. Dadurch wirken Löß und Lößlehm stark frostschiebend und erfordern als Untergrund der Straße besonders vorsichtige Behandlung (Nachprüfung der Möglichkeit ungleicher Hebungen, allenfalls Auskoffern, Einbau von Isolierschichten u. dgl. mehr).

Abb. 5. Lösen von „Bergkies“.

Die örtliche Verschiedenheit geht aus Abb. 4 hervor, in der die Siebkurve eines China-Löß mit der eines Löß aus Oberschlesien verglichen wird.

e) Besondere Bodenarten von örtlicher Bedeutung.

An einigen Beispielen soll gezeigt werden, daß in manchen Gegenden unter einer bestimmten Benennung Bodenarten verstanden werden, deren Eigenschaften man in der betreffenden Gegend ungefähr kennt, die sich dagegen keineswegs für eine Normung eignen.

Der „Bergkies“ in der Gegend von Hirschberg in Schlesien (Abb. 5) ist ein verwitterter Granit, der sich zunächst nur durch dicht nebeneinander sitzende Schläge mit der Spitzhacke lösen läßt, sich dann aber wie jeder andere gemischtkörnige Kiessand verhält. Er ist kein Fels mehr, dennoch wäre es grundfalsch, ihn als Hackboden zu bezeichnen. Man sieht, wie wertvoll die Kenntnis der ortsüblichen Bezeichnung ist.

Das „Konglomerat" der Weißsteiner Schichten in der Gegend von Waldenburg in Schlesien ist Geröll, das nicht durch Verkieselung, sondern in der Regel nur durch Tonteilchen miteinander verkittet ist (Abb. 6). Dennoch machen auch diese Schichten beim Lösen und Bohren ganz besondere Schwierigkeiten. Die Gewinnung ist teurer als bei echtem Fels, und das Bohren geht viel langsamer. Auch Sprengen ist nur wenig wirksam. Obwohl das Konglomerat nur mit der Hacke sehr mühsam gelöst werden kann, wäre es grundfalsch, es als „Hackboden" zu bezeichnen.

Abb. 6.
„Konglomerat" bei Bad Charlottenbrunn.

„Kurzawka" ist ein besonders in Oberschlesien gebräuchliches Wort für einen feinen, schluffigen Mehlsand, der sein Wasser schwer abgibt und in offener Baugrube sowie beim Bohren unter seitlichem Wasserüberdruck leicht ausfließt. An anderen Orten würde man ihn vielleicht „Fließ- oder Schwemmsand" nennen.

„Infusorienerde". Bei Bohrungen in Berlin wird stellenweise eine sehr leichte, wasserreiche Ablagerung gefunden, die als „Infusorienerde" bezeichnet wird. Sie kann schwärzlichbraun wie verwittertes Moor, aber auch weißlichgrau aussehen, je nachdem, zu welcher Zeit die Ablagerung erfolgte. Im natürlichen Zustand: Raumgewicht: 1,08; Wassergehalt: ~260%. Wassergesättigt: Raumgewicht: 1,13; Wassergehalt: ~350%. Unter dem Mikroskop ist jedoch oft festzustellen, daß es keine Infusorienerde, sondern Faulschlamm ist.

III. Vorarbeiten zur Klärung der Bodenverhältnisse.

1. Bisher übliche Vorarbeiten.

In den letzten Jahren wurde oft genug darauf hingewiesen, daß die bisher üblichen Vorarbeiten für Bauwerke, soweit sie mit dem Baugrund zusammenhängen, meist unzureichend sind und sich dieser

Umstand schon oft bei Beginn der Bauarbeiten, während des Bauvorganges und nach Fertigstellung auf viele Jahre hinaus durch allerlei Schwierigkeiten bemerkbar macht. Zum besseren Verständnis der anschließend gemachten Vorschläge sei das bisher übliche Vorgehen kurz skizziert:

Von einem großen Teil des Reiches sind geologische Karten, ja sogar geologische Meßtischblätter im Maßstab 1 : 25000 vorhanden. Die Länder besitzen geologische Landesanstalten mit Geologen, die meist das bearbeitete Gebiet durch Begehungen oder dadurch, daß sie selbst die geologischen Aufnahmen ausführten, genau kennen. Darüber hinaus besitzen Bergbaubetriebe, Zweckverbände, industrielle Werke, in den Gemeinden die Bauämter, die Feuerwehr, weiterhin die Reichsbahndienststellen, Hafenbehörden usw. eine Reihe von geologischen Aufschlüssen und Bohrergebnissen, die leider viel zu wenig bei den Vorerhebungen über neue Bauvorhaben herangezogen werden. Eine Reihe wertvoller Angaben über die Baugrundverhältnisse verschiedener Gegenden, besonders Großstädte, gibt M. Singer [122] in „Der Baugrund“ (S. 292—306). Solche Angaben erleichtern das Ansetzen besonderer Bodenuntersuchungen sehr.

Falls für ein Bauwerk neue Bohrungen angesetzt werden, geschieht die Anordnung der Bohrlöcher, ihrer Tiefe und Lichtweite sowie die Art der Probeentnahme oft noch so unzweckmäßig, daß der Wert der Bohrung für die weitere Beurteilung zum Teil verlorengeht. Auch die Bezeichnung (S. 5) ist nicht einheitlich, die Aufbewahrung, Verpackung und Versendung der Proben macht sie in vielen Fällen für eine gründliche Untersuchung ungeeignet. Von bindigen Böden z. B. sind nur möglichst ungestört entnommene und luftdicht (zur Erhaltung des natürlichen Wassergehaltes) verschlossene Proben (in Weckgläsern oder einparaffiniert) für die physikalischen Versuche brauchbar. Außerdem wird meist der enge Zusammenhang verkannt, der zwischen den Bodenverhältnissen einerseits, der Wahl der Gründungsart, des Baustoffes und des Systems eines Bauwerkes andererseits besteht. Noch aus dem letzten Jahr sind Fälle bekannt, in denen Brücken einschließlich Gründung entworfen wurden, ohne daß die Wechselwirkung zwischen Untergrund und Fundament auch nur einigermaßen in Betracht gezogen war.

2. Bodenuntersuchungen.

Es sei bereits hier kurz angedeutet, in welcher Weise gründliche Bodenuntersuchungen auf der Baustelle und in der Versuchsanstalt zur Ausschaltung der vermeidbaren Enttäuschungen dienen können. Der stark zunehmenden „rechtlichen Bedeutung der Bodenverhältnisse“ trägt die bemerkenswerte Schrift gleichen Namens von Dipl.-Ing. H. Schäfer [147] Rechnung. Aus der ausführlichen Besprechung von

Versuchen und Beispielen in den Abschnitten IV und V ersieht man eine Anzahl von wichtigen Zusammenhängen, die uns die Art der Bodenbeanspruchung unter dem Bauwerk besser erfassen lassen und so außer den gesuchten Kennziffern und Beiwerten für die Rechnung wertvolle Anhaltspunkte für die Beurteilung des Bodens geben. Einige dieser Gesichtspunkte seien herausgegriffen:

a) Die beschränkte Auswertungsmöglichkeit von Probebelastungen auf begrenzter Grundfläche (s. auch IV, 3).

Die Beurteilung der voraussichtlichen Setzungen wird hierbei getrübt durch den Einfluß der Flächengröße, die verschiedene Grundrißform der Lastplatte (s. S. 56), die geringe Tiefenwirkung der Probebelastungen und bei bindigen Böden durch die lange Setzungsdauer. Die Tiefe hat man durch Probebelastungen in Bohrlöchern zu erfassen gesucht und hierfür umfangreiche Gerätschaften und empirische Verfahren ausgearbeitet. Es fehlt jedoch an ausreichenden Vergleichsmöglichkeiten mit dem ausgeführten Bauwerk, man kann den Zustand der Bohrlochsohle und der Wandungen nicht beobachten und einige Einflüsse nicht erfassen wie z. B. die Größe der Lastplatte im Verhältnis zum Durchmesser des Bohrloches. Um hierfür ein extremes Beispiel zu gebrauchen: Wählt man die Lastplatte annähernd gleich dem Bohrlochquerschnitt, so wird selbst der weichste Brei diese Platte als Kolben im Zylinder tragen (Ausführlicher S. 52).

b) Abgesehen von der Beurteilung der Druckverteilung in der Höhe von Fundamentunterkante, ist meist die Beanspruchung tiefer gelegener, wenig tragfähiger Schichten, in denen sich die Einflüsse verschiedener Fundamente oder Bauwerke treffen und überschneiden, viel wichtiger. Dies tritt in Erscheinung bei Hochbauten auf verschieden großen Fundamentplatten, bei Tankanlagen und Brückenbauten in hohen Dämmen.

Weitere Beispiele für diese Zusammenhänge sind in der Besprechung der Beziehungen zwischen Bauwerk und Baugrund (V) zu finden.

c) Neben diesem Einblick in wesentliche Zusammenhänge, die jedem Praktiker bei der Besprechung der Beispiele deutlich werden, liefern die bodenphysikalischen Versuche eine Reihe von Rechnungswerten und Kennziffern, die die bisher übliche, meist sehr überschlägliche Beurteilung des Baugrundes oder das genaue Rechnen mit wild gewählten Beiwerten des Bodens in mancherlei Hinsicht verbessern und eine Vorhersage der Gefahr von Setzungen, Rutschungen, Ausspülung, Frostauftrieb usw. ermöglichen.

Im allgemeinen werden Bodenuntersuchungen über folgende Fragen Aufschluß zu geben haben:

1. Wahl der Gründungsart und -tiefe; in gewissen Fällen deshalb auch des Baustoffes und Systems der Überbauten (Auflagerbedingungen, zulässige Stützensenkungen usw.).

2. Etwa zulässige Bodenbeanspruchung durch die Fundierungen bzw. Maß der bei vorhandenen Bodenpressungen zu erwartenden Senkungen.

3. Größenordnung und zeitlicher Verlauf der Setzungen der Bauwerke.

Den örtlichen Verhältnissen entsprechend müssen fallweise noch andere Fragen, wie z. B. jene der Rutschgefährlichkeit, der Einbruchsgefahr der Pfeiler usw. gelöst werden.

Eine wertvolle Ergänzung der Bodenuntersuchungen bilden Angaben über:

1. Bohrungen, die in der Umgebung des Bauwerkes bereits durchgeführt worden sind.

2. Setzungserscheinungen an benachbarten Bauten (Rißbildungen, frühere Wiederherstellungen),

3. Grundwasserverhältnisse.

Wenn auch Setzungen nie ganz zu vermeiden sind, ist man bei diesem Vorgehen doch in der Lage, sich gegen kostspielige Überraschungen und Schäden zu schützen und wirtschaftlich zu bauen.

3. Vorschlag für die Reihenfolge der Baugrunduntersuchung.

Wenn auch fast jeder Fall in der Praxis besondere Erkundungen notwendig macht, erscheint es doch nützlich, die Reihenfolge des Vorgehens für einen Schulfall kurz aufzuzeigen. (Siehe auch „Merkblatt" Beilage 2.)

Eine der wichtigsten Vorbedingungen ist, daß man rechtzeitig mit den Voruntersuchungen beginnt (was leider sehr oft nicht geschieht) und daß die Verständigung zwischen dem Entwerfenden und dem Erdbaulaboratorium, das die Versuche durchführen soll, möglichst frühzeitig einsetzt. Weiterhin empfiehlt sich die folgende Arbeitsweise:

a) Lage des Bauwerkes (Vermeidung mooriger Mulden, alter Teiche und Flußarme), ungefähre Ausmaße, Zurateziehen der vorhandenen geologischen Aufschlüsse und Karten.

b) Skizze des Bauwerkes nach Form, Spannweite, Eigengewicht usw.

c) Schürfen oder Probebohrung bis auf eine einwandfreie tragfähige Lage oder bis zu einer Tiefe unter Fundamentsohle, die etwa der $1^1/_2$-fachen Fundamentbreite entspricht. Sorgfältige Bezeichnung, Entnahme, Verpackung und Aufbewahrung der Bodenproben. Anschließend Durchführung der Versuche im Laboratorium in einem Umfange, der sich aus der Bestimmung des Bauwerkes ergibt.

d) Dann erst Wahl von Baustoff, System des Überbaues, Art der Gründung u. dgl. mehr.

e) Soweit es sich hieraus ergibt, ergänzende Untersuchungen zu Punkt c; außerdem Feststellung besonderer Einflüsse, wie Nachbarbetriebe, Schachtbauten, Grundwasserabsenkungen, Rammen, Verkehr, Zeitpunkt der Betriebsaufnahme usw.

f) Da Setzungsbeobachtungen das Erkennen der Ursache einer Veränderung und künftige Maßnahmen ermöglichen, sind von Baubeginn an Festpunkte einzumessen und mit zunehmendem Eigengewicht mögliche Setzungen, Verschiebungen usw. festzustellen, andernfalls ist der Entschluß zu geeigneten Maßnahmen später erschwert.

Außerdem kann nützlich sein:

g) Die Kenntnis des Verhaltens bereits vorhandener Bauwerke in der Nähe des Baugeländes samt den Erfahrungen bei der Ausführung, Setzungsbeobachtungen und notwendig gewordene Ausbesserungen.

h) Soweit ältere Bohrungen vorhanden sind, kann man auch die Aufzeichnung der Bohrergebnisse verwenden (s. auch S. 6).

i) Bei Erdbauten sind in der Nähe befindliche Ton- und Sandgruben als Aufschluß von großem Wert, auch wird man an vorhandenen Dammböschungen erkennen können, bis zu welchem Böschungswinkel die verwandten Dammbaustoffe ausfließen. (Es gibt tonige Böden, bei denen nicht der „gebräuchliche" Böschungswinkel von etwa 33 Grad, sondern ein solcher von 10 Grad der richtige ist.) In solchen Fällen ist das natürliche Beispiel maßgebender als der Versuch.

Es muß nachdrücklich vor übertriebenen Erwartungen auf Grund einiger weniger Baugrunduntersuchungen gewarnt werden. Man erwartet nun plötzlich nach den bisher üblichen, oft unzureichenden Verfahren der Vorerkundung eine Art „Zauberformel". Die Hauptpunkte seien kurz genannt:

1. Oft wird versucht, nach einer kurzen Baustellenbesichtigung oder, wenn möglich, nach fernmündlicher Beschreibung der Verhältnisse sofort eine bindende Beurteilung zu erlangen. Das wird selbst für den, der ähnliche Fälle vor Augen hat, nie gewissenhaft möglich sein.

2. Kosten lassen sich für die Untersuchungen vorher kaum angeben, da man ja nicht weiß, wieviel Probelöcher man benötigt, und welche Bodenverhältnisse man antreffen wird. Das kann jedoch gesagt werden, daß fast immer die Kosten der Untersuchung weit niedriger sind als der Mehraufwand oder die spätere Schadenbeseitigung bei ungeklärten Baugrundverhältnissen.

3. Verallgemeinerungen auf Grund des Untersuchungsergebnisses einzelner Böden oder Grundwasserproben sind unzulässig. Plötzlicher Schichtwechsel oder zeitliche Veränderung der Grundwasserverhältnisse haben dies schon oft gezeigt.

4. Das Bohren und Aufzeichnen der Bohrprofile wird noch hier und da als „Bodenuntersuchung" bezeichnet mit dem Zusatz, daß „dadurch über die Bodenverhältnisse vollständiger Aufschluß erlangt wird". Die Bohrung ist jedoch zunächst nur das Mittel zur Probeentnahme; die Auswertung, Beurteilung und in vielen Fällen der Versuch müssen dann noch vorgenommen werden. Vor allem aber ist festzuhalten, daß einzelne Schürf- oder Bohrlöcher nur Stichproben sind und daß man

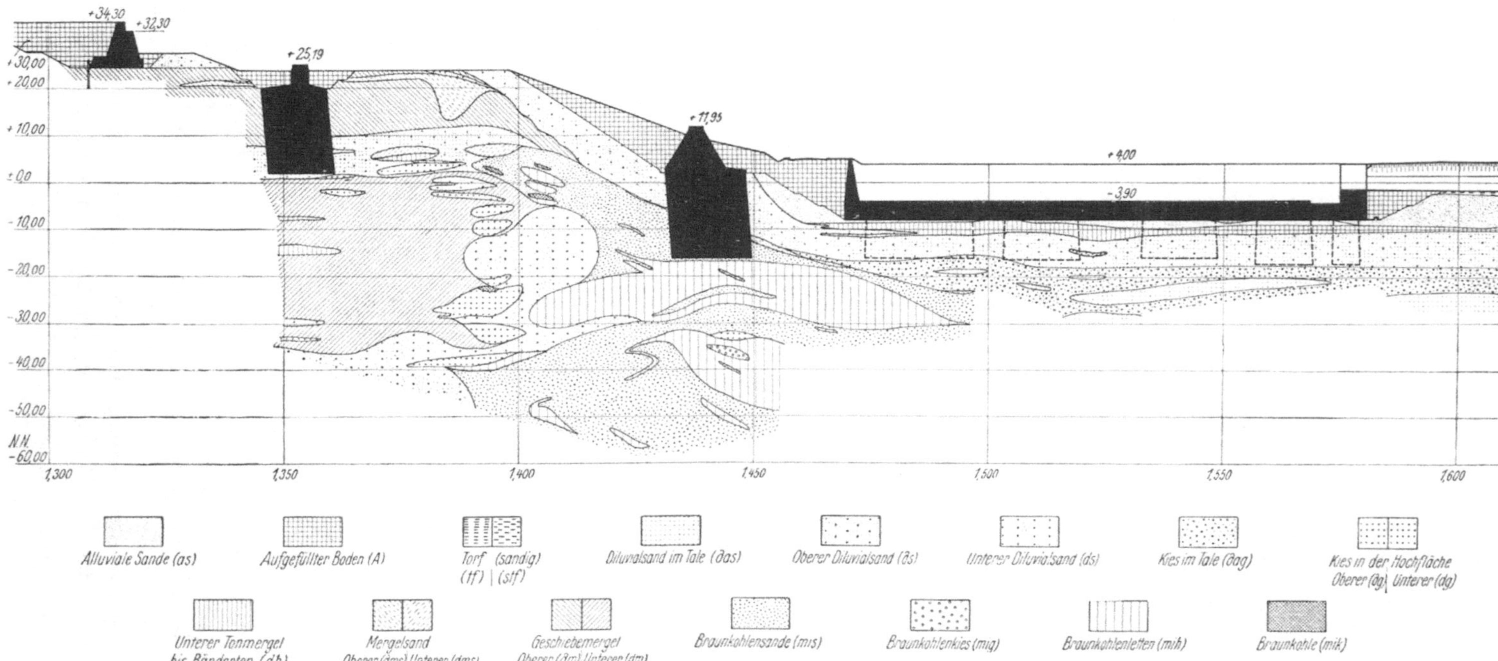

Abb. 7. Längsschnitt durch den Untergrund des Schiffshebewerkes Niederfinow. (Aus Bautechn. 1934 Heft 13 S. 177.)

auf einen gesetzmäßigen Verlauf der Schichten zwischen diesen Bohrlöchern nur selten rechnen darf (Abb. 7).

5. Der häufigste und schwerste Fehler ist jedoch die zu späte Anordnung der Baugrunduntersuchung, wodurch eine nützliche Anwendung der erlangten Aufschlüsse mit ihren technischen und wirtschaftlichen Vorteilen für das Bauwerk meist ausgeschlossen wird.

6. Wenn bodenphysikalische Versuche auch ein Sondergebiet sind, so ist ihre Nutzanwendung auf das Bauwerk doch nur möglich bei Beschreibung aller örtlichen Zusammenhänge des Bauplatzes und des zu errichtenden Bauwerkes. Auch nachträgliche Änderungen in Entwurf und Ausführung können sich sehr nachteilig im Baugrund auswirken.

4. Anweisung zur Entnahme von Bodenproben.

Für die Baustelle, ganz besonders aber für Bauführer, Bohrmeister und Vorarbeiter, die erstmalig Bodenproben zum Zwecke weiterer Untersuchungen entnehmen sollen, ist eine genaue Anweisung über die Art des Schürfens und Bohrens, die Bezeichnung, Entnahme, Verpackung und den Versand von Proben unerläßlich (S. 27). Die beiden Normblätter: DIN-Vornorm 4021 „Grundsätze für die Entnahme von Bodenproben" und 4022 „Einheitliche Benennung der Bodenarten und Aufstellung der Schichtverzeichnisse" seien besonders dringlich empfohlen. Dennoch müssen die Vorgänge und Handgriffe, zusammen mit den notwendigen Gerätschaften, auch hier kurz besprochen werden. Die älteren Bohrgeräte, die sich bisher fast in jedem Buch über Grundbau, Erdbau und Gründungen fanden, werden der Kürze halber nur erwähnt, jedoch nicht abgebildet.

Die Ausführung der Bohrarbeiten wird hier nicht besprochen.

Der schwedische Sond- und Kolbenbohrer z. B. wird in dem Aufsatz von R. Hoffmann [20] beschrieben.

Näheres findet sich auch in den Aufsätzen von Ehrenberg [21] und Früh [22], die eine rückblickende Übersicht über die Entwicklung der Bohrverfahren geben.

Ein Verfahren zur „Entnahme von Bodenproben in ungestörter Verfassung" gibt Burkhardt in Bautechnik 1931, H. 17 [23] und 1933, H. 1/2 [24] an. Die Anwendung wird auch in der „Schweizerischen Bauzeitung" 1933, Nr. 22, vom 3. Juni [25] beschrieben. Ein Hohlpfahl mit aufklappbarem Innenrohr wird eingerammt und mit dem Bohrkern gezogen. Der Kern ist verzerrt — je nach der Bodenart mehr oder weniger stark. Die wirklichen Abmessungen werden dann aus den beim Einrammen aufgezeichneten „Ganglinien" bestimmt. Man erhält so eine nur zum Teil gestörte Probe und ein gutes Bild der Schichtungen.

Die Ausführung von Schürfen oder Bohren und Probeentnahme ändert sich je nach dem Zweck, dem sie zu dienen hat und der vor Inangriffnahme festgelegt werden muß. In den meisten Fällen arbeitet man zunächst auf „geologische“ Weise, d. h. man verzeichnet, beobachtet und beschreibt an Ort und Stelle, bewahrt vielleicht auch gewonnene Proben als Anschauungsmaterial (trocken) auf. Die zweite gründlichere Stufe ist dann die Entnahme ausreichender und zweckmäßig verpackter Bodenproben für ausführlichere Versuche. Über Art und Umfang dieser Versuche muß man sich rechtzeitig ein Bild machen, damit genügende Mengen des Bodens auf geeignete Weise entnommen werden.

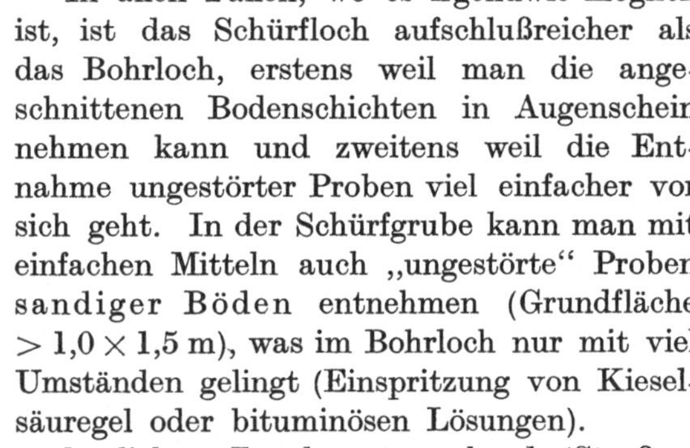

Abb. 8.

In allen Fällen, wo es irgendwie möglich ist, ist das Schürfloch aufschlußreicher als das Bohrloch, erstens weil man die angeschnittenen Bodenschichten in Augenschein nehmen kann und zweitens weil die Entnahme ungestörter Proben viel einfacher vor sich geht. In der Schürfgrube kann man mit einfachen Mitteln auch „ungestörte“ Proben sandiger Böden entnehmen (Grundfläche $> 1{,}0 \times 1{,}5$ m), was im Bohrloch nur mit viel Umständen gelingt (Einspritzung von Kieselsäuregel oder bituminösen Lösungen).

Die Anordnungen, dem baulichen Zweck entsprechend (Straßen, Brücken, Bauwerke), wird in nachstehender Entnahmeanweisung besprochen.

Es sei ausdrücklich betont, daß auch verhältnismäßig dicht beieinander liegende Schürfgruben und Bohrlöcher nur Stichproben sind. Man kann niemanden — auch den Bohrunternehmer nicht — dafür verantwortlich machen, daß die Schichten zwischen zwei Bohrlöchern gleichmäßig verlaufen. Die eleganten, wie Schlitzaugen aussehenden Figuren, die oft in solchen geologischen Profilen vorkommen, sind Phantasiegebilde. Infolgedessen erlebt man auf vielen Baustellen Überraschungen, indem sich die eine Baugrubenseite sehr viel anders verhält als die gegenüberliegende. Beispiel: In einer Baugrube in der Nähe des Odertales traten auf der einen Seite starke Böschungsrutschungen und sogar Verdrückungen der Spundwände ein, während auf der anderen Seite die Böschungen zunächst vollkommen standfest waren. Der Untergrund bestand aus unübersichtlich ineinanderlaufenden Schichten aus tertiärem Ton, Braunkohle, Braunkohlenletten, Geschiebemergel, glimmerhaltigem, feinem Sand und darüber gröberen Sanden mit Ortsteineinlagerungen. Außerdem waren in den Sanden verschiedene Oberflächen- und Grundwasserhorizonte mit zum Teil gespanntem Wasserspiegel feststellbar. Es liegt auf der Hand, daß man solche Verhältnisse kaum durch einige Bohrlöcher und daraus konstruierte geologische Quer- und Längsprofile deutlich genug erfassen kann. Auch die Bedeutung der gewissenhaften Eintragung der beobachteten Grundwasserstände — und zwar nicht nur des obersten — ersieht man hieraus.

Ein einfacheres Beispiel (s. Abb. 8): Für ein größeres Junggesellenheim (Boarding-House) in Weltevreden bei Batavia wurden insgesamt 6 Probebohrungen ausgeführt. In allen fand man bereits auf $1^1/_2$ bis 2 m Tiefe roten, stark sandigen Lehm (Tanah merah), der dort ein ziemlich tragfähiger Baugrund ist, nur bei starker Austrocknung tiefgehende Risse bekommt und deshalb gegen Grundwasserabsenkung geschützt werden muß bzw. eine Gründungstiefe von mindestens 1,50 m erfordert. Beim Aushub der Baugrube erreichten wir an den Stellen a und b diesen festen Boden erst einige Meter tiefer als die Bohrlöcher angaben und mußten dort einfache Senkbrunnen aus Betonrohren von 1 m Lichtweite (Brunnenrohre) anwenden, die mit Magerbeton ausgefüllt wurden. Die Erklärung ist einfach: Ein alter kleiner Flußlauf zog schräg durch das Grundstück, so daß wir sein mit organischem Schlick gefülltes Bett bei keinem der Schürflöcher angetroffen hatten.

a) Richtlinien für die Behandlung von Bodenproben[1].

Wie auf S. 16 bereits erwähnt, richtet sich die Anordnung von Schürf- und Bohrlöchern, Art und Menge der zu entnehmenden Proben nach dem Zweck der Untersuchung und der Verständigung zwischen Entwurfsbearbeiter oder Baustelle und Erdbaulaboratorium.

Deshalb darf eine Entnahmeanweisung nicht starr sein. Die nachstehende ist nur als ein allgemeines Beispiel zu betrachten. Der Zusammenhang mit dem Zweck sei für Straße und „Kunstbauten“ erläutert.

α) Welche Böden sollen für Straßenbauzwecke untersucht werden[2]?

Im allgemeinen sind für den Straßenbau alle jene Böden zu untersuchen, welche den Bestand der Straßendecke oder der Straße als Ganzes gefährden können. Von diesem Gesichtspunkt ausgehend, sollen getrennt behandelt werden:

1. Frostgefährliche Böden.
2. Rutschgefährliche Böden.
3. Stark zusammendrückbare (weiche) Böden.

Zu 1. Außer reinem Sand und Kies sind alle Böden als frostgefährlich zu bezeichnen und in Zweifelsfällen, soweit sie weniger als 1,50 m

[1] Ergänzte Wiedergabe der durch die „Degebo“ 1933 aufgestellten und den Außenstellen bei Bedarf zugeleiteten Anweisungen.

[2] Diese Angaben sind als ergänzende Erläuterung zu den bereits vom Generalinspekteur für das deutsche Straßenwesen gegebenen Anweisungen 824/33 vom 7. Dezember 1933 gedacht.

unter der künftigen Straßendecke liegen, auf ihre Verwendbarkeit bodenphysikalisch zu untersuchen. Böden, die bereits im Felde ohne weiteres als frostgefährlich erkannt werden, scheiden für weitere Untersuchungen aus. Hierzu gehören z. B. Ton, Lehm und Schluff. (Um das unnötige Aussetzen solcher Böden zu vermeiden, sei auch hier betont, daß diese Bodenarten nur im Zusammenhang mit den örtlichen Verhältnissen [Grundwasser, ungleichmäßige Folge usw.] der Straße schädlich sein können.)

Zu 2. Verläuft die Straße im Einschnitt, am Hang oder auf Anschüttungen, deren Böschungen aus tonigen Böden bestehen, so ist meist Rutschgefahr vorhanden. Untersuchung von Proben der Einschnittsböschungen bzw. der Schüttstoffe für den Damm ist daher unerläßlich.

Zu 3. Auf weichem Boden (in sumpfigem und marschigem Gelände oder bei Toneinlagerungen) sind zum Teil recht erhebliche und unregelmäßige Setzungen des Straßenkörpers und der Straßendecke zu erwarten. Zu dem Zusammensacken der aufgebrachten Dammschüttungen kommen in diesem Falle noch Setzungen der tieferen Lagen des Untergrundes. Die Entnahme von Bodenproben bis zu 2—2,50 m Tiefe, bei höheren Dammschüttungen bis etwa zu einer Tiefe, die $1^1/_2$facher Dammhöhe oder der Breite der Dammsohle entspricht, ist ratsam.

Besonders in den Fällen 2 und 3 ist, wenn irgend möglich, zur besseren Beurteilung und Weiteruntersuchung eine „ungestörte“ Entnahme der Proben erforderlich.

Die Abstände der einzelnen Schürf- oder Bohrlöcher sind so zu wählen, daß alle vorkommenden Böden erfaßt werden. In gleichmäßigem Gelände wird demzufolge die Entfernung zwischen aufeinanderfolgenden Schürflöchern z. B. 50 m, bei sehr ungleichmäßigem Untergrund etwa 15 m und noch weniger betragen. Die Anzahl der zu entnehmenden Bodenproben richtet sich nach der Zahl der im Schürfbereich liegenden Schichten.

Entsprechend den allgemeinen Anweisungen für die Entnahme von Bodenproben ist auch hier darauf zu achten, daß die einzelnen Proben wenn möglich ungestört — in natürlicher Lagerung und bei natürlichem Wassergehalt — gewonnen werden. Da jedoch gewisse physikalische Untersuchungen auch an gestörtem Material durchgeführt werden können, sind, falls unvermeidlich, auch gestörte Bodenproben (gefroren, durchweicht, ausgetrocknet) zu entnehmen. Auf die Art der Entnahme und Verpackung braucht in diesem Falle keine besondere Sorgfalt verwandt zu werden, wohl auf genaue Bezeichnung und erläuternde Angaben.

β) Vorbemerkung über Entnahme und Untersuchung von Bodenproben bei Ingenieurbauwerken, Hochbauten usw.

Bei allen „Kunstbauten“, die im Zuge neuer Straßen, Kanäle und Eisenbahnen errichtet werden, bei größeren Hochbauten, verdient die

Wahl der Gründungen besondere Beachtung. Genaueste Kenntnis des Untergrundes und Entnahme von ungestörten und gestörten Bodenproben bis zu Tiefen, etwa gleich der $1^1/_2$fachen bis doppelten Fundamentbreite, ist für die Durchführung von Untersuchungen und zur einwandfreien Beurteilung des Untergrundes unerläßlich.

Auf den Baustellen hat es sich als zweckmäßig herausgestellt, die Entnahmeanweisung selbst so anschaulich und kurz zu fassen, daß der Ausführende sie stets bei der Hand haben und nachsehen kann, während die Begründung und Erläuterung zweckmäßig auf einem besonderen Blatt gegeben wird.

Erläuterung. Die stets wiederkehrenden Beobachtungen auf besuchten Baustellen sind der Anlaß, auf eine sorgfältige Ausführung des Schürfens und Bohrens sowie der Bezeichnung, Verpackung und Aufbewahrung von Bodenproben hinzuweisen.

Mit der Notwendigkeit von Bodenuntersuchungen hat man sich bei den meisten Bauvorhaben bereits vertraut gemacht. Nur verspricht die Art und Weise, wie diese Untersuchungen vorgenommen werden, in den meisten Fällen nicht die Aufschlüsse, die man damit gewinnen könnte. Meist wird als „Bodenuntersuchung" noch bezeichnet das Bohren, Aufstellen eines Schichtverzeichnisses und günstigstenfalls die Aufbewahrung von gewonnenen Bodenproben in Fächerkästen. Für die meisten Untersuchungen sind dann die Proben sehr bald unbrauchbar. Dieses Verfahren ist deshalb so unsinnig, weil die Kosten für sorgfältige Entnahme, Verpackung und Aufbewahrung nur noch einen Bruchteil der Bohrkosten betragen. Im einzelnen ist gegen die angedeutete Arbeitsweise einzuwenden:

1. Bohrgeräte. Sehr oft wird noch mit ungeeigneten Bohrgeräten durch weniger erfahrene Unternehmer falsch gebohrt. Es handelt sich nicht darum, möglichst schnell in die Tiefe zu kommen, sondern von jeder, auch der dünnsten Schicht — die unter Umständen sehr wichtig sein kann (Rutschung!) — Kenntnis zu erhalten oder möglichst eine Probe heraufzuholen. Auch der Gebrauch des Ventilbohrers oder einer im Verhältnis zum Futterrohr viel zu kleinen Schappe kann den richtigen Eindruck verwischen. Lichtweite der Futterrohre $\geqq 150$ mm, da sonst eine ungestörte Entnahme schwierig ist!

2. Bezeichnung. Die Bezeichnung der Bodenproben an Ort und Stelle wird nicht immer geologisch vollständig richtig sein können. Sie soll lediglich das Wiederfinden der Proben erleichtern und, nach Berichtigung, für die Aufstellung des Bohrregisters brauchbar sein. Absichtlich enthalten die Schichtenverzeichnisse [26, 27] auch eine Spalte für die ortsübliche Bezeichnung der Bodenproben. Sehr wichtig ist jedoch, daß auf derselben Baustelle dieselben Bodenarten stets auch mit derselben Bezeichnung versehen werden. Sonst wird ein Vergleich stark erschwert.

3. Aufbewahrung. Die jetzt gebräuchlichen Fächerkästen (Abb. 9, rechts) haben folgende Nachteile:

Die Proben trocknen ein und schrumpfen; dann werden weiche, bindige Böden gerade besonders hart, und ihre geringe Tragfähigkeit ist nicht mehr zu erkennen. Die einzelnen Fächer sind zu klein, um ausreichende Mengen der Probe für spätere Untersuchung aufzunehmen. Beim Umfallen der Kästen besteht die Gefahr, daß Proben herausfallen und sich zum Teil vermischen. Selbst wenn die Kästen von oben durch Klappdeckel verschlossen werden, besteht beim Versand die Möglichkeit, daß Sand aus einem der Fächer die in anderen Fächern lagernden bindigen Böden „überzukkert“ und beim Antrocknen ein ganz falscher Gesamteindruck entsteht. Demgegenüber kostet ein Weckglas (Abb. 9, links) von 1 Liter für jede Probe etwa 0,30 RM., läßt sich luftdicht verschließen, die Probe bleibt frisch und kann jederzeit — oft sogar ohne Öffnen des Glases — betrachtet oder zu Versuchen herausgenommen werden.

Abb. 9. Richtige (links) und falsche Verpackung (rechts).

Ort der Entnahme ....

Datum 193

Bohr- / Schürf- Loch*) Nr. .... km ....

Schichtstärke

von .... bis .... m unter Geländeoberfl.

bzw. von .... bis .... m über N.N.

Gestörte / Ungestörte Bodenprobe*)

Bodenart ....

Eing.-Nr. ....

*) Nichtzutreffendes durchstreichen.

4. Verpackung und Versand. Die Einmachgläser und die in Paraffin gewälzten Bohrkerne lassen sich in Kisten mit Holzwolle verpacken. Beschriften der Proben (s. Muster eines Etiketts) und ein Inhaltsverzeichnis für jede Kiste sind notwendig. Es empfiehlt sich, beim Versand eine gleichzeitige schriftliche Mitteilung an die betreffende Versuchsanstalt zu richten, damit bereits beim Auspacken der Kisten Vertauschen oder Mißverständnisse vermieden werden und Art und Zweck der Untersuchung bekannt ist.

5. Numerierung der Bohrlöcher. Auf Baustellen, auf denen mehrere Bauwerke errichtet werden, begegnet man manchmal mehreren Fächerkästen, etwa mit der Bezeichnung „Bohrloch 8". Jeder Bohrmeister hat bei einer zusammengehörigen Reihe von Bohrungen wieder mit Nr. 1 angefangen, und niemand kennt sich mehr aus, wo die einzelnen Bohrlöcher niedergebracht wurden. Das Ergebnis ist wertlos. Man muß also die Bohrlöcher in einem Lageplan eintragen und fortlaufend beziffern.

6. Tiefe und Dichte der einzelnen Schürf- und Bohrlöcher. Tiefe und Dichte der einzelnen Schürf- oder Bohrlöcher richten sich nach den örtlichen Verhältnissen, Art und Zweck des Bauwerkes. Man kann sich zum Beispiel auf einzelne tiefere Bohrungen beschränken, wenn man damit die Lage einer tragfähigen Schicht feststellt und aus den anderen untiefen Bohrungen nur noch einzelne Proben herausholt oder den ziemlich gleichmäßigen Schichtenverlauf belegen will. Soweit ältere Bohrungen vorhanden sind, kann man auch die Aufzeichnung der Bohrergebnisse verwenden. Man sieht hierbei, wie wichtig die Einheitlichkeit in der Bezeichnung der Bodenarten ist (S. 5).

Bei Erdbauten sind in der Nähe befindliche Ton- und Sandgruben als Aufschluß von großem Wert, auch wird man an vorhandenen Dammböschungen erkennen, bis zu welchem Böschungswinkel die verwandten Dammbaustoffe ausfließen.

Auch hier ist Vorsicht geboten, da Steinbrüche und Sandgruben naturgemäß da angelegt werden, wo man den besten Baustoff antrifft. Es kann also vorkommen, daß andere Teile desselben Berghanges sehr viel ungünstiger sind.

b) Entnahmeanweisung.

Zur folgenden Entnahmeanweisung in Stichworten sei noch bemerkt:

Zu I. Schürfloch. Eine Baugrube selbst oder ein Schürfloch gibt stets den besten Aufschluß, da man alle Schichten sieht und selbst schwache Sandadern (wasserführend) oder dünne Lettenschichten (Rutschgefahr) erkennen kann, was beim Bohren nicht immer gelingt. Man soll ein Schürfloch bis zur Entnahme der Bodenproben nicht erst tagelang offen stehen lassen, da sich der Wassergehalt des Bodens ändert

(Aufsaugen durch Regen oder Austrocknen bei Sonne) und unter Umständen die Verwitterung beginnt (wie auf S. 20 erwähnt: in der Schürfgrube kann man mit einfachen Mitteln auch „ungestörte“ Proben sandiger Böden entnehmen, was im Bohrloch nur mit großer Schwierigkeit gelingt).

Zu IB. Bindige Böden. Eine möglichst „ungestörte“ Entnahme der Proben ist erforderlich zur Bestimmung des Wassergehaltes, des Porengehaltes, des Verdichtungsfaktors und aller Festigkeitseigenschaften des betreffenden Bodens, da eine „gestörte“ Probe desselben Bodens einen ganz anderen Baustoff darstellt. Wenn man es kraß ausdrücken will, ist ein „gestörter“ Ton dem „ungestörten“ ebenso unähnlich wie das Sägemehl dem Stück Holz.

Zu IIA. Große Vorsicht ist geboten beim Bohren mit dem Ventilbohrer, der von festgelagerten Schichten, z. B. Geschiebemergel, im Bohrloch eine Suppe anrührt, die am Tageslicht den Eindruck erweckt, als wenn sich unten eine Schlammschicht befände. Es besteht außerdem die Gefahr der Vermischung oder des Ausspülens feiner Teilchen, so daß an der Oberfläche ein scharfer Sand ausgeleert wird, während die Tonbrühe bereits weggelaufen ist. Um auf Tiefe zu kommen, kann man den Ventilbohrer zum Bohren wohl benutzen, die Bodenprobe selbst muß man jedoch mit besonderen Entnahmegeräten oder mit der Schappe herausholen. Als Bohrgestänge wird zweckmäßig ein mit Gewinde versehenes Gestänge verwendet, Übergangsstücke vom Entnahmegerät zum Gewinde des Gestänges lassen sich leichter herstellen als zu anderen Verschlüssen.

Ausdrücklich wird betont, daß auch Schürfungen und Bohrungen nur Stichproben sind und keineswegs die Bodenschichten zwischen zwei Bohrlöchern immer gleichmäßig verlaufen.

Ein Fehler, der häufig gemacht wird, ist die ungenügende Bezeichnung der Tiefenlage der einzelnen Schichten bzw. der einzelnen Bodenproben. Der Nullpunkt G.O. jeder Bohrung muß durch Einmessen festgelegt sein, so daß es auch später noch möglich ist, festzustellen, ob die Bohrung von der Geländeoberfläche oder von der Baugrubensohle aus angesetzt worden ist.

Die gewissenhafte Eintragung der beobachteten Oberflächen und Grundwasserstände ist unerläßlich.

Die in der Entnahmeanweisung unter I A 1 genannten Stahlzylinder mit Zelluloidkapseln bieten folgende Vorteile:

1. Der genaue Zylinderinhalt kommt ins Laboratorium. Dies ist wichtig für Verdichtungsnachprüfungen, Porengehalt, Raumgewicht usw. [17, 18].

2. Die Beschriftungszettel und die Korngröße des Sandes sind von außen (ohne Öffnung) sichtbar.

3. Die Behandlung geht viel flotter als beim Paraffinieren.

4. Der Stahlzylinder ist immer wieder verwendbar; Kosten eines Zylinders mit Zelluloidkappen etwa RM. 3,75.

Der Zeitraum zwischen Entnahme und Verschließen der Probe soll möglichst kurz sein, um eine übermäßige Verdunstung des Wassers in der Bodenprobe, besonders bei bindigen Böden, zu verhindern.

Anweisung.

Entnahme von Bodenproben (in Stichworten).

I. Aus Schürflöchern.

Schürfloch bis auf die betreffende Schicht graben. Bei größerer Tiefe aussteifen, da oft nur kurze Zeit standfest.

Genügend Arbeitsraum für die Entnahme vorsehen. Bis zur Entnahme der Probe nicht zu lange offenstehen lassen! (Austrocknung, Aufweichen, Verwitterung.)

A. Nichtbindige Böden (Sand).

1. Ungestörte Entnahme nur möglich, wenn keine zu groben Stücke vorhanden.

Notwendig, wenn man Dichte der Lagerung, Raumgewicht, Porengehalt, Durchlässigkeit und Art der Lagerung feststellen will.

Ein Stahlzylinder, zweckmäßig von bekanntem Rauminhalt, wird mit Hilfe eines Führungsrohres und eines Stempels so in den Boden gedrückt, daß der Boden zwar bis an die Schlaghaube reicht, aber doch nicht gestaucht wird, damit Fehler in der Bestimmung der Lagerungsdichte vermieden werden. Dann wird der Zylinder vorsichtig ausgegraben, oben und unten geglättet und mit Zelluloidkapseln oder durch ein Stück mit Paraffin vergossener Pappe verschlossen (Abb. 10 und 11).

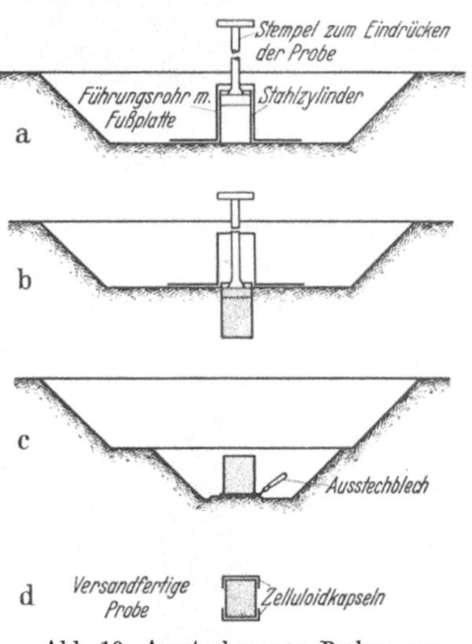

Abb. 10. Ausstechen von Proben aus Baugrube oder Schürfloch.

Genau bezeichnen (s. S. 23).

2. Gestörte Probe genügt für Bestimmung von Kornverteilung, chemische Untersuchung und spezifisches Gewicht.

Den Boden in ein Gefäß (Weckglas) füllen, gut verschließen und bezeichnen.

B. Bindige Böden.

1. Auf ungestörte Proben kommt es hierbei besonders an. Entnahme wie unter A 1 oder mit Spaten und Messer aus dem Boden einen Würfel — Kantenlänge 15—20 cm — herausarbeiten, sofort mit heißem Paraffin

übergießen (oder eintauchen) — um Wasserverlust zu verhindern —, dann in Pergament- oder Ölpapier einschlagen und nochmals mit Paraffin übergießen.

Abb. 11. Entnahmegerät zu Abb. 10.

Genaue Bezeichnung. — Vorsichtig verpacken.

2. Gestörte Proben nur, wenn B 1 nicht gelingt. Dann wie A 2, aber nicht unnötig kneten, mit Wasser vermengen u. dgl. m. — Art der Entnahme und Störung angeben!

II. Aus Bohrlöchern.

Bohrloch mit Futterrohr $\geqq 150$ mm Lichtweite. Beim Bohren ist Sorgfalt besser als Schnelligkeit. Jede Änderung der Schichten beachten!

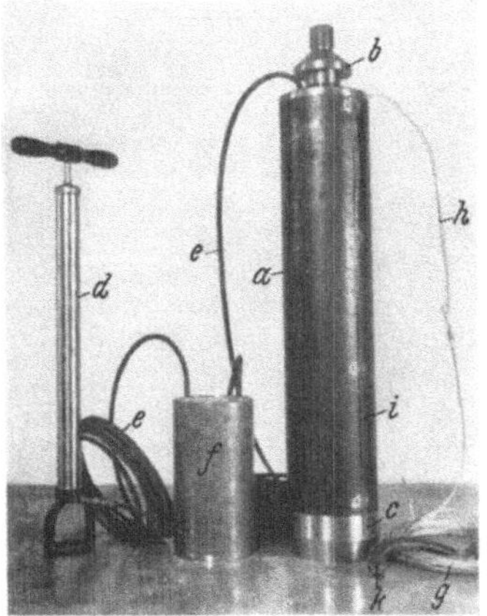

Abb. 12. Entnahmegerät für das Bohrloch. (Nach A. Casagrande.)

Abb. 13. Einparaffinierte Kerne.

A. Nichtbindige Böden.

1. Ungestörte Entnahme schwierig (zur Zeit nur mit Hilfe von Injektionen), jedoch auch meist nicht notwendig.

2. Gestörte Entnahme.

Bodenprobe aus dem Bohrer (Schappe, Ventilbohrer) möglichst ohne Entmischung oder Auswaschen herausnehmen und in Gefäß (Weckglas, Büchse) füllen.

B. Bindige Böden.

Gilt auch für schwach bindige Böden, also z. B. stark sandigen Ton oder Schluff.

1. Ungestörte Entnahme (für Versuche besonders wichtig!).

a) Mit Entnahmegerät (Abb. 12). Dazu eine ausführlichere Gebrauchsanweisung vorhanden (s. S. 198).

Das Gerät wird nach Vorbohren mit der Schappe an das Gestänge geschraubt und in die betreffende Schicht gedrückt oder gerammt, so daß ein Bohrkern in den Hohlzylinder eindringt. Nach Hochziehen wird die Probe aus dem Gerät entnommen und in Paraffin und Pergament- oder Ölpapier (wie unter I B 1 angegeben) verpackt (Abb. 13). Genau bezeichnen!

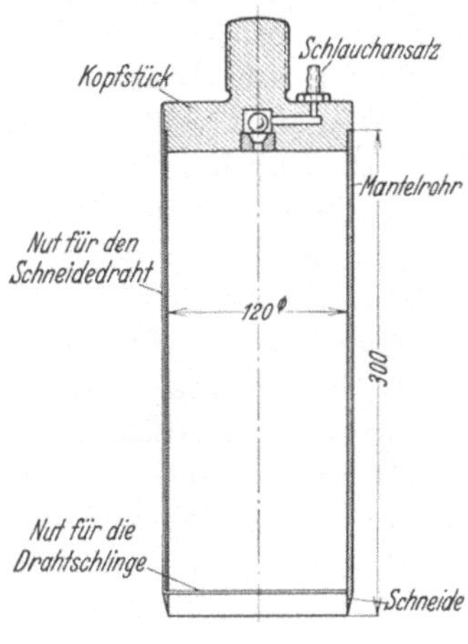

Abb. 14. Vereinfachter Entnahmestutzen für das Bohrloch.

Bemerkung: Dieses Gerät ist besonders auch für schwachbindige Böden geeignet.

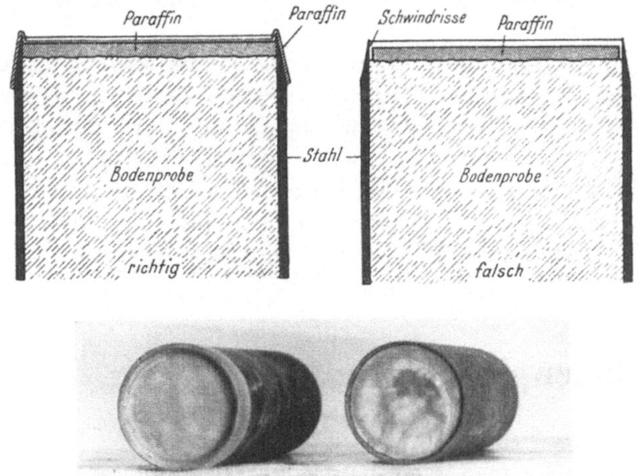

Abb. 15. Vergießen der Stutzen; links richtig, rechts falsch (Schwindrisse).

b) Mit Entnahmestutzen (Abb. 14).

Die Stutzen werden an das Gestänge angeschraubt und eingedrückt oder -gerammt. Die Bodenprobe bleibt im Stutzen, wird oben und unten mit Paraffin vergossen, eingetaucht (Abb. 15) und bezeichnet.

2. Gestörte Proben.

Wenn B 1 nicht gelingt, etwa weil Entnahmegerät nicht vorhanden, möglichst gering gestörte Proben (z. B. mit der Schappe) entnehmen. Die Klumpen einparaffinieren oder im Gefäß (Weckglas) luftdicht verschließen und bezeichnen.

Art der Entnahme und Grad der „Störung“ angeben!

III. Für alle entnommenen Proben.

1. Bezeichnung der Proben.

Bei der Bezeichnung auf Würfel, Büchse, Weckglas usw. sind anzugeben: 1. Ort der Entnahme; 2. Datum; 3. Nummer des Bohrloches; 4. Nummer der Probe; 5. Tiefe der Entnahme; 6. Bezeichnung des Bodens; 7. Kennzeichnung: oben, unten; 8. Art der Entnahme: gestört, halbgestört, ungestört; 9. Witterung; 10. Grundwasserstand.

Dazu: Genaues Schichtenverzeichnis; doppelt: eine Ausfertigung in Kiste, die zweite im Brief.

2. Verpackung und Versand.

Die einparaffinierten oder in Gläser gefüllten Proben vorsichtig mit Holzwolle in Holzkisten (nicht Pappkasten) verpacken und versenden. Bei wiederholten Sendungen Kisten, die zurückgesandt werden können.

3. Aufbewahrung.

Aufbewahrung oder gar Versand der Proben in den bisher gebräuchlichen Holzkästen (Fächerkästen, Abb. 9, rechts) ist ungünstig, da die Proben austrocknen und außerdem — bei Sandproben — sich miteinander vermischen.

Es empfiehlt sich die Aufbewahrung in Weckgläsern oder billigen Honiggläsern. Neben den zu Versuchen eingesandten Proben ist oft eine zweite Reihe auf der Baustelle (zwecks späterer Betrachtung bei Aushub usw.) von Wert. Zweckmäßigerweise werden die Proben übersichtlich geordnet auf Regalen aufgestellt; Proben bindiger Böden legt man trotz Paraffinüberzug in einen Feuchtraum, der sich im Keller z. B. durch Dichten der Türen und Fenster und häufiges Zerstäuben von Wasser mit einfachen Mitteln herstellen läßt.

IV. Bodenphysikalische Versuche und ihre Anwendung.

Vorbemerkung.

Da in diesem Buch als bestes Mittel zur Klärung der Baugrundverhältnisse und zur Bestimmung von Beiwerten die bodenphysikalischen Versuche genannt werden, ist eine Aufzählung und kurze Beschreibung notwendig, damit die gewonnenen Rechnungswerte oder Kennziffern dem Leser geläufig werden. Terzaghi kündigt im „Bauingenieur“ 1935, H. 3/4 unter 4. [10] eine Beschreibung der Untersuchungsverfahren an, die Prof. A. Casagrande als der dafür Berufenste etwa gleichzeitig mit der neuen „Erdbaumechanik" in Buchform herausbringen will. Dieser Zusammenfassung, nach der die Fachwelt in den letzten Jahren immer dringender verlangt, soll hier keineswegs vorgegriffen werden. Dennoch muß der Praktiker bald wissen, welche Versuche zur Zeit in den Erdbaulaboratorien durchgeführt werden. Die Beschreibung entspricht etwa dem im Institut der „Degebo" zur Zeit üblichen Vorgehen, was nicht ausschließt, daß in anderen Laboratorien ähnliche und andere Versuche mit anders gebauten Apparaten demselben praktischen Zweck dienen. Bei der ersten internationalen Konferenz für Bodenmechanik und Gründungen in Cambridge, Mass. (USA.) zeigte sich, daß — mit wenigen Ausnahmen — die gangbaren Versuche in den Laboratorien der verschiedenen Länder ähnlich durchgeführt werden. Dies ist begreiflich, da die meisten Einrichtungen auf Anregungen von Terzaghi und A. Casagrande aufgebaut wurden.

Die nachstehende Zusammenstellung ist das Ergebnis eines bei den bodenkundlichen Schulungskursen geäußerten Wunsches, außer der ausführlicheren Beschreibung und Vorführung der Versuche eine klare kurze Übersicht zu besitzen.

1. Aufzählung der gangbarsten bodenphysikalischen Versuche und ihre Anwendung.

Art des Versuches oder der Bestimmung	Ergebnis, Werte	Nutzanwendung auf
1. Natürlicher Wassergehalt	Wassergehalt in % des Trockengewichtes (oder Gesamtgewichtes). Siehe einfache Umrechnungstabelle zur Erleichterung der Übersicht Beilage 4	Einteilung, Vergleichswert nur mit Böden ähnlichen Aufbaues
2. a) Porengehalt	Bei gesättigten, bindigen Böden wie 1. Gehalt an Poren (Luft und Wasser) in % des Gesamtrauminhaltes	Nachprüfung der Verdichtungsfähigkeit, besonders bei Sand
b) Porenziffer	Verhältnis des Porenraumes zum Rauminhalt der festen Bestandteile	
3. Spezifisches Gewicht		Hilfswert für verschiedene Bestimmungen, z. B. 2 und 6
4. Raumgewicht		Dichte der Lagerung, Einordnung und überschlägliche Beurteilung im Zusammenhang mit 2a und 3. Wert für erdstatische Berechnungen

Art des Versuches oder der Bestimmung	Ergebnis, Werte	Nutzanwendung auf
5. Siebanalyse	Kornverteilung bis etwa > 0,06 mm	Einteilung, Gleichförmigkeit, Verdichtungsfähigkeit, Frostgefahr, Durchlässigkeit
6. Schlämmanalyse	Kornverteilung bis etwa < 0,1 mm	Wie vor
7. Atterbergsche Konsistenzgrenzen (bindige Böden)	(Gewichtsprozente)	Einteilung, Hinweis auf Winkel der inneren Reibung, zusammen mit 7b
a) Fließgrenze	% Wassergehalt bei 25 Schlägen	Plastizitätsziffer
b) Ausrollgrenze (Plastizitätsgrenze)	Wassergehalt in % beim Zerbröckeln	Unterschied zwischen 7a und 7b ist Plastizitätsziffer (Kennziffer)
c) Schrumpfgrenze	Wassergehalt bei Erreichung der Raumbeständigkeit.	Kennziffer
8. Schwedische Kegelprobe a) An ungestörten bindigen Böden (H_3)	Eindringungstiefe, nach schwed. Tabelle	Einteilung durch Vergleich von 8a und 8b
b) An gestörten Proben (H_1)	Auch „Hallfasthetstal" = Festigkeitszahl	Warnung, z. B. vor Rutschung (rein empirisch) je nach Spanne H_1—H_3
9. Druckversuch mit unbehinderter Seitenausdehnung (Zylinderdruckversuch)	Scherwinkel, Scherfestigkeit, Elastizitätsmodul (alle nur ungefähr)	Vergleich mit zum Teil bereits eingehender untersuchten Proben, Hinweis auf Rutschgefahr
10. Reibungsversuch nach Krey mit verbessertem Apparat nach A. Casagrande	a) Scherfestigkeit b) Winkel der inneren Reibung c) Kohäsion	Rutschgefahr, Ermittlung früherer Vorbelastung usw. Erdstatische Berechnungen
11. Druckversuch mit behinderter Seitenausdehnung a) an ungestörten, b) an gestörten Proben	Verdichtungs- und Schwellbeiwert, Durchlässigkeitsbeiwert, Druckporenzifferdiagramm, Zeitsetzungsdiagramm	Beurteilung von Setzungen, Setzungsvorhersage ungefähr nach Größe und Zeitverlauf, Ermittlung früherer Vorbelastung durch Vergleich 11a und 11b
12. Durchlässigkeitsversuch a) direkt mit gleichbleibender Druckhöhe b) mit fallendem Wasserspiegel im Standrohre	Durchlässigkeitsbeiwert	Zusammen mit 11 für Setzungsvorhersage, Grundwasserhaltung, Staudämme, Erosion unter Staumauern usw.

Art des Versuches oder der Bestimmung	Ergebnis, Werte	Nutzanwendung auf
13. a) Kapillaritätsversuch nach Beskow (Quecksilber, Durchsaugen)	Kapillare Steighöhe	Beurteilung der Frostgefährlichkeit (im Zusammenhang mit anderen Einflüssen!)
b) Kapillaritätsversuch nach Jürgensen (Druckluft)	Kapillare Steighöhe	Beurteilung der Frostgefährlichkeit (im Zusammenhang mit anderen Einflüssen)
14. Einrüttelungsversuch	Porengehalt verschiedener Verdichtungsstufen (trocken, naß)	Nachprüfung von erreichter Verdichtung und Verdichtungsfähigkeit der Schüttungen

15. Verschiedene Modellversuche, dem praktischen Fall entsprechend, mit mehr oder weniger großer Modellrichtigkeit (z. B. Böschungswinkel über und unter Wasser, Pfahl- und Spundwandmodelle, Einfluß wiederholter Grundwasserhebungen und -senkungen usw.).
16. Gefrierversuche.

2. Beschreibung der einzelnen Versuche.

Um dem Praktiker zunächst ein gewisses Vertrauen in solche Versuche einzuflößen und ihm eine Beurteilung der Zusammenhänge möglich zu machen sowie für die Arbeit im Feldlaboratorium, sei die Durchführung der einzelnen Versuche kurz beschrieben:

1. Bestimmung des Wassergehaltes.

Zweck. Hilfswert bei der Beurteilung von Verdichtung, Ermittlung der Konsistenzgrenzen (7). Bei gesättigten, bindigen Böden entspricht der natürliche Wassergehalt dem vorhandenen Porenraum.

Geräte. Uhrgläser mit geschliffenem Rand und Klemmspange. Die Uhrgläser werden zweckmäßigerweise numeriert und die Tara gewogen. Feinwaage und Trockenschrank.

Ausführung und Auswertung. Die Probe wird naß gewogen (im Uhrglas), getrocknet und trocken gewogen. Naßgewicht sei W_n und das Trockengewicht W_t. Der Wassergehalt ist dann, in Prozenten vom Trockengewicht, gleich $\frac{W_n - W_t}{W_t} \cdot 100$. Umrechnungstabellen siehe Beilage 4.

2. Bestimmung des Porengehaltes.

a) An bindigen Böden.

b) An nichtbindigen Böden.

Zweck. Ermittlung der Lagerungsdichte, z. B. bei Nachprüfung der Verdichtungswirkung einer maschinellen Dammverdichtung.

Geräte. Ausstechzylinder mit scharfer Schneide, Grobwaage und zum Trocknen ein Bunsenbrenner oder ein Trockenschrank.

Ausführung. Zu a) α) Porenraum ist vollkommen mit Wasser gefüllt. Bestimmung aus dem Wassergehalt.

G = Trockengewicht;

w = Wassergehalt in % vom Trockengewicht;

γ = spez. Gewicht der Bodenkörner.

Porenziffer: $\varepsilon = \frac{\gamma \cdot w}{100}$

$$\varepsilon = \frac{n}{1 - n}$$

$$n = \frac{\varepsilon}{\varepsilon + 1} \cdot 100\,\% .$$

β) Porenraum enthält Wasser und Luft. Ein Zylinder von bestimmtem Inhalt V wird aus dem Boden ausgestochen.

Raum des Wassergehaltes $V_w = w \cdot G$ (cm³),

Raum der Trockenmasse $V_B = \frac{G}{\gamma}$ (cm³),

Raum des Luftgehaltes $V_L = V - V_w - V_B$,

$$n = \frac{V_L + V_w}{V} \cdot 100\,\% .$$

Zu b) Mit Hilfe des Ausstechzylinders wird eine ungestörte Probe entnommen und nacheinander werden folgende Werte bestimmt:

Volumen des Zylinders = V,

Trockengewicht der Probe = G,

spez. Gewicht der Körner des Bodens = γ.

Auswertung. Der Porengehalt in Prozenten des gesamten Rauminhalts beträgt:

$$n = 100 \left(1 - \frac{G}{\gamma \cdot V}\right). \qquad \text{Porenziffer} = \frac{n}{100 - n} = \varepsilon$$

Bemerkungen. Der Einrüttelungsversuch (Versuch Nr. 14) mit Sand — eine Untersuchung der Verdichtungsfähigkeit von Sanden — ist lediglich eine Porengehaltsbestimmung vor und nach erfolgter Verdichtung. Die Verdichtung zur Erzielung der möglichen dichtesten Lagerung geschieht im Laboratorium durch Einrütteln des Sandes in einem Gefäß von bestimmtem Inhalt.

Tabelle zur Bestimmung der Porenziffer aus dem Porengehalt siehe Beilage 5.

3. Bestimmung des spezifischen Gewichtes der Einzelkörner eines Erdstoffes.

Zweck. Das spezifische Gewicht ist ein Hilfswert für verschiedene bodenphysikalische Versuche, z. B. Bestimmung der Schrumpfgrenze, des Raumgewichtes, für Schlämmanalyse, Kompressions-Durchlässigkeitsversuch, Porenziffer und Spannungsermittlung im Boden. Es genügt oft, das spezifische Gewicht nach der Erfahrung zu schätzen, z. B. für Sand (Quarz) rund 2,65, für Ton 2,65—2,9.

Geräte. Porzellanschale, Pyknometer (100 cm^3), Trockenschrank, Feinwaage und Tabelle für die Temperaturkorrektion. Wird die Probe nicht bereits vorher getrocknet und gewogen, so ist auch ein Eindampfapparat erforderlich.

Ausführung. Falls man kein geeichtes Pyknometer verwendet, ist es zuerst mit destilliertem Wasser zu füllen, zu wiegen und die Temperatur des Wassers zu messen. Eine gut gemischte, feingeriebene Bodenprobe (etwa 30 g) ist im trockenen Zustand genau auszuwiegen, in das Pyknometer zu schütten und mit Wasserzusatz etwa $^1/_2$ Stunde zu kochen, um die Luft zu entfernen. Nach Abkühlung füllt man das Pyknometer bis Oberkante Stöpsel mit destilliertem Wasser auf, mißt die Temperatur und wiegt das Pyknometer mit dem Wasser und der Probe genau ab.

Daraus ergibt sich folgende Ausrechnung:

$$\gamma_t = \frac{g}{G_t + g - G_p}.$$

Hierin bedeuten:

g = Trockengewicht der Probe,
G_t = Gewicht des Pyknometers + destilliertes Wasser bei der Temperatur t,
G_p = Gewicht des Pyknometers + Wasser bei der Temperatur t + Probe,
γ_t = spezifisches Gewicht der Teilchen des Erdstoffes.

Ist eine äußerst genaue Bestimmung des spezifischen Gewichtes erforderlich, so ist der Wert γ_t mit $\frac{s_t}{s_{4^\circ}}$ zu multiplizieren, wobei

s_t = die spez. Dichte des Wassers bei t° C und
s_{4° = die spez. Dichte des Wassers bei 4° C ist.

Die Porenziffer $\varepsilon = \frac{\gamma \cdot w}{100}$ (bei bindigen Böden). Hierin ist w = Wassergehalt der gesättigten Probe in Prozenten des Trockengewichtes.

4. Bestimmung des Raumgewichtes.

a) Nichtbindige Böden, b) bindige Böden.

Zweck. Ermittlung von Hilfswerten für erdstatische Berechnungen.

Geräte. Zu a) ein Stahlzylinder mit Schneide, zu b) zwei flache Glasschalen von verschiedener Größe, die kleinere davon mit abgeschliffenem Rand, Glasscheibe mit drei Metallspitzen und etwa $^1/_2$ Liter Quecksilber.

Ausführung. Zu a) Mit Hilfe des Stahlzylinders wird, ähnlich wie bei der Probeentnahme, das Material im ungestörten Zustand ausgestochen. Nachdem der Rauminhalt (Zylinderinhalt) bestimmt ist, wird die Probe gewogen und daraus das Raumgewicht bestimmt.

Zu b) α) Eine beliebig geformte Probe wird dünn einparaffiniert und in Wasser getaucht. Das verdrängte Wasser und die Probe selbst werden gewogen.

β) Die Probe wird, wie Abb. 16 zeigt, mit Hilfe der Glasscheibe in die mit Quecksilber vorher genau gefüllte kleinere Glasschale hineingedrückt, so daß das überschüssige Quecksilber in die größere Schale läuft. Aus dem Gewicht des verdrängten Quecksilbers Q, dem spezifischen Gewicht des Quecksilbers γ_q und aus dem Gewicht G der Probe selbst ergibt sich das Raumgewicht.

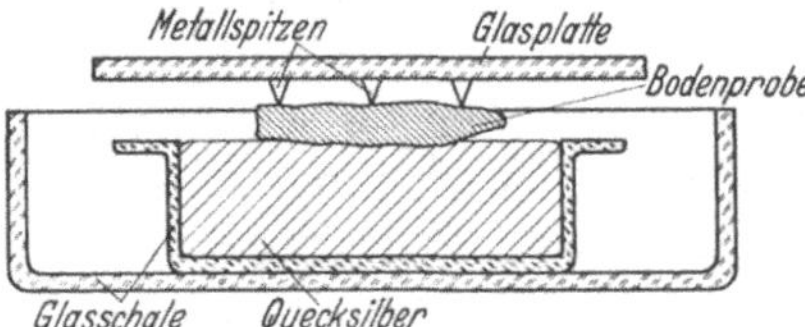

Abb. 16. Raumgewichtsbestimmung.

Auswertung. Raumgewicht $r_g = \frac{G \cdot \gamma_q}{Q}$.

5./6. Mechanische Analyse zur Bestimmung der Kornverteilung von Böden.

a) Siebanalyse für gröberes Korn ($> 0,06$ mm Durchmesser).

b) Schlämmanalyse für feinere Teile ($< 0,1$ mm Durchmesser).

c) Kombinierte Analyse, wenn nur ein geringer Anteil an grobem Korn vorhanden ist.

Zweck. Einordnung der Böden, Kornverteilungskurven, Ermittlung von Hilfswerten, z. B. für den horizontalen Durchlässigkeitsversuch, zur Bestimmung der Frostgefährlichkeit eines Bodens u. a. m.

Geräte. Zu a) bzw. c) Normierter Siebsatz[1], gegebenenfalls eine Rüttelmaschine, Schalen zur Aufbewahrung der einzelnen Korngrößenanteile, eine Grobwaage und zum Trocknen ein Trockenschrank oder notfalls nur ein Bunsenbrenner.

Zu b) bzw. c) Für die Durchführung der Schlämmanalyse nach Bouyoucos-A. Casagrande [28] ein Schlämmzylinder von 1000 cm³, ein geeichtes Aräometer, Thermometer, Rührapparat (drink mixer), Nomogramme, die zum Zwecke der Auswertung der Schlämmanalyse auf Zylinder und Aräometer geeicht sein müssen, Antikoagulanten (Na_2SiO_3), zum Koagulieren: Salzsäure. Das Koagulationsmittel ist notwendig, falls die Probe vor dem Versuch nicht getrocknet und abgewogen wurde. In diesem Fall sind noch eine Schale und ein Eindampfapparat erforderlich. Spritzflasche, Pipette und zur Auswertung Vordrucke.

Ausführung. a) Der getrocknete Sand oder Kies wird abgewogen (etwa 200—500 g) und auf das oberste (gröbste) der übereinander stehenden Siebe geschüttelt. Nach gründlichem Rütteln (zweckmäßig in der Rüttelmaschine) werden die einzelnen Siebrückstände gewogen

[1] In Deutschland erhältlich beim Chem. Laboratorium für Tonindustrie, Apparate-Abt., Berlin NW 21.

und Gewicht und Maschenweite notiert. Bei schwach tonigen Sanden wendet man zweckmäßigerweise die Naß- und Spülsiebung an. Dabei wird der Erdstoff durch die Siebsätze hindurchgeschlämmt. Danach werden die einzelnen Korngrößenanteile getrocknet und gewogen.

b) Trockener Boden wird abgewogen (etwa 30—50 g), dann unter Zusatz von destilliertem Wasser und einem Antikoagulationsmittel im Rührapparat gründlich gemischt. Als Antikoagulationsmittel verwendet man etwa 5 cm^3 eines 6fach verdünnten Natriumsilikates von 40° B. Die Probe wird, je nach Feinheit, $^1/_4$ bis 1 Stunde gut durchgerührt. Darauf wird der Behälter des Rührapparates restlos in einen Schlämmzylinder entleert, der dann mit destilliertem Wasser bis zur 1000 cm^3 Marke aufgefüllt wird. In diesem Zylinder wird die Substanz nochmals unter Vermeidung von Verlusten gut durchgeschüttelt. Beim Aufstellen des Zylinders auf den Tisch wird die Stoppuhr in Gang gesetzt und gleichzeitig das Aräometer bis zur ungefähren Höhe der zu erwartenden Lesung eingetaucht. Nach bestimmten Zeiträumen, etwa 15″, 30″, 1′, 2′, wird abgelesen. Nach 2′ wird das Aräometer vorsichtig aus der Flüssigkeit gehoben, abgespült und getrocknet, und die Temperatur der Trübe gemessen. Weitere Ablesungen erfolgen nach 5′, 15′, 45′ usw. Es ist darauf zu achten, daß bei den späteren Lesungen das Aräometer stets vorsichtig eingetaucht und herausgehoben wird. Die Zeitdauer des Versuches richtet sich nach der Feinheit des Materials und kann bis zu 4 Tagen dauern. Ist die Probe nicht vorher gewogen worden, so setzt man einige Tropfen Salzsäure hinzu, saugt nach erfolgter Koagulation das klare Wasser ab, dampft den Rest ein und bestimmt dann das Trockengewicht.

c) Die kombinierte Analyse wird derart durchgeführt, daß aus dem getrockneten und gewogenen Material der feinere Bestandteil herausgewaschen, im Rührapparat aufbereitet und entsprechend b) analysiert wird. Das zurückgebliebene gröbere Material wird nach a) behandelt. Die Kornverteilungskurve setzt sich dann aus zwei ineinanderübergehenden Ästen zusammen.

Die Auswertung geschieht bei der Schlämmanalyse mit Hilfe von Nomogrammen. Es ergibt sich dabei die Kornverteilungskurve (Abb. 3), die auf semilogarithmischem Papier aufgetragen wird.

Einordnung nach Terzaghi. Korngröße: Sand 1—0,1 mm, Mo $>$ 0,02 mm, Schluff $>$ 0,002 mm, Kolloidschlamm (Ton) $<$ 0,002 mm Durchmesser. Wirksame Korngröße nach Allen Hazen $d_{w'}$ = Korngröße bei 60% des Gesamtgewichtes und d_w = Korngröße bei 10% des Gesamtgewichtes oder nach Grasberger d_w bei 16% und $d_{w'}$ bei 84%. Der Ungleichförmigkeitsgrad errechnet sich aus der wirksamen Korngröße:

$$U = \frac{d_{w'}}{d_w}$$

Dieser Faktor U ist nötig z. B. für den horizontalen Durchlässigkeitsversuch und die Kennzeichnung des Bodens und hat im allgemeinen die Größenordnung von 3—50.

Bemerkungen. Hier wurde die Schlämmanalyse nach Bouyoucos-A. Casagrande beschrieben, da sie einfach und für bodentechnische Zwecke genügend genau ist [28, 29, 30].

7. Atterbergsche Grenzen.

a) Fließgrenze,

b) Plastizitätsgrenze (Ausrollgrenze),

c) Schrumpfgrenze.

Zweck. Allgemeine Beurteilung und Einordnung von bindigen Böden.

Geräte. Zu a) Fließgrenzenapparat nach A. Casagrande (Abb. 17) und ferner die zur Wassergehaltsbestimmung erforderlichen Geräte.

Abb. 17. Apparat zur Bestimmung der Atterbergschen Fließgrenze.

Zu b) Trockenschrank, Uhrgläser mit Spangen, Schalen, Papier.

Zu c) Zwei flache Glasschalen von verschiedener Größe, die kleinere davon mit abgeschliffenem Rand, Glasscheibe mit drei Metallspitzen und etwa $^1/_2$ Liter Quecksilber (vgl. Raumgewichtsbestimmung, Abb. 16).

Ausführung. Zu a) Der Boden wird gut durchgeknetet und durch Hinzufügen von pulverisiertem Material oder Wasser bis zur gewünschten Konsistenz aufbereitet. Nachdem die Bodenprobe in die Messingschale des Fließgrenzenapparates gefüllt ist, wird mit einem Furchenzieher (Abb. 17) die Probe durch eine Rille von 1 cm Tiefe und 2 mm Breite in zwei Teile geteilt, die Nockenwelle gedreht, so daß die Schale nach jeder Umdrehung auf die Unterlage aufschlägt. Als Fließgrenze wird der Wassergehalt angenommen, bei dem 25 Schläge genügen, um das Material von beiden Seiten der Furche am Boden der Schale auf eine Länge von etwa 1 cm zusammenfließen zu lassen. Die Ermittlung der Fließgrenze erfolgt zweckmäßigerweise indirekt durch Bestimmung mehrerer Punkte der Fließkurve (vgl. Abb. 18). Für jede Schlagzahl (z. B. 32, 23, 12 Schläge) ist sofort nach dem Versuch eine Probe zur Wassergehaltsbestimmung zu entnehmen.

Zu b) Das Material wird auf Saugpapier zu 3 mm starken Rollen ausgerollt, bis der Wassergehalt so weit abgenommen hat, daß es zu bröckeln anfängt. Danach wird der Wassergehalt dieser Probe bestimmt.

Zu c) Als Schrumpfgrenze gilt derjenige Wassergehalt, bei dem keine Abnahme des äußeren Rauminhaltes mehr stattfindet, obwohl die Trocknung noch fortschreitet. Es muß also die Probe einem langsamen Austrocknungsprozeß unterworfen und bei verschiedenen Wassergehalten der Rauminhalt (s. Raumgewichtsbestimmung) ermittelt werden. Aus der graphisch aufgetragenen Beziehung Wassergehalt—Rauminhalt kann dann die „Schrumpfgrenze" abgelesen werden (Abb. 19).

Zu a) Die graphische Auftragung der Ergebnisse erfolgt derart, daß auf der Abszisse des Koordinatenssystems die Schlagzahl in logarithmischem Maßstab und auf der Ordinate der Wassergehalt in arithmetischem Maßstab aufgetragen wird. Die ermittelten Punkte der „Fließkurve" liegen auf einer Geraden (vgl. Abb. 18).

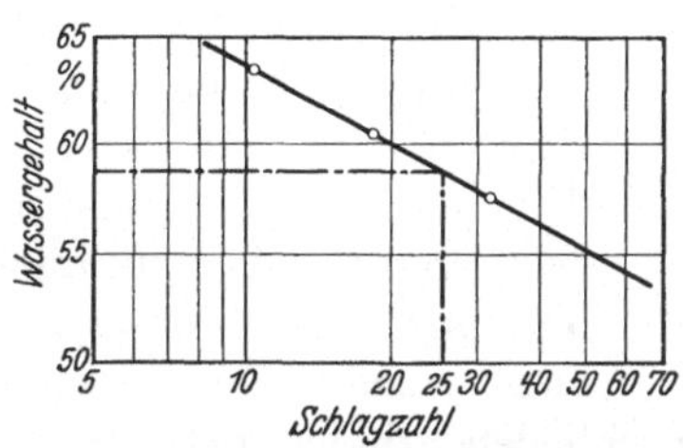

Abb. 18. Ermittlung der Fließgrenze.

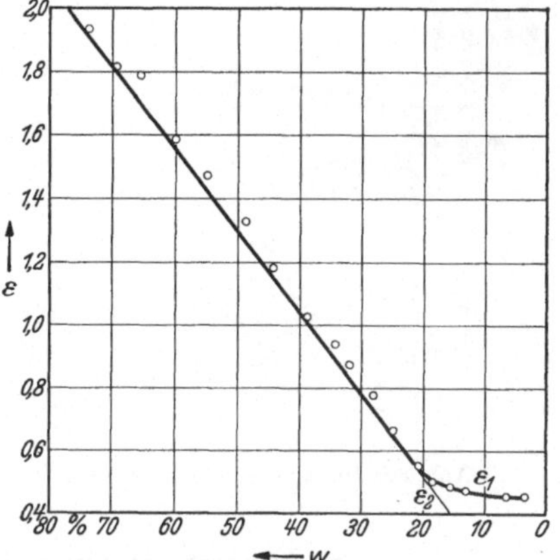

Abb. 19. Ermittlung der Schrumpfgrenze.

Zu b) Der Unterschied zwischen dem Wassergehalt bei der Fließgrenze und bei dem der Ausrollgrenze heißt die Plastizitätsziffer (Kennziffer).

Zu c) Siehe Raumgewichts- und Wassergehaltsbestimmung.

Die Plastizitätszahl ist eine wertvolle Kennziffer, durch deren Ermittlung eine Reihe zeitraubender Versuche erspart werden können, so daß man die ausführliche Untersuchung auf wenige charakteristische Proben beschränken kann. Da das Zusammenfließen der beiden Probenteile bei der Fließgrenzenbestimmung in der Schale unter Überwindung des Reibungswiderstandes erfolgt, ist die Fließgrenze ein Kriterium für die innere Reibung des Materials, daher auch für tg φ, so daß man zum Teil auch Scherversuche ersparen kann.

Bemerkungen. Der Fließgrenzenapparat muß streng vorgeschriebene Abmessungen besitzen, da geringe Abweichungen in Form, Gewicht und Material die Schlagzahl stark beeinflussen. Wegen der Dämpfung soll der Apparat während des Versuches auf ein dickes Buch oder dgl. gestellt werden. Zeitweise ist eine Nachprüfung der Fallhöhe der Schale erforderlich.

Die Bestimmung aller drei Grenzen soll aus derselben Mischung der Probe erfolgen.

8. Die schwedische Kegelprobe.

(Bericht der geotechnischen Kommission der schwedischen Staatsbahnen 1914—22, S. 46—55 [6].)

Um die Konsistenz, den Einfluß einer Störung und den Reibungsbeiwert bindiger Böden ungefähr erfassen zu können, hat man an Tausenden von ungestört entnommenen Tonproben in Schweden zuerst im ungestörten und dann im durchgekneteten Zustand die Einsenkungstiefe eines Metallkonus festgestellt. Für die verschiedenen Bodenarten hatte man kegelförmige Gewichte von 10 g, 60°; 100 g, 60° und 100 g, 30° Spitzenwinkel (Abb. 20). An dem Schaft des Fallgewichtes (mit Millimeterteilung) liest man die Eindringungstiefe ab. Aus zugehörigen Tabellen, die auch im Bereich des Überganges von einem Kegelgewicht zum anderen recht gut aneinander anschließen, findet man hierzu Festigkeitszahlen (hallfasthetstal). Man hat außer dieser allgemeinen Bezeichnung, auf dem Wege über andere Zusammenhänge, auch noch

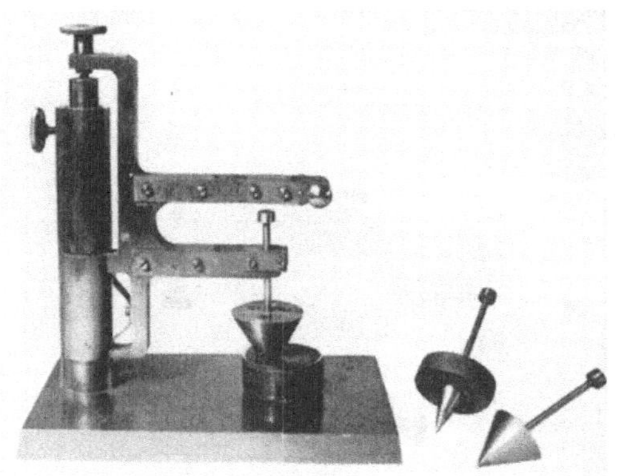

Abb. 20. Die schwedische Kegelprobe.

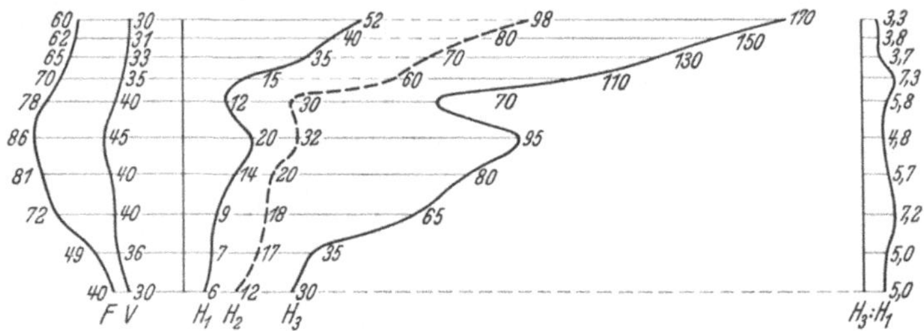

Abb. 21. Graphische Darstellung der Ergebnisse der schwedischen Kegelprobe für ein Bohrloch. V Wassergehaltsdiagramm, F Feinheitsdiagramm, H_1 Festigkeitsdiagramm für die vollkommen umgerührte Probe, H_2 Festigkeitsdiagramm für die unvollkommen umgerührte (Kannenbohrer-) Probe, H_3 Festigkeitsdiagramm für die unumgerührte Probe, $H_3 : H_1$ Diagramm des Verhältnisses der Festigkeit der unumgerührten Probe zur Festigkeit der vollkommen umgerührten Probe.

Feinheitszahlen und Normalwassergehalt ableiten wollen, ohne daß damit ein Rechnungswert oder eine einwandfreie Kennziffer erreicht wird. Die Auftragung des Ergebnisses geschieht für ein Bohrloch nach Abb. 21. Man ersieht daraus, daß die Figuren, vor allem aber der Unterschied zwischen H_1 (Festigkeitszahl der gestörten Probe) und H_3 (Festigkeitszahl der ungestörten Probe), wenn man sie in vielen Fällen nebeneinander legt, ein vergleichsfähiges Bild und im Falle schlechter Erfahrungen, z. B. bei Rutschungen, eine Warnung enthalten. Aus dieser Betrachtung ergibt sich auch der hauptsächliche Nutzen des Versuches.

Wenn man sich weiterhin vorstellt, daß beim Verdrängen des Bodens durch die Kegelspitze u. a. der Reibungswiderstand überwunden wird, kann man, ähnlich wie bei den Attenbergschen Grenzen, einen Zusammenhang mit der Reibung im Boden annehmen und die Kegelprobe zur überschläglichen Vorerkundung benutzen. Für diesen Zweck ist das Verfahren den Attenbergschen Grenzen dadurch überlegen, daß man es zunächst am ungestörten, dann am selben, gestörten, durchgekneteten Material durchführen kann. Feststellung des natürlichen Wassergehaltes, allenfalls auch der Kornverteilung, vervollständigen das Bild.

Anwendbar ist die Kegelprobe nur für sehr fein verteilte Böden ohne grobes Korn, da der Kegel auf groben Einzelkörnern aufsitzt und falsche Werte gibt.

9. Zylinderdruckversuch (Druckversuch mit unbehinderter seitlicher Ausdehnung).

Zweck. Ermittlung der „Druckfestigkeit“ q_d, des Elastizitätsmoduls E von Böden, ungefähre Ermittlung des Reibungswinkels φ und der Kohäsion c, Hilfswerte für erdstatische Berechnungen, besonders von bindigen Böden.

Geräte. Für die Zubereitung (Ausstechen) der Probe mehrere Messingzylinder mit Schneide (z. B. Durchmesser $d = 2{,}5$, Höhe $h = 3{,}7$ cm oder $d = 4$ cm, $h = 6$ cm), dazu ein passender Messingstempel, Messer, Spachtel und feiner Draht zur Bearbeitung des Bodens, Vaseline.

Druckapparat (Abb. 22), bestehend aus Belastungsvorrichtung und Feuchtzelle (Grundplatte mit einer Rille für feuchte Watte, ein Glaszylinder und Deckel mit Gummimembrane). Die Belastungsvorrichtung ist ein Hebel mit Laufgewicht. Die Feuchtzelle wird auf eine Unterlage mit drei Stellschrauben gesetzt. Eine Gegenschraube (auf dem Bild nicht sichtbar) fängt bei plötzlichem Bruch der Probe den Belastungshebel auf.

Meßuhr zum Ablesen der Zusammendrückung der Probe. Winkelmesser zur Messung der Neigung der Risse.

Ausführung. Die Messingzylinder werden mit Vaseline leicht eingefettet und vorsichtig ohne Verkanten in den ungestörten Boden hineingedrückt, die beiden Enden geglättet und dann mit Hilfe des Stempels die Probe aus dem Messingzylinder ausgedrückt. Bis zum Versuchsbeginn wird die Probe in einer doppelten Glasschale, gegen Verdunstung geschützt, aufbewahrt. Vor Versuchsbeginn ist zur Ausschaltung von Kapillarspannung die Probe kurz in Wasser zu tauchen. Die Probe wird in der Feuchtzelle aufgestellt. Gleichzeitig mit der Belastung (Laufgewicht) wird die Stoppuhr in Gang gesetzt. Die Lasterhöhung beträgt 0,05—0,2 kg/cm² je nach Bodenart, die Erhöhung erfolgt in

Abb. 22. Zylinderdruckapparat.

Zeitabständen von je 1 min. Nachdem die Belastung eine Größenordnung von etwa 20—30% der geschätzten Bruchlast (Vorversuch) erreicht hat, wird entlastet in denselben Zeitabständen und Laststufen. Darauf folgt dann eine weitere Belastung bis zum Bruch. Als „Bruch“ werden deutliche Risse oder bei weichem Material starke Stauchungen angesehen.

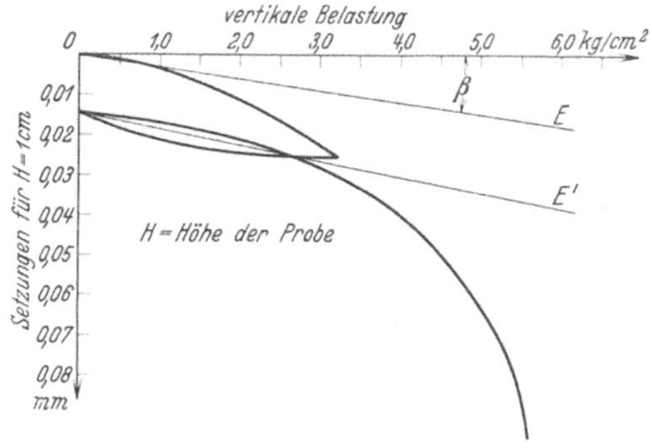

Abb. 23.

Auswertung. Die Versuchsergebnisse werden in eine Tabelle eingetragen, wobei die Belastung des Probekörpers auf den durch Stauchung vergrößerten Querschnitt des Zylinders umgerechnet wird.

Aus der graphischen Aufzeichnung des Drucksetzungsverlaufes kann die Belastung beim Bruch der Probe, der Winkel und der angenäherte Wert des Elastizitätsmoduls E ermittelt werden wie folgt (Abb. 23): Die durch die Belastung an der Probe hervorgerufenen Risse haben eine Neigung von $\alpha = 45° + \frac{\varphi}{2}$ zur Horizontalen. Das ist der Neigungswinkel der Fläche des geringsten Scherwiderstandes bei vertikaler Belastung (Abb. 24). Die Kohäsion c findet man durch Auftragung nach der Mohrschen Spannungstheorie (Abb. 25).

Bemerkungen. Alle Werte sind nur Näherungswerte. Der Zylinderdruckversuch dient vornehmlich dazu, Proben aus verschiedenen

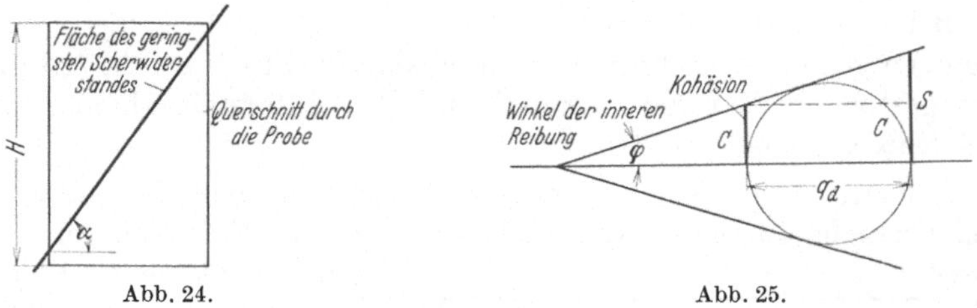

Abb. 24. Abb. 25.

Bohrlöchern, aber aus annähernd gleichen Schichten miteinander zu vergleichen, um so die großen zeitraubenden und kostspieligen Scherversuche ersparen zu können.

10. Scherversuch.

Zweck. Bestimmung des Reibungsbeiwertes (tg φ) und der Kohäsion (c).

Geräte. Scherapparat nach Krey oder A. Casagrande. Die Scherbüchse, in die die Bodenprobe eingebaut wird, besteht im wesentlichen aus einem oberen und einem unteren Rahmen, einer horizontalen

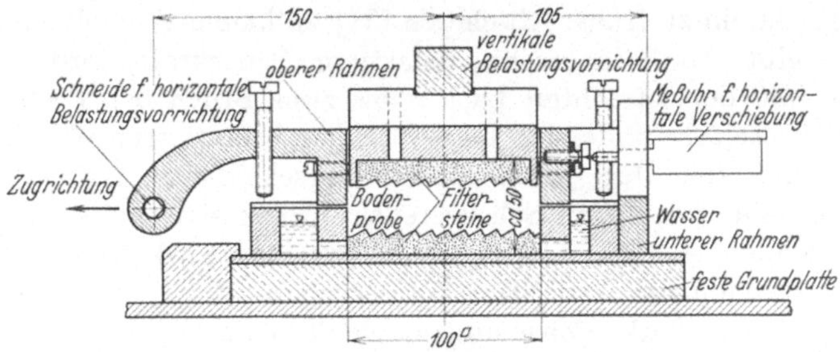

Abb. 26. Scherapparat nach A. Casagrande (Querschnitt).

und einer vertikalen Belastungsvorrichtung. Nach Möglichkeit ist die Vorbelastung und der eigentliche Scherversuch an demselben Apparat vorzunehmen (System A. Casagrande), da ein Umsetzen aus dem Gerät für Vorbelastung in die Schervorrichtung infolge der wiederholten Be- und Entlastung ungünstig ist.

Ausführung. a) Vorbereitung. Die Kontaktflächen des oberen und unteren Rahmens der Scherbüchse sind mit Vaseline zu fetten, ebenso die Innenfläche der Rahmen. Danach wird die Scherbüchse innen mit Filterpapier ausgekleidet, um ein Ausquetschen des Bodens zu vermeiden. Die gezahnten Filtersteine (s. Abb. 26) sind mit den steilen Zahnflächen gegen die Scherrichtung zu stellen.

b) Einbringen der Probe. Gestörtes Material ist ungefähr bei der Fließgrenze einzubringen.

Bei ungestörten bindigen Böden ist es erforderlich, die Probe vollkommen genau zuzuschneiden. Dabei sind eventuell beschädigte Stellen mit gestörtem Material auszufüllen. Die Filtersteinzahnung wird in das Material eingeschliffen.

c) Senkrechte Vorbelastung. Es sind mit dem Material möglichst drei Versuche durchzuführen, und zwar z. B. mit Auflasten von $p = 1{,}0$, 2,0 und 3,0 kg/cm². Wegen der Gefahr des Ausquetschens ist die Belastung stufenweise aufzubringen.

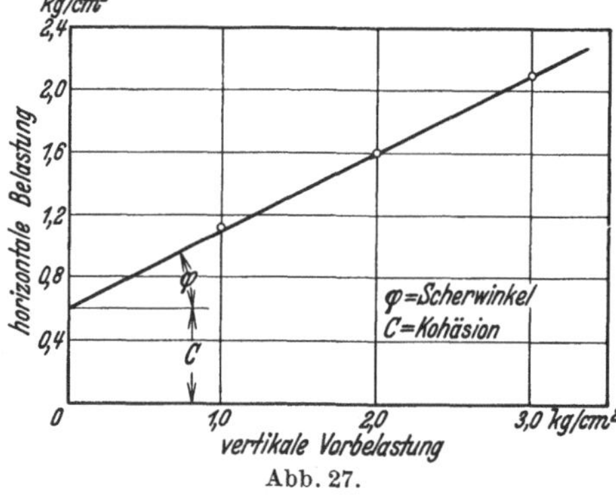

Abb. 27.

d) Ausführung des Scherversuches. Die Ergebnisse des Scherversuches sind stark abhängig von der Art der Durchführung. Wie bereits oben erwähnt, soll im Regelfall ohne lotrechte Entlastung abgeschert werden. Auch das Abwarten der Konsolidierung der Proben ist wichtig, da ein zu frühes Abscheren [31] zu kleine Winkel der inneren Reibung ergibt. Die waagerechte Belastung (Scherkraft) wird in Stufen von etwa 1/40 der lotrechten Last p bis zum Bruch der Probe aufgebracht. Die Zeitabstände der Lasterhöhung beeinflussen ebenfalls das Ergebnis und sind für jeden Boden verschieden. A. Casagrande schlägt deshalb vor, beim Scherversuch progressive Zeitstufen anzuwenden. Sofort nach Beendigung des Versuches wird die Scherbüchse auseinandergenommen und der Wassergehalt der Probe bestimmt. Neuerdings hat auf diese Zusammenhänge Terzaghi in „Proceedings" Bd. I S. 54 [12] hingewiesen.

e) Ablesungen. Es sind also zwei verschiedene Ablesungen im Laufe des Versuchsvorganges zu tätigen. Zunächst wird an vertikalen Meßuhren der Verlauf der Konsolidierung bis zum Stillstand der Zusammendrückung beobachtet; die Konsolidierung richtet sich nach der Durchlässigkeit und kann bis zu 8 Tagen dauern. Während des Abscherens sind die horizontalen Laststufen und ferner die Verschiebung der Rahmen gegeneinander an der horizontalen Meßuhr abzulesen und in ein Versuchsprotokoll einzutragen.

Auswertung. Trägt man die Ergebnisse in einem Koordinatensystem auf und zwar als Abszisse die senkrechte Belastung p und als

Ordinate die Scherfestigkeit s, so ergibt sich folgendes Bild (Abb. 27). Hierbei ist zu beachten, daß die Scherkraft s und die Vorbelastung p in gleichem Maßstab aufzutragen sind, wenn der Winkel der inneren Reibung unmittelbar abgelesen werden soll.

Für bindige Böden ergibt sich bei der Vorbelastung 0 ein Wert $s = c$ (Kohäsion), so daß die Scherfestigkeit $s = c + p \cdot \operatorname{tg} \varphi$ beträgt. Daraus:

$$\operatorname{tg} \varphi = \frac{s - c}{p}$$

für bindige Böden bzw.

$$\operatorname{tg} \varphi = \frac{s}{p}$$

für kohäsionslose Böden.

Aus der Höhe der Kohäsion kann man u. a. darauf schließen, wie hoch der Boden früher belastet gewesen ist. Die Ergebnisse des Scherversuches werden angewandt bei der Berechnung von Standsicherheitsuntersuchungen von Stützmauern, Stabilität von Böschungen (nach Hultin, Pettersson, Krey, Fellenius u. a. [32, 33, 34, 35]).

Wenn man in einer Lage eines Bohrloches sehr viel niedrigere c-Werte findet als im gleichen Material benachbarter Lagen, so deutet das auf alte Rutschungen. An solchen Stellen besteht auch wieder Rutschgefahr.

11. Kompressionsversuch (Druckversuch mit behinderter Seitenausdehnung).

Zweck. Ermittlung der Zusammendrückbarkeit von Böden.

Gerät. Kompressionsapparat nach A. Casagrande.

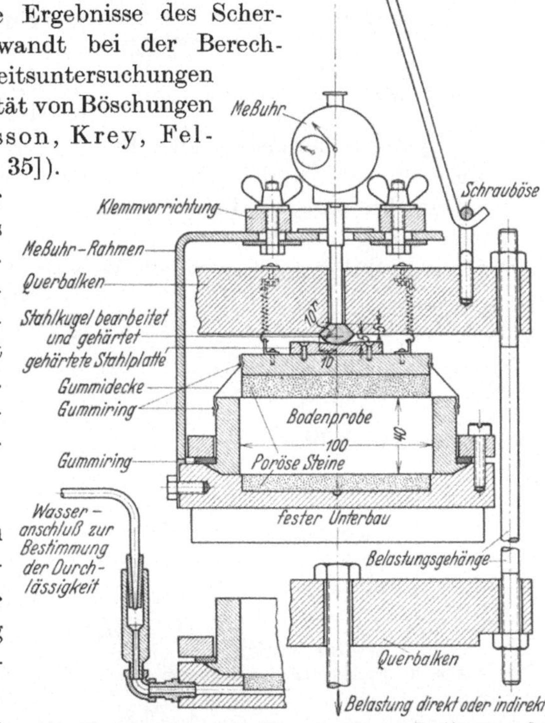

Abb. 28. Apparat nach A. Casagrande zur Bestimmung der Zusammendrückbarkeit und Durchlässigkeit der Böden.

Ausführung (vgl. Abb. 28).

a) Gestörtes Material. Der Messingzylinder wird auf die Grundplatte aufgeschraubt. In den für die Bodenprobe vorgesehenen Raum wird die gestörte Probe mit einem der Fließgrenze ungefähr entsprechenden Wassergehalt eingebaut, der obere Filterstein und die Deckplatte aufgesetzt und mit Hilfe des Querbalkens das Belastungsgehänge angebracht. Die Zusammendrückung wird in bestimmten Zeitabständen — etwa 15 s, 30 s, 1 min, 2 min, 5 min, 15 min, 45 min usw. — an einer Stoppuhr genau gemessen.

b) Der Einbau von ungestörtem Material gestaltet sich insofern schwieriger, als die Probe genau für den Messingzylinder passend zugeschnitten werden muß. Dies geschieht entweder mit einem gespannten Stahldraht auf einer kleinen, für diesen Zweck eigens konstruierten Drehbank oder notfalls durch Ausstechen des Versuchsstückes aus der Probe mit einem dünnwandigen Stahlzylinder. Nachdem die Probe in den Messingzylinder eingebracht ist, werden die beiden aus dem Zylinder herausragenden Enden der Probe mit einem Stahldraht abgeschnitten, und dann erst wird der Messingzylinder auf das Unterteil geschraubt und Deckel, Belastungsvorrichtung und Meßuhr wie unter a) angebracht.

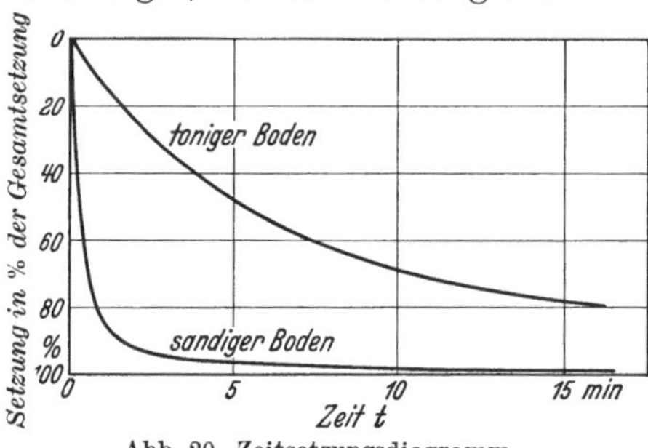

Abb. 29. Zeitsetzungsdiagramm.

Der untere Filterstein ist unter Wasser in die Grundplatte einzusetzen, um die den Versuch trübende, eingeschlossene Luft aus dem Stein zu entfernen.

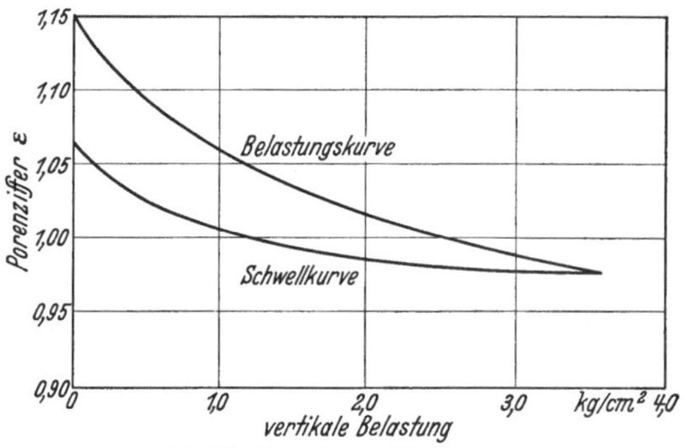

Abb. 30. Druckporenzifferdiagramm.

Die Belastung wird in anfangs kleinen, dann immer größer werdenden Stufen aufgebracht, um das Ausquetschen der Probe zu vermeiden. Die Höhe der endgültigen Belastung richtet sich nach der in dem betreffenden Fall zu erwartenden Fundamentpressung. Auch die Höhe der einzelnen Laststufen kann den etwa beim Bau auftretenden, stufenweisen Belastungen angeglichen werden. (Z. B. wird bei einer Brücke die durch Pfeilereigengewicht bedingte Setzung schon weit fortgeschritten sein, bevor die Überbauten montiert werden.)

Auswertung. Für die einzelnen Laststufen ergeben sich die Zeitsetzungskurven, die je nachdem, ob in der Probe mehr oder weniger Sand enthalten ist, steiler oder flacher verlaufen (vgl. Abb. 29). Dementsprechend werden auch die Setzungen der Bauwerke kürzere oder längere Zeit beanspruchen.

Da die Setzungen hauptsächlich durch Auspressen von Wasser aus dem Untergrund hervorgerufen werden, so richtet sich der zeitliche Verlauf der Setzung nach der Größe der Durchlässigkeit des Bodens.

Jeder Belastung entspricht eine bestimmte Porenziffer, die sich auf Grund der erfolgten Zusammendrückung leicht ermitteln läßt. Die einzelnen Drücke und die entsprechenden Porenziffern graphisch aufgetragen, ergeben das Druckporenzifferdiagramm (Abb. 30). Das zu erwartende Setzmaß ist proportional der durch die Druckerhöhung Δp bedingten Abnahme der Porenziffer $\Delta \varepsilon$ und der Höhe der fraglichen Schicht. Durch die Wiederentlastung der Probe wird die Schwellfähigkeit des Bodens gemessen und in Form von Schwellkurven aufgetragen [9, 36].

Bemerkungen. Der wesentliche Unterschied zwischen dem älteren Apparat von Terzaghi (Oedometer) und dem von A. Casagrande besteht darin, daß beim Casagrandeschen Apparat die Entlastung bis auf Null durchgeführt werden kann, da auf der Probe auch nach der Entlastung kein Kolbengewicht ruht und daß die Wandreibung (Kolben) wegfällt.

Die Einwände Fillungers [14] betreffen fast nur diesen Versuch und von diesen auch nicht die Größe der Setzungen, sondern nur Einzelheiten in der Ableitung ihres zeitlichen Verlaufes. Es sei jedoch betont, daß Setzungsbeobachtungen des Verfassers an Bauwerken auf Tonschichten mit Berechnungen nach Terzaghi gut übereinstimmen.

12. Durchlässigkeitsversuch.

Zweck. Bestimmung des Durchlässigkeitskoeffizienten k. „k" ist keine Materialkonstante, sondern ändert sich mit der Dichte der Lagerung und der Temperatur des Wassers.

Die Ermittlung des Durchlässigkeitskoeffizienten kann geschehen:

a) Durch direkte Bestimmung der die Probe durchfließenden Wassermenge Q unter Gleichhalten des Wasserspiegels (Überläufe) (vgl. Abb. 31). Dieser Versuch ist geeignet für grobes Material (Sand) auf der Baustelle.

b) Durch Bestimmung der Wasserspiegeländerung in einem bestimmten Zeitraum, geeignet für feineres Material (Sande und Tone) bei entsprechender Wahl des Standrohrdurchmessers.

c) Durch indirekte Bestimmung aus dem horizontalen Durchlässigkeitsversuch. Dieser Versuch ist geeignet für Sand und kann wie a) im Feldlaboratorium gut durchgeführt werden, da nur eine einfache Apparatur notwendig ist. Er liefert nur Näherungswerte, die aber zumeist für Überschlagsrechnungen genügen.

Geräte. Zu a) Ein 4—5 cm weites Glasrohr für das Material, darüber ein gleich weites Glasrohr oder Gefäß mit Überläufen (Abb. 31).

Zu b) Entweder der Entnahmezylinder selbst, an den Flanschen mit dem Standrohr festgeklemmt werden (Abb. 32), oder ein größeres Rohr oder Gefäß als unter a) mit aufgesetztem Standrohr, dessen Querschnitt bekannt ist. Am Kompressionsapparat (Versuch Nr. 11) kann eine Vorrichtung für die Durchlässigkeitsmessung angebracht werden.

Zu c) Ein weites Glasrohr, etwa wie unter a), mit einem Sieb an dem einen und einem Stöpsel und Schlauch oder Glasrohr zum Entweichen der Luft an dem anderen Ende, dazu ein flacher, mit Wasser gefüllter Behälter.

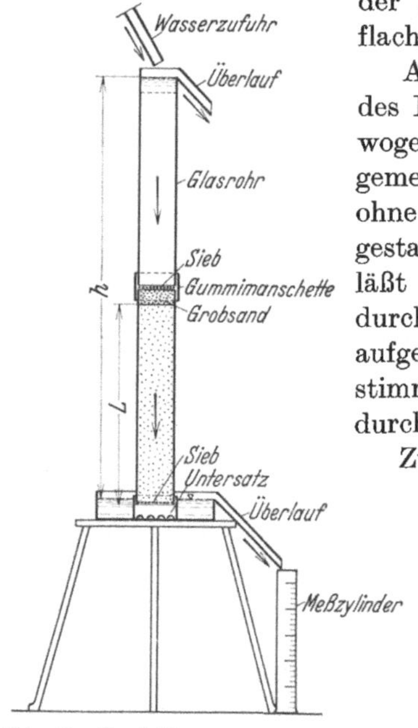

Abb. 31. Vorrichtung zur Bestimmung der Durchlässigkeit von Sandböden.

Ausführung. Zu a) Zur Bestimmung des Porengehaltes wird die Bodenmenge gewogen und deren Rauminhalt im Glasrohr gemessen. Der Wassereintritt soll möglichst ohne Lufteinschluß geschehen. Daher ist abgestandenes Wasser zu verwenden, und man läßt die Probe sich erst vollsaugen. Das durchfließende Wasser wird in einem Meßglas aufgefangen und die Zeit, in der eine bestimmte Wassermenge durch die Probe hindurchgeflossen ist, notiert.

Zu b) Ein genau abgemessenes Standrohr wird bis zu einer Marke mit Wasser gefüllt. Bei verschiedenen, bekannten Standhöhen wird die Zeit abgestoppt, die das Wasser benötigt hat, um in dem Standrohr um dieses bestimmte Maß abzusinken.

Zu c) Das mit trockenem Sand gefüllte Glasrohr wird in horizontaler Lage in einen flachen Behälter mit Wasser eingetaucht. Das Fortschreiten der Durchfeuchtung wird notiert.

Auswertung. Zu a) (nach Darcy). Die Wassermenge $Q = k \cdot F \cdot t \cdot i = k \cdot F \cdot t \cdot \frac{H}{L}$. Hierin bedeuten:

k = Durchlässigkeitskoeffizient des Materials.
F = Querschnitt des Glaszylinders.
t = Zeit in Sekunden.
i = das Gefälle $= \frac{H}{L}$.
H = Wasserspiegelhöhe.
L = Länge der Probe in cm.

Die Temperatur T ist zu notieren. Terzaghi z. B. gibt k meist bei einer Temperatur von 10° C an.

$$\frac{k_T}{k_{10^\circ}} = \frac{T}{10^\circ}.$$

Für Vergleiche gibt Terzaghi die „reduzierte“ Durchlässigkeit k_0 an. Statt L ist dann zu setzen $L_0 = \frac{L}{1+\varepsilon}$.

Zu b) $$k = \frac{f \cdot L}{F \cdot t} \cdot \ln \frac{H_1}{H_2} = \frac{f \cdot L}{F \cdot t} \cdot 2{,}3 \log \frac{H_1}{H_2},$$

worin f der Querschnitt des Standrohres, H_1 und H_2 Wasserspiegelhöhen zur Zeit: $t = 0$ und $t = t$ bedeuten.

Zu c) Nach A. Casagrande:

$$k = \frac{m^3}{A} \cdot \frac{\varepsilon}{1+\varepsilon}.$$

m erhält man aus dem Benetzungsfortschritt x wie folgt: $x^2 = m \cdot t$, wobei t in Minuten einzusetzen ist. m kann daher aus dieser Gleichung ausgerechnet werden. A ist eine Bodenkonstante, die je nach der Gleichförmigkeit des Materials verschieden und für Überschlagsrechnungen mit $A = 5$ bis $10 \cdot 10^4$ angenommen werden kann.

Bemerkungen. Im allgemeinen ist eine Genauigkeit von 50% als zufriedenstellend anzusehen.

Abb. 32.

13. Kapillaritätsversuch.

a) Nach Jürgenson (Abb. 33); b) nach Beskow.

Zweck. Bestimmung der Steighöhe des Wassers im Boden durch die Kapillarkraft.

Geräte. Zu a) Kapillarimeter entsprechend Abb. 33 mit Manometer, Ventilen und Druckluft.

Zu b) Kapillarimeter einschließlich Quecksilber.

Ausführung und Auswertung. Zu a) Gestörtes Material wird mit einem der Fließgrenze entsprechenden Wassergehalt eingebracht und stufenförmig mittels Druckluft belastet. Der Fortschritt der Konsolidierung wird am ausgepreßten Wasser im Kapillarrohr beobachtet. Ist der Endzustand der Konsolidierung unter einer Laststufe erreicht, so wird die Last gesteigert. Dieser Vorgang wiederholt sich, bis schließlich die Luft durch die Probe hindurchbricht, da dann die Kapillarkraft überwunden ist. Die entsprechende Druckhöhe wird abgelesen und gibt, in Meter Wassersäule umgerechnet, die kapillare Steigfähigkeit des Wassers im Boden an.

Beim Einbau von ungestörtem Material ist darauf zu achten, daß zwischen Zylinderwandung und der Probe keine Fuge bestehen bleibt, in die während des Versuches die Druckluft hineingepreßt werden kann. Man arbeitet dann besser mit einem genau passenden Messingeinsatzstück.

Der Kapillaritätsversuch nach Jürgenson eignet sich hauptsächlich für sandige Böden, deren unter kapillarer Spannung stehender Raum aus vollkommen mit Wasser gefüllten Poren von ~ gleicher Größe besteht. Bei Tonen mit teilweise kapillarer Füllung preßt sich die Druckluft durch die mit Luft gefüllten weiteren Poren, ohne die Kapillarkraft in den engen Hohlräumen zu überwinden. Man mißt somit durch dieses Verfahren nur die Steighöhe der vollkommen kapillaren Füllung, während gerade der teilweise kapillare Aufstieg bei bindigen Böden von maßgebender Bedeutung ist, um z. B. die Frostgefährlichkeit einer bindigen Schicht zu beurteilen. So sind auch die großen Steighöhen bis zu 300 m (s. „Erdbaumechanik" S. 100) zu erklären, welche von vollkommen kapillar gesättigtem Raum nie erreicht werden können.

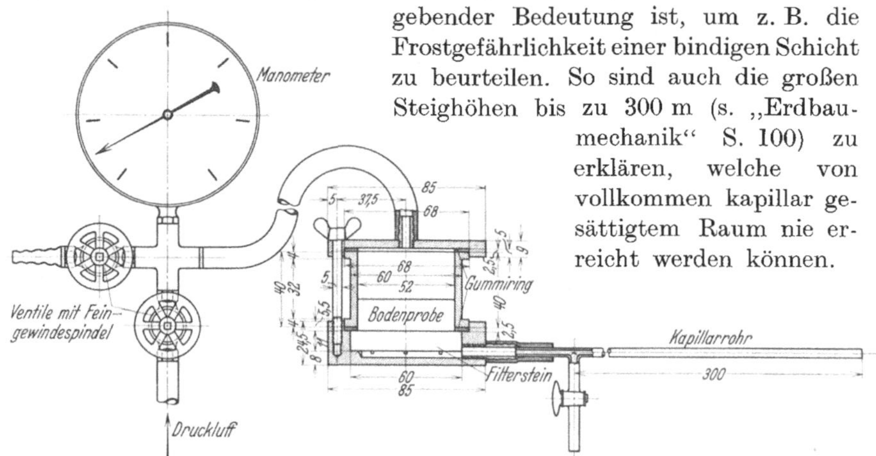

Abb. 33. Kapillarimeter nach Jürgenson.

Zu b) Beskow arbeitet mit kleineren Probenmengen, die in ein Glasgefäß mit Filterboden eingebracht werden. Mit Hilfe von Quecksilber wird unter dem Filter ein Unterdruck erzeugt. Auch hier wird beim Luftdurchbruch die Höhe des Unterdruckes gemessen und in Meter Wassersäule umgerechnet wie unter a).

Steighöhen über 10 m können nicht gemessen werden, da die in Wasser gelöste Luft bei ungefähr 1 at Unterdruck ausscheidet und somit ein Abreißen des Saugwassers bewirkt.

14. Einrüttelungsversuch.

Zweck. Untersuchung der Verdichtungsfähigkeit von Sanden. Je nach der Kornbeschaffenheit, Kornverteilung und Zusammensetzung haben z. B. zwei Sande von gleichem Porengehalt ganz verschiedene Verdichtungsfähigkeit. Ermittlung der Verdichtungsziffer p_v, Hilfswert zur Beurteilung der Lagerungsdichte. Es wird der Porengehalt der Lagerung in der Natur in Beziehung zu den Porengehalten der im

Laboratorium versuchsmäßig ermittelten dichtesten und lockersten, trockenen Lagerungen gebracht.

Geräte. Stahlzylinder von bekanntem Inhalt, Einlauftrichter, Spachtel, Grobwaage, Stahlzylinder mit Ansatzrohr zum Absaugen des Spülwassers, Schlaggabel, Stichmaß (Abb. 34).

Ausführung. 1. Porengehalt n der natürlichen Lagerung; siehe Bestimmung des Porengehaltes (s. S. 33).

2. Porengehalt n_0 der lockersten Lagerung; man läßt den getrockneten Sand in einen Zylinder von bekanntem Inhalt mittels eines Trichters lose einlaufen. Der obere Rand wird mit einem Spachtel glatt abgestrichen, der Inhalt gewogen und n_0 errechnet.

Abb. 34. Gerät für den Einrüttelungsversuch.

3. Porengehalt n_d der dichtesten Lagerung. Nun wird die gewogene Menge Sand in einen Zylinder vom Inhalt V_2 eingeschlämmt und gleichzeitig mit einer Schlaggabel eingerüttelt. Der verringerte Inhalt V_3 wird aus den erfolgten Setzungen und daraus der Porengehalt n_d errechnet.

Auswertung.

1. $n = 100 - \frac{G \cdot 100}{V \cdot \gamma}\ \%$.

2. $n_0 = 100 - \frac{g \cdot 100}{V_1 \cdot \gamma}\ \%$.

G = Trockengewicht der Probe.
V = Inhalt des Ausstechzylinders.
γ = spez. Gewicht der Körner des Bodens.
V_1 = Inhalt des Stahlzylinders.
g = Trockengewicht des eingelaufenen Sandes.

3. Setzungen: s_1, s_2, s_3, Mittel: $s = \frac{s_1 + s_2 + s_3}{3}$.

Grundfläche des Zylinders: F.
Inhalt des Zylinders: V_2.
Verringerter Inhalt: $V_3 = V_2 - F \cdot s$.

$$n_d = 100 - \frac{100 \cdot g}{V_3 \cdot \gamma}\ \%.$$

4. Verdichtungsziffer: $p_v = \frac{n_0 - n}{n_0 - n_d} \cdot 100\ \%$.

Bezüglich der Verwendung der aus Versuchen ermittelten Werte in Berechnungen und Gutachten muß auf das ausführliche Schrifttum verwiesen werden [8, 36, 37, 38]. Die Beispiele durchgeführter Untersuchungen sind zu umfangreich für diese Abhandlung.

Der praktische Fall liegt selten so eindeutig, daß man ihn theoretisch ganz erfassen kann. Das vielfältige Zusammenwirken der zahlreichen Faktoren erschwert dieses Erfassen. Deshalb muß auch ein Erdbaulaboratorium darauf bestehen, daß ihm nicht nur einzelne, mehr oder weniger frische Proben zur Untersuchung eingesandt werden, sondern daß man ihm die örtlichen Verhältnisse und alles, was mit dem Bauwerk zu tun hat, lückenlos beschreibt oder örtliche Information ermöglicht.

In großen Zügen sind die Zusammenhänge (Bauwerk—Baugrund—Bauvorgang) mit der Nennung der notwendigen Bodenuntersuchungen im folgenden Hauptteil geschildert.

3. Probebelastungen.

Dem Baumeister schienen Probebelastungen auf dem Baugelände bisher der klarste, eindeutigste und aufschlußreichste Nachweis der Tragfähigkeit. Es kommt einem zunächst auch sehr einwandfrei vor: Man bringt eine bestimmte Anzahl kg/cm² auf, steigert diese Belastung stufenweise und bekommt zuerst fast keine, dann aber größer werdende Setzungen, so daß man sich eine bestimmte Bodenpressung als „zulässig" wählen kann (Abb. 35) [39]. Allerdings hat man bereits ein Gefühl der Unsicherheit, wenn man sieht, daß es die erhoffte „Grenztragfähigkeit" nicht gibt und daß es in technischen Aufsätzen manchmal heißt: „die Setzungen kamen nur sehr langsam zur Ruhe"; denn meist hat man bei bindigen Böden nicht einmal die Zeit, das vollständige „Zurruhekommen" abzuwarten. Es gibt noch eine Anzahl anderer Fehlerquellen und Trugschlüsse, die im Nachstehenden besprochen werden sollen.

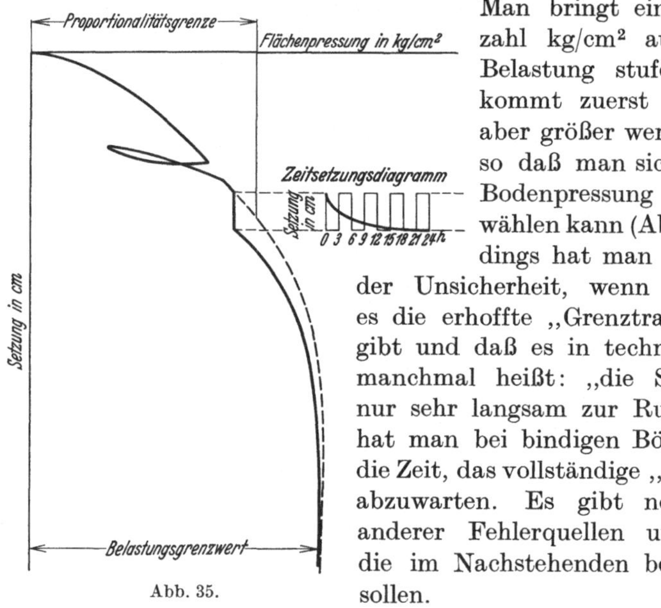

Abb. 35.

a) Probebelastung von Platten verschiedener Größe.

1. An der Oberfläche des Geländes oder dicht darunter. Die Ausführung ist einfach. Man hebt zunächst die Grasnarbe oder auch den Humusboden ab und belastet eine aufgebrachte starre Platte, entweder fertig oder an Ort und Stelle betoniert, durch Aufbringung von Gewichten oder durch Hebelbelastung, falls das Heranschaffen großer Lasten schwierig ist (Abb. 36). Bei Belastung oberhalb des Grundwasserspiegels ist der Einfluß von Regengüssen durch ein Schutzdach

auszuschalten. Die Setzungen werden gemessen und zusammen mit Zeit- und Laststufen aufgetragen (Abb. 37).

2. Im Bohrloch. Da durch solche Probebelastungen, die meist nur auf verhältnismäßig kleiner Fläche möglich sind, die für schwere Bauwerke maßgebenden tieferen Lagen nicht erfaßt werden, hat man verschiedene Verfahren zur Ausführung von Probebelastungen im Bohrloch ausgearbeitet. Man kommt dann selbstverständlich über Lastplattengrößen von 500 bis 600 cm² nicht hinaus, hat jedoch die Möglichkeit, in jeder neu angetroffenen Schicht bis auf ~ 20 oder gar 25 m Tiefe eine solche Probebelastung vorzunehmen. Für Be- und Entlastung sowie selbsttätiges Aufschreiben der Setzungskurven hat man zum Teil umfangreiche und kostspielige Apparaturen zusammengestellt.

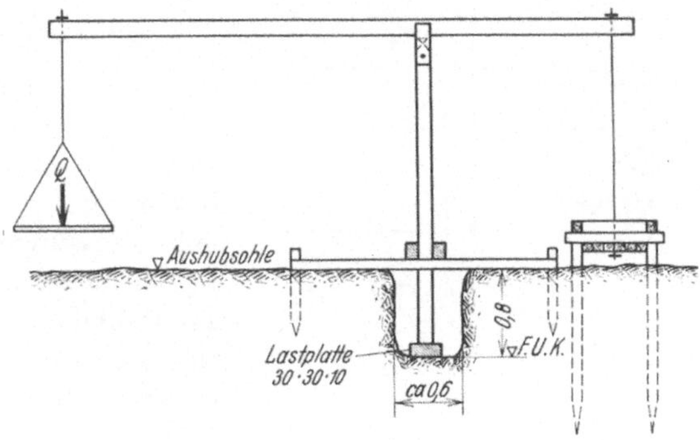

Abb. 36. Senkrechte Probebelastung in einer Schürfgrube.

3. Probebelastung in der Baugrube oder im Schürfloch. Die Ausführung geschieht wie unter 1. Die Aufwölbung des Bodens oder sogar das Aufbrechen neben der belasteten Fläche können infolge der seitlichen Überlagerung erst bei viel höherer Last auftreten. Auch hier ist für die vertikale Probebelastung der Antransport großer Gewichtsmassen, eine Hebelübersetzung oder sehr starke Verankerung im umgebenden Erdreich nötig.

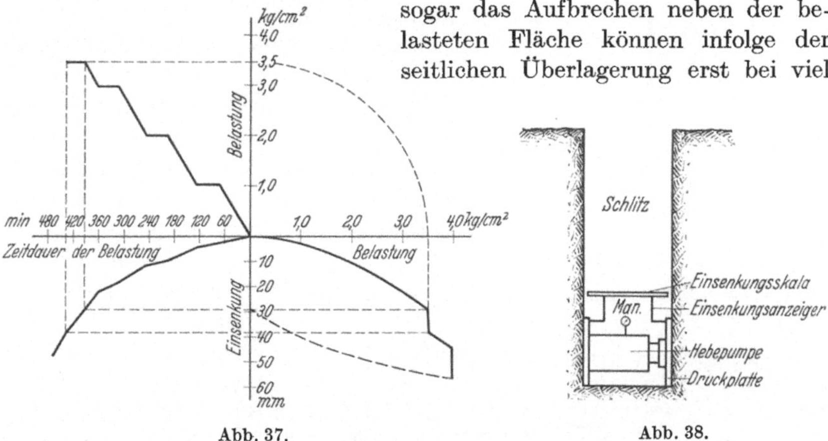

Abb. 37. Abb. 38.

Abb. 37. Auftragung der Ergebnisse einer Probebelastung.

Abb. 38. Horizontale Probebelastung in einer Schürfgrube mit Hilfe einer hydraulischen Presse.

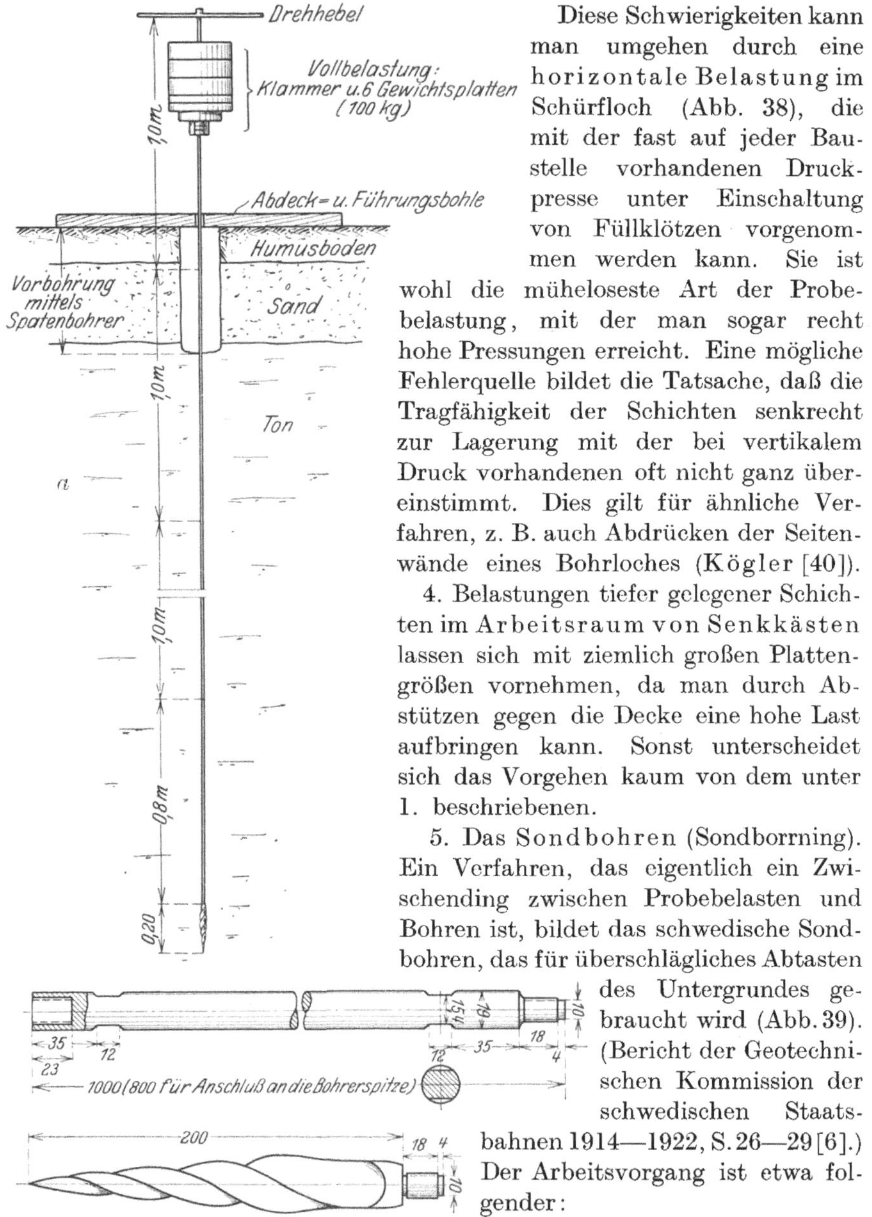

Abb. 39. Sondbohrer.

Diese Schwierigkeiten kann man umgehen durch eine horizontale Belastung im Schürfloch (Abb. 38), die mit der fast auf jeder Baustelle vorhandenen Druckpresse unter Einschaltung von Füllklötzen vorgenommen werden kann. Sie ist wohl die müheloseste Art der Probebelastung, mit der man sogar recht hohe Pressungen erreicht. Eine mögliche Fehlerquelle bildet die Tatsache, daß die Tragfähigkeit der Schichten senkrecht zur Lagerung mit der bei vertikalem Druck vorhandenen oft nicht ganz übereinstimmt. Dies gilt für ähnliche Verfahren, z. B. auch Abdrücken der Seitenwände eines Bohrloches (Kögler [40]).

4. Belastungen tiefer gelegener Schichten im Arbeitsraum von Senkkästen lassen sich mit ziemlich großen Plattengrößen vornehmen, da man durch Abstützen gegen die Decke eine hohe Last aufbringen kann. Sonst unterscheidet sich das Vorgehen kaum von dem unter 1. beschriebenen.

5. Das Sondbohren (Sondborrning). Ein Verfahren, das eigentlich ein Zwischending zwischen Probebelasten und Bohren ist, bildet das schwedische Sondbohren, das für überschlägliches Abtasten des Untergrundes gebraucht wird (Abb. 39). (Bericht der Geotechnischen Kommission der schwedischen Staatsbahnen 1914—1922, S. 26—29 [6].) Der Arbeitsvorgang ist etwa folgender:

Ein Spiralbohrer wird durch eine große Anzahl von angeschraubten, 1 m langen Eisenstangen in den Boden hineingedreht, während das Gestänge außerdem noch durch Gewichtsplatten bis zu 100 kg belastet werden kann. Bei der Ausführung werden festgestellt: Die Belastung, die Anzahl der Umdrehungen und die Einsenkung bei einer Belastungsstufe. Die Auswertung ergibt nur Vergleichswerte, da sich aus den verschiedenen Einflüssen (Eindringungswiderstand, Reibung des Bohrers und des Gestänges), die beim Eindringen des Bohrers wirken, keine klare Rechnungszahl oder Kennziffer ermitteln läßt. Wohl kann man in Gegenden, wo die Bodenverhältnisse ähnlich sind, wie z. B. in großen Teilen Schwedens, bei vielen Metern gleichmäßiger Tonablagerungen, durch eine große Anzahl von Tastbohrungen Vergleiche anstellen, wenn man außerdem für praktische Zwecke noch andere Anhaltspunkte und vor allem Erfahrungswerte hat. Für unsere Verhältnisse dürfte sich die Methode nur in Sonderfällen eignen, z. B. wenn man ein größeres Baugelände an sehr vielen Stellen innerhalb kurzer Zeit überschläglich auf seine Gleichmäßigkeit untersuchen will.

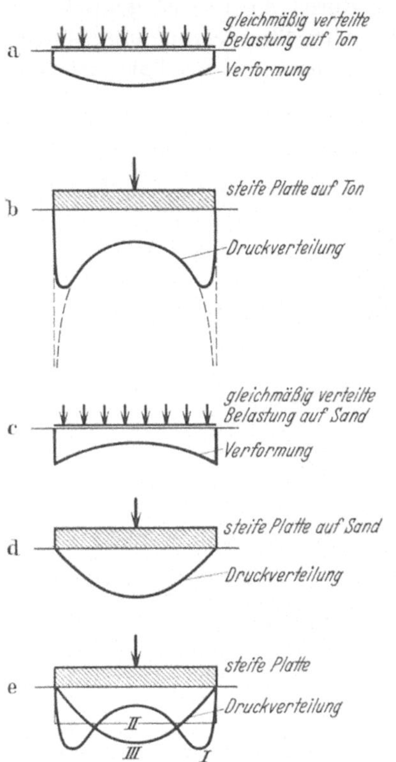

Abb. 40. Verschiedene Formen der Druckverteilung in Böden. Nach A. Casagrande.

Abb. 41. Modellversuch mit Platten verschiedener Form auf Sand.

Auch bei uns hat man schon vor langer Zeit Sondiereisen benutzt und es werden neuerdings wieder Eisenstäbe empfohlen, deren Eindringungswiderstand beim Einschlagen Aufschluß über die Tragfähigkeit geben soll. Wie bereits dargelegt, kann dies nur ein Abtasten sein, und eine klare Beziehung zwischen Bauwerk und Baugrund läßt sich hieraus nicht ableiten.

Einschränkungen in der Auswertung. Die Ermittlungen aus ruhenden Probebelastungen stimmen bei weitem nicht so gut mit dem Verhalten des Bauwerkes überein, als man zunächst denken sollte.

Zu 1. Selbst wenn man annimmt, daß sich die Bodenpressung sowohl bei der Probebelastung als beim Bauwerk ganz gleichmäßig verteilt — was nach A. Casagrande [16] (Abb. 40) und Versuchen von Bernatzik und anderen keineswegs der Fall ist und außerdem stark von der Bodenart abhängt —, ergeben sich für verschiedene Plattengrößen sehr verschiedene Setzungen. Die durch Aichhorn gefundenen Werte mögen dies veranschaulichen [41] (Abb. 43). Daraus ergibt sich, daß z. B. gerade eine Plattengröße von etwa 600 cm^2 auf Sand die geringste

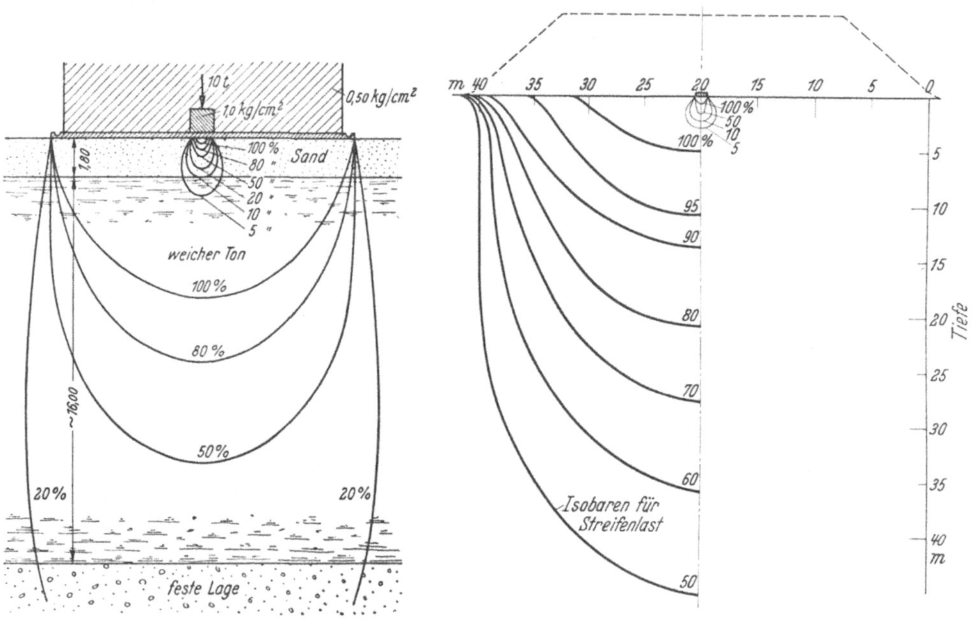

Abb. 42.

Abb. 43. Vergleich zwischen einer Probebelastung (auf 1 m^2) und der Belastung durch einen Straßendamm.

Einsenkung und nur den vierten Teil von der einer 9 m^2 großen Platte bei derselben Einheitsbelastung hat. Stützenfundamente dieser Größe kommen jedoch im Industriebau häufig vor. Aus einer genügend großen Anzahl von Vergleichsversuchen, die recht kostspielig sind, könnte man allenfalls noch interpolieren oder ein Stück weiter extrapolieren. Doch gilt dies nur für dieselbe Bodenart. Man kann von einer zulässigen Bodenpressung in kg/cm^2 schlechtweg nicht reden, weil sich die Grundrißform der Fundamentplatten sehr stark auswirkt. Da z. B. bei Sand unter einer Streifenlast der Bruch früher eintritt, wird zwischen einer quadratischen und einer sehr langgestreckten Form ein großer Unterschied sein. Modellversuche (Abb. 41) zeigten denn auch, daß man dieselbe Fläche auf Sand, als Quadrat ausgebildet, rund 50% höher belasten kann als wenn sich Breite zur Länge etwa wie 1 : 4 verhalten.

Einfache Versuche dieser Art beschreibt auch Press in „Bautechnik" 1931 S. 709 [42]. Aichhorn machte seine Versuche mit Sand, während bei bindigen Böden der Einfluß der Zeit eine große Rolle spielt und sich auf Jahre hinaus bemerkbar machen kann. Damit scheiden solche Probebelastungen für bindige Böden fast gänzlich aus. Aus einer Reihe von Beispielen ersieht man außerdem deutlich, daß Probebelastungen auf beschränkter Grundfläche (1 m^2 ist wohl die größte Abmessung, die man wegen der herbeizuschaffenden Lasten anwendet) in größerer Tiefe liegende unzuverlässige Schichten kaum noch erfassen, es also sehr gut möglich ist, daß bei der Probebelastung nur geringe Setzungen auftreten, während ein breites Bauwerk sich ganz erheblich setzt (Abb. 42, 43) [43, 44]. Diesem Übelstand hat man durch die Probebelastungen im Bohrloch teilweise abzuhelfen versucht.

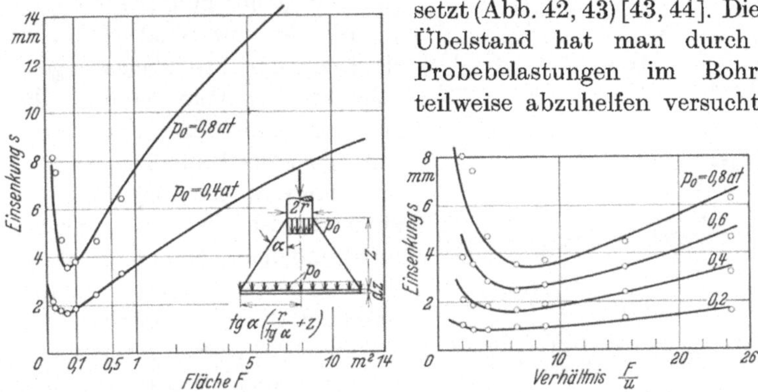

Abb. 44. Einfluß der Flachengröße auf die Einsenkung. Nach Kögler und Aichhorn.

Zu 2. Das über die Unrichtigkeit der Plattengröße Gesagte gilt in erhöhtem Maße für Belastungen im Bohrloch, bei denen bisher Stempel oder Platten von 50—500 cm^2 angewandt wurden. Diese Plattengrößen liegen auf dem linken, stark fallenden Ast der Einsenkungskurven (Abb. 44), die eine gewisse „Pfahlwirkung" verraten und deshalb praktisch unbrauchbar sind. Andere Trübungen treten dadurch auf, daß man den Zustand der Bohrlochsohle vor der Belastung nicht begutachten kann, eine seitliche Verspannung oder Gewölbewirkung wahrscheinlich ist und ebenfalls der Einfluß der Zeit bei bindigen Böden nicht ausgeschaltet werden kann [45]. Das Verhältnis des Durchmessers der Probeplatte zum Durchmesser des Futterrohres kann ebenfalls zu Trugschlüssen führen. Der Grenzfall wäre, daß die belastete Platte nahezu das Futterrohr ausfüllt. In diesem Fall könnte selbst Moor eine erhebliche Last tragen.

Bei Probebelastungen im Bohrloch, wie sie Grün & Bilfinger ausführt, wird auch der Zwischenraum zwischen Prüfplatte und Bohrrohr durch einen Ring belastet, um dadurch die seitliche Überlagerung darzustellen. Die natürlichen Größenverhältnisse werden dadurch jedoch nicht hergestellt.

Bei anderen Probebelastungen im Bohrloch wird die Auswertung versucht durch Vergleich der aufgetragenen Setzungskurven mit sog. Idealkurven, die von Bauten stammen, bei denen sich die Verfahren angeblich bewährt haben.

Zu 4. Daß auch hier nur ein beschränkter Halbraum unter der Lastplatte erfaßt wird und man sich durch die „Bodendruckversuche“ kein Urteil bilden kann über die Tragfähigkeit darunter liegender Schichten, liegt auf der Hand [46]. Wohl kann man mit solchen Probebelastungen im Arbeitsraum zeigen, daß die fälschlicherweise als „gleichmäßig“ angesprochenen Schichten es sehr oft nicht sind (Abb. 45).

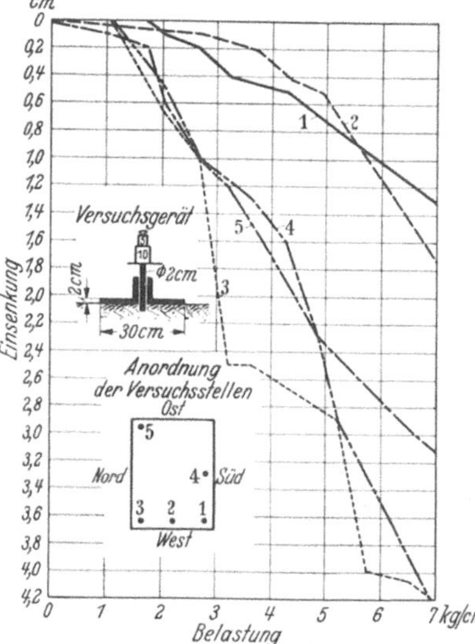

Abb. 45. Probebelastungen im Arbeitsraum eines Senkkastens.

Bei der auf S. 52 erwähnten Beliebtheit der Probebelastungen wird sehr oft ins Feld geführt, daß die Setzungen des Bauwerkes doch gut mit denen der Probebelastungen übereinstimmten. Dies ist nach den vorstehenden Erläuterungen an sich schon nicht möglich. Manchmal ergibt sich diese Übereinstimmung zufällig dadurch, daß erst gegen Ende der Bauarbeiten die ersten Höhenmessungen vorgenommen werden und dann auf Sandböden bereits ein großer Teil der Setzungen erfolgt ist, oder daß die Messungen am Bauwerk überhaupt unzureichend waren. Auch das sehr allgemeine Werturteil „auf Grund unserer vielseitigen Erfahrung hat sich das Verfahren bewährt“ wird meist nicht durch einwandfreie Beobachtungen gestützt. Bei den Vorzügen, die Probebelastungen an Ort und Stelle ohne Zweifel haben, wäre es wünschenswert, wenn auch in diesem Punkt die Verfahren durch vergleichende Beobachtungen von Probe und Bauwerk auf festere Füße gestellt würden (s. S. 118f.).

b) Probebelastungen auf Pfählen.

Über die Entwicklung sei einiges vorausgeschickt. Man hat die Tragfähigkeit von Pfählen unter dem Bauwerk im Laufe der letzten Jahrzehnte stets gründlicher zu erfassen versucht. Noch vor etwa 15 Jahren machte man dem Bauleiter lediglich einen Vorwurf, wenn er nicht eine größere Anzahl von Probebohrungen ausgeführt hatte, deren Hauptzweck meist das Feststellen einer sog. tragenden „Schicht“ war. Sehr bald sah man ein, daß die Bohrung allein ein ungenügender Aufschluß war und schritt zu Proberammungen, auf die man dann die vielen Rammformeln mit sehr wechselndem Ergebnis anwandte. Dadurch kam man zur Proberammung mit anschließender Probebelastung des Einzelpfahles. Für eine Dauerbelastung ist auf der Baustelle meist keine Zeit, obwohl eine solche noch richtiger wäre. Probebelastungen von Pfahlgruppen hat man nur stellenweise zur Nachprüfung der Zusammenhänge vorgenommen; auf der Baustelle ist sie kaum möglich, da die riesigen Lasten, besonders bei Dauerbelastung, hinderlich sind. Mit den in dieser Entwicklung angedeuteten Einflüssen hätten wir uns zu beschäftigen.

1. Art der Ausführung. Bei Probepfählen kann man die Belastung auf dem Pfahlkopf aufbringen, indem man schwere Träger darüber legt und diese mit Eisenbahnschienen, Kisten voll Sand, Behältern voll Wasser, Mauersteinen usw. belastet. Weniger tote Last braucht man bei Hebelübertragung, gar keine, wenn man 2—3 Nachbarpfähle als Zugpfähle verwenden kann. Unter vorhandenen Bauten kann man durch Druckpressen fertige Fundamentplatten, aufgehendes Mauerwerk usw. als Last gebrauchen. Das Einmessen geschieht durch gespannte Stahldrähte und Nivellieren. Eine Reihe solcher Probebelastungen, auch mit wiederholter End- und Belastung, ist ausführlich beschrieben in Zeitschriften [47, 48, 49, 52], nur kommen dabei meist die Zusammenhänge mit den Bodenverhältnissen viel zu kurz, zudem ist die Beobachtung oft lückenhaft.

2. Trugschlüsse. Auch für die Tragfähigkeit von Pfählen sind die Bodenverhältnisse von ausschlaggebender Wichtigkeit, denn in den meisten Fällen muß der Pfahl das mitmachen, was in dem ihn umgebenden Boden vorgeht, besonders bei schwebender Pfahlgründung. Das hat sich an erheblichen Setzungen ausgeführter Pfahlgründungen gezeigt, bei denen jeder Pfahl während des Rammens genau beobachtet wurde und eine Reihe von ihnen Probebelastungen von der 2—$2^1/_2$fachen Nutzlast ohne bleibende Einsenkung getragen hatte. Bei den Einzelpfählen bereits spielt der Einfluß der Zeit eine große Rolle. Im Küstengebiet vieler Länder gibt es bindige Böden (weichen Ton, Schlick und organische Böden), deren natürliche Verdichtung noch lange nicht abgeschlossen ist. Mit fortschreitender Verfestigung, oft beschleunigt durch zusätzliche Belastung, z. B. Aufspülen einer Lage von 2—3 m Sand, verdichtet sich der Boden noch weiter und setzt sich manchmal um einige Dezimeter. Daß Flachgründungen sich mitsetzen, ist selbstverständlich. Dasselbe gilt in geringerem Maße für schwebende Pfahlgründungen. Hat man nun Pfähle, die ihre Tragfähigkeit bei der Probebelastung zum Teil aus dem Eindringungswiderstand der Spitze und zum anderen Teil aus der Mantelreibung in den durchfahrenen Schichten bekommen, so wird sich bei Zusammendrückung dieser Schichten die Mantelreibung umkehren, und die sog. „negative Mantelreibung“ drückt den Pfahl tiefer ein (Beispiele s. [50, 51]). Auch in einem nichtbindigen, stark einrüttelungsfähigen Boden (z. B. Auffüllung) kann Ähnliches

eintreten, falls später starke Erschütterungen durch Maschinen, Verkehr usw. vorhanden sind.

Bei Pfahlgruppen liegen die Zusammenhänge noch verwickelter. Auch sie machen naturgemäß mit, was der sie umgebende Boden tut. Außerdem ist der Abstand der Pfähle untereinander wichtig. Man hat sich bemüht, diesen Einfluß durch Modell- und Großversuche zu klären. Dabei wurde festgestellt, daß eine Gruppe von n Pfählen im selben ziemlich homogenen Boden nur bei sehr großem Pfahlabstand das nahezu n-fache des Einzelpfahles trug. Man kann sich die Sache so vorstellen, daß jeder Pfahl sich eine Einflußzone schafft, in der er seine Belastung durch Mantelreibung nach und nach an den Baugrund abgibt, die etwa die Gestalt eines stehenden Kegels hat. Werden nun die Pfähle so dicht gestellt, daß sich diese Einflußzonen überschneiden, dann sinkt die Tragfähigkeit der Pfahlgruppe. Bereits im Jahre 1930 hat Ing. John Olsson bei Göteborg in weichem Ton solche Versuche gemacht:

Die Pfahlgruppen der bei Sävenäs ausgeführten Belastungsversuche bestanden aus je 7 Holzpfählen. 6 Pfähle waren im Sechseckverband gerammt, der 7. Pfahl war in der Mitte angeordnet. Die Länge der Pfähle im Boden war 15,5 m, der Durchmesser oben 30 cm, unten 15,5 cm. Der Abstand der Pfähle betrug bei Gruppe I je 0,70 m, bei der Gruppe II je 1,20 m. Die Pfahlköpfe waren durch einen mit alten Schienen armierten Betonklotz zusammengefaßt, der bei der Gruppe I die Abmessungen 2,5 · 2,5, bei 2 m Höhe besaß. Wandungen und Unterfläche des Betonklotzes standen mit dem Erdboden nicht in Berührung. Die Belastung erfolgte durch Schienenstapel. Der Untergrund bestand aus Ton. Vergleichsversuche mit Einzelpfählen waren an dieser Stelle ebenfalls ausgeführt.

Mit der Belastung der Pfahlgruppen durch die Schienenstapel wurde einen Monat nach der Herstellung des Betonklotzes begonnen. Am Tage der Fertigstellung des Betonklotzes betrug die Belastung bei Pfahlgruppe I 5 t je Pfahl. Begonnen wurden die Versuche im November 1926 bzw. bei Pfahlgruppe II im Februar 1927. Am Tage der Besichtigung waren die Versuche noch nicht abgeschlossen. Als Ergebnis der Versuche konnte jedoch bereits mitgeteilt werden, daß mit abnehmendem Pfahlabstand die Tragfähigkeit des einzelnen Pfahles abnahm. Es wurde angegeben, daß die Tragfähigkeit bei Pfahlgruppe I (Pfahlabstand 0,70 m) 105 t oder 15 t je Pfahl, Pfahlgruppe II (Pfahlabstand 1,20 m) 145 t oder 21 t je Pfahl und bei Einzelpfählen 19,3 bis 21 t betragen habe.

Interessante Messungen am Bauwerk gibt Terzaghi in Bautechnik 1933, H. 41 [52]. Er beschreibt dort einen Betonpfahl, der sich unter 25 t Probebelastung nur um etwa 1 mm gesenkt hatte. Derselbe Pfahl blieb stehen und setzte sich später zusammen mit den Nachbarpfählen bei der gleichen anteiligen Last unter dem Bauwerk um etwa 10 mm. Gewiß wird sich hierbei auch die längere Zeitdauer der Bauwerkslast gegenüber der nur 24 Stunden dauernden Probelast ausgewirkt haben. Da jedoch die tragfähige Schicht aus Schotter bestand, der darüber lagernde aufgeschüttete Boden auch nur wenig bindig war, muß neben dem Faktor Zeit und der Erschütterung durch Baumaschinen die Beeinflussung durch die Belastung der Nachbarpfähle überwiegend gewesen sein. Aus Vorstehendem ergibt sich, daß man auch durch Probebelastung auf Pfählen um eine gründliche Betrachtung der Zusammenhänge und Untersuchung der durchfahrenen Bodenschichten nicht herumkommt.

Wo der Pfahl nur der die Bauwerkslast in den Untergrund einleitende Teil des Bauwerkes ist (besonders bei schwebender Pfahlgründung in tonigem Boden), wird unterhalb der Pfahlspitzen die Bodenschicht ähnlich belastet, also auch auf ähnliche Weise untersucht werden müssen, wie unter einer Flachgründung, denn über dieser Schicht sind dann bereits alle Bauwerkslasten in den Boden eingeleitet.

Modellversuche größeren Maßstabes zur Ermittlung der Anteile von Mantel und Spitze an der Tragfähigkeit werden auf S. 152 beschrieben.

4. Dynamische Untersuchungen.

Die Anwendung dynamischer Untersuchungen kommt vor allem da in Frage, wo es sich darum handelt, rasch einen Überblick über die Lagerungsverhältnisse und die Tragfähigkeit des Baugrundes unter einer größeren Fläche oder längs einer bestimmten Strecke zu gewinnen oder wo das Verhalten des Bodens gegenüber dynamischen Einflüssen erforscht werden soll. Diese Art der Untersuchung wird daher angewandt bei größeren Bauvorhaben, bei der Nachprüfung der Wirkung künstlicher Verdichtung, im Straßen- oder Bahnbau und endlich in allen Fällen, wo die Wirkung und Weiterleitung von Erschütterungen durch Maschinen, Verkehr usw. zu untersuchen sind.

Die Messungen sind im allgemeinen vor Beginn der Ausschachtung unmittelbar im Anschluß an die ersten Probebohrungen durchzuführen. Bodenerschütterungen durch den Baubetrieb, z. B. durch Rammen, Verdichtungsgeräte u. ä. erschweren die Messungen und machen sie unter ungünstigen Umständen undurchführbar. Daher ist frühzeitiges Ansetzen der Untersuchungen stets anzuraten.

Das Wesen der dynamischen Bodenuntersuchungen besteht darin, daß man den Boden in sinusförmige Schwingungen von wählbarer Frequenz versetzt und aus seinem Verhalten gegenüber diesen Schwingungen Schlüsse auf seine elastischen Eigenschaften zieht. Dieses Verfahren ist frei von gewissen Mängeln, die der statischen Bodenuntersuchung mittels Probebelastungen anhaften. Bei statischen Untersuchungen kann die Größe der Belastungsfläche nur bis zu einer gewissen Grenze gesteigert werden; damit sind der Tiefen- und Breitenwirkung einer solchen Untersuchung recht enge Grenzen gesetzt, die sich besonders dann unangenehm fühlbar machen, wenn der Boden aus dünnen

Schichten von verschiedener Tragfähigkeit besteht. Ferner gibt eine Probebelastung stets nur eine einzige Kennziffer für das elastische Verhalten des untersuchten Bodens an, nämlich die Setzung als Funktion der Belastung je Flächeneinheit. Dynamische Untersuchungen dagegen liefern stets mehrere Kennziffern, so die Amplitude des Schwingers, die Phasenverschiebung zwischen erregender Kraft und Schwingung, die Setzung des Bodens unter dem Schwinger, die Ausbreitungsgeschwindigkeit der erregten Schwingungen im Boden und die Größe der Amplituden der Bodenschwingungen in verschiedenen Richtungen entlang der Oberfläche und in die Tiefe, schließlich die Dämpfung und Absorption dieser Schwingungen, und zwar alle diese Größen als Funktion der Frequenz und der Intensität der Erregung. Aus dieser Aufzählung ersieht man, daß eine dynamische Bodenuntersuchung ein weitaus vollständigeres Bild der elastischen Eigenschaften eines Bodens zu liefern vermag als eine statische. Ein weiterer Vorteil der dynamischen Untersuchungen ist, daß sie mit praktisch demselben Zeitaufwand sowohl die Feststellung der elastischen Konstanten an einzelnen Geländepunkten als auch die Angabe der mittleren elastischen Eigenschaften des Bodens längs eines ganzen Profils oder über eine ganze Fläche gestatten. Gerade diese Feststellung der elastischen Eigenschaften über eine gewisse Strecke oder Fläche ermöglicht aber die Untersuchung einer Bodenschicht in ihrer natürlichen Lagerung unabhängig von örtlich begrenzten Unregelmäßigkeiten. In vielen Fällen der Praxis bietet darum die dynamische Untersuchung gegenüber der rein statischen eine Anzahl nicht zu unterschätzender Vorteile [1].

a) Beschreibung der Versuchseinrichtung.

Die Versuchseinrichtung besteht aus dem Schwingungserzeuger mit Zubehör und der Aufnahmeeinrichtung (Abb. 46).

Der Schwingungserzeuger ist eine Maschine, die stationäre sinusförmige Schwingungen von wählbarer Frequenz anregt. Meist wird dazu benutzt ein System gegenläufig rotierender exzentrischer Massen, die so einstellbar sind, daß man reine Vertikalkräfte, reine Horizontalkräfte oder reine Drehmomente erzeugen kann [53, 54]. Der von der Deutschen Forschungsgesellschaft für Bodenmechanik zumeist benutzte Schwinger wiegt rund 2000 kg, ist ortsbeweglich und wird mit gleichfalls ortsbeweglichen Akkumulatorenbatterien betrieben. Die Abmessungen des Schwingers und der Batterien sind so gehalten, daß sie auf einem Lastkraftwagen an die zu untersuchende Stelle gefahren werden können. Die Schwingungen des Maschinenkörpers auf dem Boden werden durch

[1] Für praktische Zwecke werden solche Untersuchungen im Interesse der Forschung durch die Degebo, Berlin, ausgeführt; außerdem beschäftigt sich die Baugrund G.m.b.H. in Berlin W 9, Bellevuestr. 5 in größerem Umfange mit der Anwendung des Verfahrens für Bauvorhaben.

einen Geigerschen Vibrographen aufgezeichnet. Zum Schwingungserzeuger gehören ferner Ableseinstrumente zur Feststellung der Leistung, der Frequenz der Schwingungen und der Setzung des Schwingers während des Betriebes. Die Frequenz kann in dem Bereich von 5 bis 60 Hz beliebig ausgewählt und innerhalb einer Fehlergrenze von $\pm$ 0,1 Hz konstant gehalten werden. Durch Vergrößerung der Exzentrizität der rotierenden Massen kann die Intensität der Schwingungen in einem weiten Bereich gesteigert werden. Die Setzungen lassen sich auf etwa 0,1 mm

Abb. 46. Aufstellung der Geräte für die dynamische Bodenuntersuchung.

genau bestimmen. Ein Zündmagnet, der mit einer Welle der Maschine gekoppelt ist, bewirkt die Übertragung eines Stromstoßes auf die Aufnahmeeinrichtung, der bei jeder Umdrehung jeweils bei einer bestimmten Stellung der Exzentergewichte erfolgt. Mittels dieses Stromstoßes wird die Phasenverschiebung der Bodenschwingung am Aufnahmeort gegen die Erregerschwingung gemessen. Aus der Größe dieser Phasenverschiebung und der Entfernung Aufnahmeort-Erreger läßt sich die Ausbreitungsgeschwindigkeit der Wellen im Boden errechnen.

Die Aufnahmeeinrichtung besteht aus einem elektrisch registrierenden Seismographen, dessen Schwingungen von einem Lichtschreiber photographisch aufgenommen werden. Gleichzeitig mit den Schwingungen des Seismographen werden die Stromstöße des Zündmagneten aufgezeichnet, so daß vom Registrierfilm die Phasenverschiebung zwischen Erreger- und Bodenschwingung unmittelbar abgelesen werden kann.

Der Seismograph wird nacheinander an verschiedenen Geländepunkten — etwa längs eines geradlinigen Profils durch den Erregerort — aufgestellt und die jeweilige Bodenschwingung aufgezeichnet. Die Durchmessung eines 100 m langen Profils nimmt bei mittleren Frequenzen ungefähr eine Stunde Zeit in Anspruch.

b) Theoretische Grundlagen.

1. Die Bodenschwingung am Maschinenort. Die Vorgänge an der Maschine und in der nächsten Nachbarschaft der Maschine lassen sich theoretisch beherrschen, wenn man annimmt, daß die Maschine und ein gewisser Teil des darunterliegenden Bodens als Massenpunkt aufgefaßt werden kann, der durch den Boden wie durch eine elastische Feder gestützt ist. Dann besitzt dieses schwingende System für die Bewegung in lotrechter Richtung eine bestimmte Eigenfrequenz, die wir mit α bezeichnen wollen. Sie ist bestimmt durch den Ausdruck

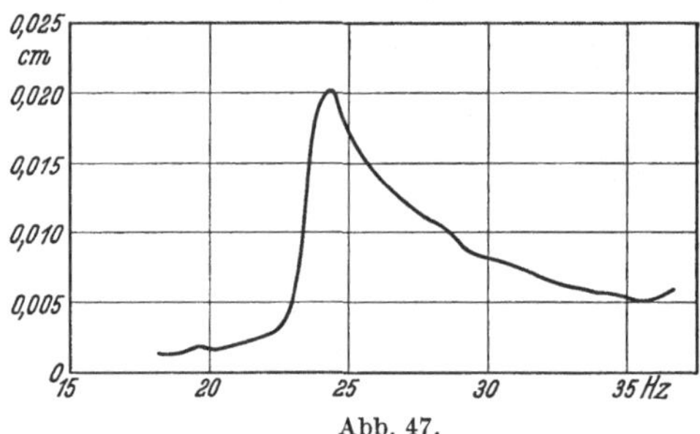

Abb. 47.

$$2\pi\alpha = \sqrt{\frac{c}{m}},$$

wo c die sog. Federkonstante und m die schwingende Masse ist. Wenn nun dieses System durch eine periodisch wirkende Kraft mit veränderlicher Frequenz erregt wird, so können die Schwingungsausschläge in Abhängigkeit von der Frequenz der Erregung aufgetragen werden. Kommt die Erregerfrequenz in die Nähe der Eigenfrequenz des schwingenden Systems, dann werden die Ausschläge besonders groß. Das System befindet sich in Resonanz. Aus der oben genannten Aufzeichnung (Abb. 47) der Amplituden läßt sich daher die Eigenfrequenz des schwingenden Systems entnehmen [53, 54]. Federkonstante und mitschwingende Bodenmasse sind auf verschiedenen Böden verschieden groß. Demnach wird auch α für verschiedene Böden verschiedene Werte annehmen. Es hat sich gezeigt, daß α klein ist auf Böden mit geringer Tragfähigkeit und groß auf solchen mit hoher Tragfähigkeit. Werte von α für eine Reihe von Böden mit verschieden großer Tragfähigkeit sind in der gegenüberstehenden Tabelle zusammengestellt.

Aus der Amplitudenfrequenzkurve der Schwingungen am Maschinenort läßt sich weiterhin die Dämpfung der Schwingungen entnehmen. Eine große Dämpfung, verbunden mit einer großen Setzung des Maschinenkörpers während der Schwingung, zeigt an, daß der Boden bei Belastung große dauernde Formänderungen erleiden wird. Eine große Dämpfung allein ist allerdings kein eindeutiges Anzeichen hierfür.

Zahlentafel 1. Abhängigkeit der Eigenschwingungszahl α von der Bodenart; ermittelt mit der Normal-Versuchseinrichtung: Schwingergewicht 2700 kg, Grundfläche 1 m², Exzentrizität 10°.

Vers. Nr.	Bodenart	α Hz	Übliche zulässige Bodenpressung kg/cm²
179	1,50 m Torfmoor auf Sand	12,5	—
582	1,50 m alte Anschüttung: Mittelsand mit Torfresten	19,1	1,0
472	Kiessand mit Tonlinsen	19,4	—
255	Alte, festgefahrene Schlackenschüttung	21,3	1,5
468	Sehr alte, festgefahrene Anschüttung aus lehmigem Sand	21,7	2,0
392	Tertiärer Ton, feucht	21,8	—
525	Lias-Ton, feucht	23,8	—
428	Sehr gleichmäßiger, gelber Mittelsand	24,1	3,0
458	Feinsand mit 30% Mittelsand (sog. Stettiner Sand)	24,2	1,5
329	Gleichmäßiger Grobsand	26,2	4,5
260	Ungleichförmiger, dicht gelagerter Sand	26,7	4,5
348	Ganz ausgetrockneter, tertiärer Ton	27,5	—
475	Dicht gelagerter Mittelkies	28,1	4,5

Die Setzungen, die die Schwingungsmaschine während eines Versuches erleidet, werden durch die Erschütterung des Bodens verursacht. Dadurch, daß der Boden zugleich mit der Maschine in Schwingung gerät, wird die Reibung zwischen den Körnern des Bodens verringert; infolgedessen bricht ein Teil der von den Körnern umschlossenen Hohlräume im Boden zusammen, und die Maschine erleidet eine Setzung. Diese Wirkung muß vor allem dann eintreten, wenn die Drehzahl der Maschine annähernd gleich der Eigenschwingungszahl α des Bodens ist. Außer von den Fliehkräften an der Maschine hängt die Größe der Setzung ab von der Anzahl der im Boden vorhandenen, leicht zum Einbrechen zu bringenden Hohlräume, d. h. von der Dichte der Lagerung des Bodens. Auf einem lockeren Boden sind die dynamischen Setzungen sehr groß, auf einem dicht gelagerten unter sonst gleichen Verhältnissen klein.

2. Die Bodenschwingung in größerer Entfernung von der Maschine. Die am Erregerort ausgelösten Bodenschwingungen breiten sich als Wellen nach allen Seiten hin aus. Die Geschwindigkeit, mit der die Ausbreitung der Wellen vor sich geht, hängt dabei ab von den elastischen Konstanten des Bodens, und zwar, einerlei um welche Art von Wellen es sich dabei handelt, von den drei Größen Elastizitätsmodul, Schubmodul und Querkontraktionszahl.

Allgemein kann man setzen, wenn v die Geschwindigkeit der Wellen, G der Schubmodul, ϱ die Dichte des Bodens ist,

$$v = k\sqrt{\frac{G}{\varrho}},$$

wobei k eine Konstante ist, deren Größe von der betreffenden Wellenart abhängt. Einer großen Ausbreitungsgeschwindigkeit entspricht demnach auch ein großer Schubmodul, da sich die Dichte der in Betracht kommenden Böden nur in verhältnismäßig engen Grenzen bewegt. Böden, deren Schubmodul groß ist, besitzen auch eine große Festigkeit. In Übereinstimmung damit haben alle bisherigen Messungen ergeben, daß die Ausbreitungsgeschwindigkeit der Wellen im Boden ein Maßstab für die Tragfähigkeit des Bodens ist, wenn wir diese ausdrücken durch die sog. zulässige Bodenpressung, die durch Erfahrung oder behördliche Vorschrift für die betreffende Bodenart ungefähr festgelegt ist. Das wird durch die nebenstehende Zahlentafel veranschaulicht.

Zahlentafel 2.

Bodenart	Ausbreitungsgeschwindigkeit m/s	Etwa zulässige Bodenpressung kg/cm²
3 m Moor über Sand	80	0
Mehlsand	110	1,0
Feuchter Mittelsand	140	2,0
Mittelsand und Grundwasser	160	2,0
Mittelsand, trocken	160	2,0
Lehmiger Sand über Geschiebemergel	170	2,5
Kies mit Steinen	180	2,5
Geschiebemergel	190	3,0
Feinsand mit 30% Mittelsand	190	3,0
Mittelsand in ungestörter Lage	220	4,0
Mergel	220	4,0
Kies unter 4 m Sand	330	4,5
Grobkies, dicht gelagert	420	4,5
Buntsandstein (verwittert)	500	
Mittelharter Keupersandstein	650	$^2/_3$ der zulässigen Druckspannung
Buntsandstein (unverwittert)	1100	

Während nun die Eigenschwingungszahl α die elastischen Eigenschaften des Bodens am Maschinenort und in seiner unmittelbaren Umgebung kennzeichnet, ist die Ausbreitungsgeschwindigkeit ein Maß für die mittlere Tragfähigkeit des Bodens unter der ganzen Länge des durchmessenen Profils. Je nach Art der Aufgabe wird man also die Zahl oder die Ausbreitungsgeschwindigkeit der Wellen im Boden oder beide bestimmen.

Mit wachsender Entfernung von der Maschine nehmen die Amplituden der Bodenschwingungen ab. Die Stärke dieser Amplitudenabnahme ist ein Maß für die Absorption der elastischen Wellen im Boden und für verschiedene Böden verschieden groß.

Auf geschichteten Böden aber kommt es häufig zu Überlagerungen mehrerer Wellen, die durch verschiedene Schichten gelaufen sind. Dann nehmen die Amplituden nicht mehr gleichmäßig mit der Entfernung ab, sondern es entstehen Interferenzerscheinungen, aus deren Art und Lage zum Erreger Schlüsse auf die Lagerung der Schichten im Untergrund gezogen werden können.

c) Anwendungsbeispiele.

Das Anwendungsgebiet der dynamischen Bodenuntersuchungen hat sich in der letzten Zeit derart erweitert, daß es nicht möglich ist, in diesem Rahmen alle Fälle auch nur annähernd vollständig zu besprechen. Es muß dazu auf die erschienenen Veröffentlichungen verwiesen werden, insbesondere auf das 4. Heft der Veröffentlichungen der Degebo [55].

Hier sollen nur einige typische Beispiele von dynamischen Bodenuntersuchungen herausgegriffen werden:

1. Der Baugrund für ein turmartiges Gebäude sollte untersucht werden. Das Gebäude war geplant mit einer durchschnittlichen Bodenpressung von 3,5 kg/cm². Lift, Pumpen und ähnliche Erschütterungsquellen im Gebäude sind vorgesehen.

Geschwindigkeitsmessungen ergaben eine Ausbreitungsgeschwindigkeit von 150 m/s der Wellen in diesem Baugrund. Der Baugrund ist also wenig tragfähig und die geplante Belastung von 3,5 kg/cm² erscheint als zu hoch.

Ferner ergaben Setzungsmessungen, daß die dynamischen Setzungen an verschiedenen Stellen des geplanten Grundrisses sich verhielten wie 2 : 5, daß also zu erwarten war, daß das Gebäude sich ungleichmäßig setzen wird und dadurch starke Beanspruchungen erleidet. Die Stellen, an denen die stärkste Setzung zu erwarten war, konnten auf Grund der dynamischen Versuche angegeben werden. Die Größe der gemessenen Setzungen zeigt an, daß der Boden, besonders unter der Einwirkung von Erschütterungen, leicht zusammenzurütteln ist.

2. Auf einem bis in große Tiefen gleichförmigen Sandboden sollte ein größeres Bauwerk errichtet werden. Es war geplant, die Bodenpressung nicht größer als 2 kg/cm² zu wählen, und es sollte festgestellt werden, ob diese obere Grenze für den betreffenden Boden noch als zulässig betrachtet werden darf.

Die Bestimmung der Zahl α am Maschinenort ergab $\alpha = 22{,}5/\mathrm{s}$, die nach verschiedenen Richtungen hin gemessenen Ausbreitungsgeschwindigkeiten waren 140—155 m/s. Nach Zahlentafel 1 und 2 folgt daraus für die erfahrungsgemäß zulässige Bodenpressung 2 kg/cm²; die geplante obere Grenzbelastung ist also richtig bemessen.

3. Auf einem frisch geschütteten Damm aus Sand sollte die Wirkung einiger Verdichtungsgeräte erprobt werden. Die Ausbreitungsgeschwindigkeit der Wellen im Damm war vor der Verdichtung 100 m/s, nach der Verdichtung je nach Gerät und Verdichtungsverfahren 150—240 m/s. Es war auf diese Weise möglich festzustellen, welches Gerät die stärkste Verdichtungswirkung erzielt hatte. Die Setzungen der Schwingungsmaschine waren vor der Verdichtung 28,5 mm, nach der Verdichtung 8,5—9,6 mm. Die Einrüttelbarkeit des Bodens hat also infolge der künstlichen Verdichtung erheblich abgenommen.

4. Zwei aus gleichem Material (Mittelsand) geschüttete, gleichaltrige Bahndämme (1922) wurden untersucht, von denen der eine noch nie befahren worden war, der andere seit seiner Herstellung dauernd befahren wird.

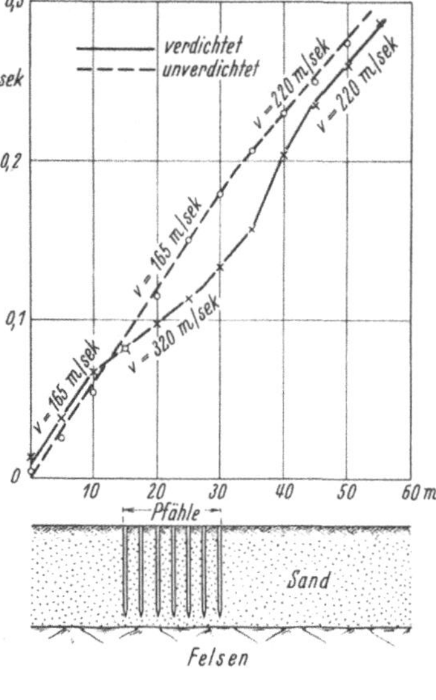

Abb. 48.

Die Geschwindigkeitsmessung auf dem gewachsenen Boden ergab 230 m/s. Auf dem unbefahrenen Damm wurde gemessen 180 m/s, auf dem befahrenen 340 m/s. Während also der unbefahrene Damm weniger fest war als der „gewachsene Boden", hat die dauernde Erschütterung, der der befahrene Damm ausgesetzt ist, bewirkt, daß dieser viel stärker verfestigt ist als der gewachsene Boden. In Übereinstimmung mit diesen Messungen ergab die Bestimmung der Eigenschwingungszahl α auf dem unbefahrenen Damm den Wert $\alpha = 22{,}3$ Hz, auf dem befahrenen $\alpha = 23{,}5$ Hz.

Praktische Schlußfolgerungen hieraus: Wenn man einen Straßen- oder Eisenbahndamm so stark verdichten will, daß spätere Setzungen durch Befahren ausbleiben (Stampfen, Rütteln, Schlämmen usw.), genügt eine Dichte gleich der des „gewachsenen Bodens" nicht!

5. Ein Baugrund, auf dem in ungestörtem Zustande eine Ausbreitungsgeschwindigkeit von 165 m/s gemessen worden war, war danach durch eingerammte Erdpfähle von rund 15 m Länge erheblich verdichtet worden. Die Verdichtungswirkung der Erdpfähle sollte nachgeprüft werden. Das Ergebnis der Geschwindigkeitsmessung ist in Abb. 48 dargestellt. Auf dem verdichteten Versuchsfeld ergab sich $v =$ 320 m/s gegen vorher 165 m/s, also ein Anwachsen der zulässigen Bodenpressung von 2 auf rund 4,5 kg/cm².

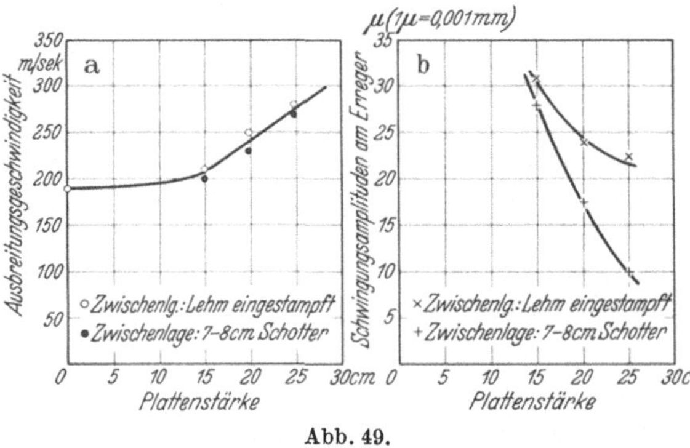

Abb. 49.

6. Für den Straßenbau ist es von Interesse zu erfahren, wie sich eine Zwischenlage zwischen Decke und Untergrund dynamisch auswirkt. Auf einer Versuchsstrecke der Reichsautobahn sind dynamische Versuche

auf Decken verschiedener Stärke über verschiedenen Zwischenlagen ausgeführt worden. Abb. 49a und b zeigen die Ausbreitungsgeschwindigkeit und Amplitude der Schwingungen in Abhängigkeit von Deckenstärke und Zwischenlage. Wie man sieht, wird die Geschwindigkeit fast nur von der Stärke der Decke, die Amplitude dagegen sehr merklich auch von der Zwischenlage beeinflußt. Man kann auf diese Weise feststellen, welche Zwischenlagen dynamisch günstig wirken und welche nicht.

5. Modellversuche.

Gerade im Erdbau und Grundbau wird noch vielfach von mutmaßlichen Vorgängen gesprochen oder der Vorgang im Boden auf manchmal recht anfechtbare Weise dargestellt, obwohl man einen großen Teil der Erscheinungen auch dem Uneingeweihten durch einfache Modellversuche klarmachen kann. Auf anderen Gebieten, z. B. in der Hydraulik, im Wasserbau ist die Anwendung der Modellversuche in großem Maßstabe allenthalben gebräuchlich und hat wertvolle Aufschlüsse geliefert. Die große Einschränkung, die darin liegt, daß meist die Modellrichtigkeit in einer oder mehreren Richtungen nicht vorhanden ist, darf keinesfalls übersehen werden. Doch schon als Anschauungsmittel sind solche Versuche von sehr großem Wert und ersetzen Hypothesen, die gerade in der Praxis auf Grund manchmal sehr lückenhafter Überlegungen zur Äußerung gebracht werden. Das Gebiet ist recht groß; deshalb seien hier nur einige einfache Beispiele von Versuchen genannt, wie sie in den letzten Jahren in den verschiedenen Erdbaulaboratorien durchgeführt wurden.

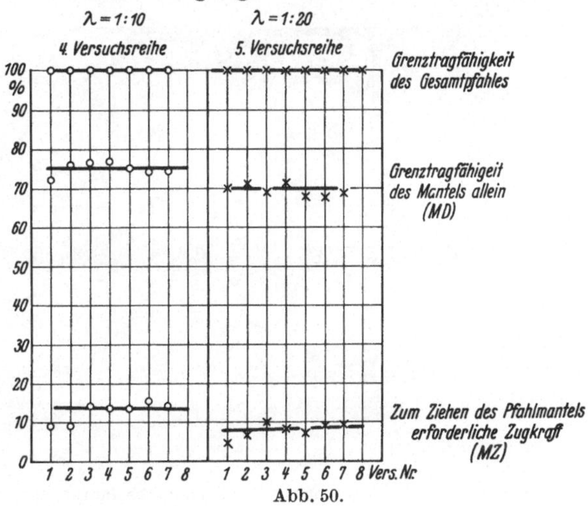

Abb. 50.

Man kann sich z. B. ein Bild machen über das Eindringen der Pfähle in den Boden, über den Spannungszustand in der Umgebung verschieden geformter Pfahlspitzen, Anteil von Spitze und Mantel (Abb. 50), über die gegenseitige Beeinflussung von Gründungskörpern, über die Verformung im Querschnitt eines Straßendammes infolge von aufgebrachten Lasten, über den Böschungswinkel verschiedener Sande über oder unter dem Wasserspiegel u. dgl. m. Die Hilfsmittel, die man benötigt, sind meist sehr einfacher Art: Große Gefäße und, wenn man den Vorgang im

Querschnitt beobachten will, Kästen mit starken Glasscheiben an einer oder beiden Querwänden, Gummihüllen zur Herstellung von Bodenzellen, einige Meßuhren, Hängevorrichtungen oder Hebelübertragungen zur Aufbringung der Lasten. Außer Vornahme der Messungen kann man die Verformungen hinter Glasscheiben photographieren (Abb. 51). Terzaghi hat solche Versuche (zum Teil durch Verfasser) mit Modellen von Spundwänden und Pfählen im Sandglimmergemenge und in Gelatine ausführen lassen, in letzterem Material auch über den Einfluß verschiedener Pfahlabstände. Auch im homogenisierten Ton kann man solche Versuche ausführen. Jedenfalls liegt hier noch ein weites Gebiet der Tätigkeit, besonders wo es gelingt, die Modellrichtigkeit zum Teil durch Umrechnung

Abb. 51. Modellversuche hinter einer Glaswand.

herzustellen. Wichtig ist dabei die Zeitdauer der Vorgänge. Die Setzungserscheinungen infolge der Auspressung von Wasser z. B. benötigen im Laboratorium bei den geringen Abständen bis zur Oberfläche oder zu durchlässigen Schichten nur eine sehr kurze Zeit.

Zu den Modellversuchen können auch Gefrierversuche gerechnet werden, die entweder in Gefrierschränken in kleinerem Maßstab oder während der Wintermonate im Freien durchgeführt werden. Sie dienen der Beurteilung von Böden und Bodenschichten für den Straßenbau, der Feststellung des Einflusses von Kornverteilung, Deckenart, Grundwasserstand, Sickerungen usw. auf Frosthebungen u. dgl. m. Zur Zeit sind solche planmäßigen Kleinversuche und einzelne Großversuche im Auftrag der Forschungsgesellschaft für das Straßenwesen im Gange ([12, Bd. II, S. 87 und 260—262; 56]).

Die an Pfählen in plastischem Boden wirkende aufwärts gerichtete Kraft konnte in der Degebo an einem Modell auf sehr einfache Weise gezeigt werden, wenn in der Nähe weitere Modellpfähle eingedrückt wurden. Auch dieser kleine Versuch war aufschlußreich, da an Betonpfählen in plastischem Boden, der sich durch das Einrammen der Nachbarpfähle um bis zu 40 cm hob, starke Querrisse festgestellt worden waren, die man zunächst nicht erwartet hatte.

Der Einfluß von Grundrißform und Größe belasteter Platten ist bereits durch Modellversuche erfaßt worden und wird noch weiter geklärt werden.

6. Versuche, die auf der Baustelle oder im Feldlaboratorium möglich sind.

Es gibt selbstverständlich keine scharfe Grenze zwischen dem Umfang und der Einrichtung eines Erdbaulaboratoriums und eines Feld- oder Baustellenlaboratoriums. Das wird von der Bedeutung des betreffenden Bauwerkes, der Zeitdauer der Ausführung, den verfügbaren Mitteln und Arbeitskräften abhängen. Ebenso wie man jetzt auf großen Baustellen stets Betonprüfstellen einrichtet, kann man auch bei Erdarbeiten und Gründungen eine Bodenprüfstelle einführen oder angliedern.

Welche Geräte für die einzelnen Versuche notwendig sind, ist in den Beschreibungen (IV, 2) jeweils angegeben.

Probebelastungen (IV, 3) und dynamische Versuche müssen auf dem Gelände durchgeführt werden, die Auswertung, bei der auch Rechen- und Zeichenarbeit nötig ist, geschieht im Arbeitszimmer oder in der Versuchsanstalt.

Im Feldlaboratorium kann und soll man alle Versuche machen, die mit einfachen Gerätschaften möglich sind und bei denen Verpackung, Versand, Veränderung (Trocknen, Einrütteln) der Bodenproben ungünstig ist oder besser vermieden werden soll: Hierher gehören z. B.

	Aufstellung S. 31, Nr.
Natürlicher Wassergehalt	1
Porengehalt	2
Raumgewicht	4
Kornverteilung	5, 6
Atterbergsche Grenzen	7a und b
Kegelprobe	8a und b
Evtl. auch Zylinderdruckversuch	9
Einfacher Durchlässigkeitsversuch	12a und c
Einrüttelung	14
Eindrückungsversuch zur schnellen Ermittlung der Verdichtung.	

Ferner: alle Modellversuche, bei denen große Mengen Boden nötig und nur einfache Geräte erforderlich sind: z. B. Reibungsversuch (S. 103) auf dem gewachsenen Boden, größere Pfahlversuche, Erprobung von Verdichtungsverfahren.

Bei der Auswertung und abschließenden Beurteilung ist große Vorsicht am Platze, da manchmal für den besonderen Zweck ungeeignete Versuche angewandt werden und dadurch immer wieder Ergebnisse auftauchen, die offensichtlich im Widerspruch zueinander stehen. Es ergeben sich z. B. viel zu niedrige Winkel der inneren Reibung ([12, Bd. I, S. 54—56, 31]) wenn der Scherversuch zu schnell durchgeführt wird. Außerdem kann der Geübte unter Umständen fehlerhafte Ermittlungen durch Vergleiche erkennen, beispielsweise wenn eine Plastizitätszahl angegeben wird, die nach der gleichzeitig ermittelten Kornverteilung des betreffenden Bodens niemals vorhanden sein kann.

7. Ausbildung der Bauingenieure für Baugrunduntersuchungen.

Nach allem, was bisher dargelegt wurde, kann man die angewandte Baugrunduntersuchung nicht einfach einer Versuchs- oder Materialprüfungsanstalt oder einer Bohrfirma übertragen. Für Behörden, die große Erd- und Ingenieurbauten ausführen, für die Baupolizei und größere Unternehmerfirmen sind Ingenieure mit Kenntnis der Versuchsverfahren und ihrer Auswertung unentbehrlich. Schon um zu wissen, in welcher Weise man vorgeht, wenn man brauchbare Untersuchungen machen will, ist einige Kenntnis ihrer Durchführung erforderlich. Eine klare Fragestellung, die Mitteilung ausreichender Angaben über Form des Bauwerkes, Nutzlasten, örtliche Verhältnisse, Eigenarten des Betriebes usw. erfordern eine gute Kenntnis der Zusammenhänge. Verschiedene Dienststellen haben diesen Forderungen durch Einstellung sog. Geoingenieure Rechnung getragen. Die Reichsautobahnen z. B. haben bei jeder der 15 Obersten Bauleitungen eine Bodenprüfstelle eingerichtet.

Es hat wenig Zweck, auch diese neue Art von Bauingenieuren von vornherein zu Spezialisten zu stempeln. Das normale Bauingenieurstudium und einige Jahre Baustellenpraxis müssen die Grundlage bilden, denn in Gründungsfragen — die ja stets in die Vorarbeiten hineinspielen — kann nur der beratend auftreten und brauchbare Untersuchungen durchführen, der die wichtigsten Bauvorgänge aus eigener Anschauung kennt. Im Entstehungsstadium eines Entwurfes beschäftigt sich der Entwurfsbearbeiter, Bauleiter oder Brückendezernent mit allen möglichen Gründungsarten, von denen jede im Endzustand und während der Ausführung ihre vielfachen Beziehungen zur Beschaffenheit des Baugrundes hat. Daraus ergibt sich, daß in Baugrundfragen der Bauingenieur „federführend“ sein muß. Er sollte sich deshalb auch mit den Grundlagen beschäftigen und bereits auf der Hochschule in diesem Sonderfach vorgebildet werden.

Da bisher fast keine unserer Technischen Hochschulen Bauingenieure liefert, die „Erdbaumechanik auf bodenphysikalischer Grundlage“

gehört oder Übungen in diesem Fach mitgemacht haben, ergeben sich notwendigerweise zwei Folgerungen:

1. Um den Rückstand der letzten Jahre einzuholen und dem in der Praxis stehenden Fachgenossen das zu vermitteln, was er sofort anwenden kann und soll, sind mehrtägige Kurse eine zweckmäßige Einführung. Im Institut der Degebo fanden bisher insgesamt 14 Kurse mit etwa 500 Teilnehmern statt. Einzelne Vorträge in Vereinen und Artikel in Zeitschriften haben bei weitem nicht dieselbe Wirkung, weil dabei keine Gelegenheit besteht, die verschiedenen Böden als Anschauungsmaterial zu betrachten und die Versuche im einzelnen vorzuführen. Die Schulungskurse für Bauingenieure haben sich deshalb besonders bewährt, weil bei ihnen die Erfordernisse der Baustelle als bekannt vorausgesetzt werden können.

2. Für die Hochschule wäre vorzuschlagen, daß die Baugrundfragen, über die bis jetzt im Erdbau oder Grundbau, mehr oder weniger innerhalb des Lehrgebietes anderer Fächer (hier im städtischen Tiefbau, dort im Straßenbau, anderswo im Wasserbau oder Eisenbahnbau) oft noch nach dem Stand längst vergangener Jahre gelesen wird, eine Sondervorlesung einzuschalten, die Pflicht für alle Bauingenieure, also z. B. nicht nur für die Straßen- und Wasserbauer, sein sollte. In Abschnitt V wird gezeigt, wie stark die Baugrundfragen in jedes Sonderfach des Bauingenieurs hineingreifen.

Der gerade beendigte internationale Kongreß für Brückenbau und Hochbau Berlin-München, Oktober 1936, hat die Berücksichtigung der Baugrundforschung in den Lehrplänen der Technischen Hochschulen befürwortet (Thema VIII, Ziffer 1). Bei den Besprechungen deutscher Hochschullehrer in München und Berlin wurde dies ebenfalls erörtert, nur erschien den Beteiligten dabei zunächst der derzeitige Lehrplan bereits zu reichlich besetzt. Es sollte jedoch möglich — wenn man den heute veränderten Bedürfnissen Rechnung tragen will —, sogar angebracht sein, den Stoff in anderen Fächern entsprechend zu kürzen. In USA. z. B. haben die meisten Technischen Hochschulen in letzter Zeit die Baugrundforschung in den Lehrplan aufgenommen und Lehrstühle hierfür eingerichtet.

8. Berührung mit anderen Fachgebieten.

Aus dem bisher Gesagten geht bereits hervor, daß die Untersuchungen, die der entwerfende und ausführende Bauingenieur als Vorarbeiten für sein Bauwerk ausführen muß, sehr oft auf andere Fachgebiete übergreifen. Es sind dies in der Hauptsache Geologie, Bodenkunde, Physik, Geophysik und Chemie. Zwar gehören diese Fächer größtenteils zum normalen Lehrplan der Bauingenieurwissenschaften. Nur ist das, was der Student in diesen Fächern hört, in den meisten Fällen mehr eine

Einführung als reif für praktische Verwendung. Dazu kommt, daß der Stoff, besonders in der Geologie, an den einzelnen Hochschulen in sehr verschiedenem Grade auf unsere Praxis zugeschnitten ist. Es ist deshalb zweckmäßig, in allen Fällen, in denen dies irgendwie nützlich erscheint, z. B. im Gelände und bei der Vorerkundung den Geologen, beim Aufbau der Laboratoriumsversuche den Physiker, bei dynamischen Untersuchungen den Geophysiker, bei Bestimmungen im Laboratorium wieder den Chemiker zuzuziehen. Diese Zusammenarbeit ist schwierig, da die Fälle, in denen wir Ratschläge brauchen, für die anderen Fachrichtungen oft Ausnahmen darstellen und eine gewisse Einfühlung auf Nachbargebieten erfordern. Gegenseitiges Verständnis, ein reger Austausch sowie klares Erkennen der Grenzen dieser Fachgebiete und ihres Anwendungsbereiches fördern solche Arbeiten. Auch mit Gemeinschaftsversuchen ist man vorwärtsgekommen.

V. Beziehung Bauwerk — Baugrund (meist vermittelt durch Gründungskörper).

A. Praktische Beispiele aus den einzelnen Gebieten des Ingenieurbaus.

1. Erdbau.

Es ist nicht beabsichtigt, eine umfangreiche Abhandlung über Erdbau zu schreiben. Dazu ist das Gebiet zu groß, zumal es bei fast allen Bauten des Ingenieurwesens, die auch in den anschließenden Abschnitten besprochen werden, eine wichtige Rolle spielt und die Grundlage dieser Bauten bildet. Einige der folgenden Beispiele sollen dies näher erklären.

Erdmassen dienen entweder als Tragkörper (Eisenbahn, Straße usw.), als Abschluß (Staudamm, Deiche usw.) oder als Schutz (z. B. Behälter, gegen Frost und Hitze, Befestigungen gegen Beschuß). Die Einebnung großer Mulden zur Verbesserung des Wasserabflusses, der Übersichtlichkeit u. dgl. erfordern Erdarbeiten einfacherer Art.

Die Kenntnis der Bodenverhältnisse ist wichtig wegen der Maßnahmen für Lösen, Transport, Anschütten und Verdichten. Eine Mitbeobachtung der Grundwasserverhältnisse und der Strömungen ist dabei oft notwendig. Bei allen Erfahrungen, die man mit solchen Bauten macht, ist eine einwandfreie Nutzanwendung erst möglich, wenn man die Bodenarten deutlich beschreiben kann. Abgesehen von den Kennziffern, die der richtigen Bezeichnung und Beschreibung der Böden dienen, sind die Gleichförmigkeit, Kornzusammensetzung, Lagerungsdichte (Porengehalt,) der Winkel der inneren Reibung, die Durchlässigkeit, der Verdichtungsbeiwert, je nach Lage des praktischen Falles, von Bedeutung [147].

Auch die Anlage von Sand- und Tongruben kann das Gleichgewicht der Umgebung bis auf große Entfernung so stark stören, daß Schäden an Straßen und Eisenbahnen die Folge sind.

Im Erdbau kommen alle in den Abschnitten III und IV besprochenen Untersuchungen zur Anwendung. Da in den nachfolgenden Abschnitten (V, A 2—7) ebenfalls Zusammenhänge mit dem Erd- und Grundbau für die einzelnen Zwecke besprochen werden, wollen wir uns hier beschränken auf den eigentlichen Erdbau, d. h. die Fälle, in denen der Boden zugleich als Baugrund und Baustoff vorkommt und bei denen die Bodenverhältnisse besonders stark mitspielen.

a) Bodengewinnung. Für die Art des Lösens der Aushubmassen, die Verwendung gewisser Maschinen und Geräte usw. sind eindeutige Bezeichnungen (II) der Bodenarten wichtig, da sehr oft bereits über die Bedeutung der Ausdrücke in Verdingungsunterlagen („Stichboden“, „mit der Hacke zu lösen“ u. dgl. m.) sehr verschiedene Meinungen bestehen. Man kann Mißverständnisse umgehen, indem man die Böden richtig bezeichnet und ihre Eigenschaften durch einfache Kennziffern (IV) festlegt. Besonders für den Gebrauch von Greifern und Baggern sowie für das Sprengen (Verdämmung) sind solche Angaben wertvoll.

Abb. 52. „Konglomerat“ der Weißsteiner Schichten bei Bad Charlottenbrunn.

In den Normblättern Din 1957—1959 ist zwar der Versuch einer Bezeichnung für Verdingungsunterlagen gemacht, doch decken sich dort die Begriffe nicht ganz und sind für den praktischen Zweck zu ungenau. Welche Schwierigkeiten unter Umständen entstehen, zeigen die folgenden drei Beispiele, die auch auf S. 12 bereits kurz angedeutet wurden.

1. Das „Konglomerat“ von Waldenburg. Das Konglomerat ist ein rötliches Gestein, gehört zu den „Weißsteiner Schichten“ und lagert zwischen Kohlensandsteinschichten. Es steht in der Gegend von Waldenburg bis zur Oberfläche an. Die Aufnahme (Abb. 52) zeigt das Konglomerat, wie es z. B. am Bahnhof Charlottenbrunn-Tannhausen zutage tritt.

Das Konglomerat besteht aus Kieselsteinen von Haselnuß- bis Faustgröße, die meist durch tonige Bestandteile fest verkittet sind.

Der Abtrag dieses Gesteins ist äußerst schwierig, da man darauf angewiesen ist, die Kieselsteine einzeln mit dem Meißel zu lösen. Man kann das Gestein weder als „Spreng-“ noch als „Hackfelsen“ bezeichnen.

2. „Bergkies“-Vorkommen bei Hirschberg. Der „Bergkies“ ist ein Verwitterungsprodukt des Granits von gelblichbrauner Farbe an der primären Lagerstätte; die Bruchflächen sind scharfkantig. Das Gestein zerfällt an der Luft, steht aber im bergfeuchten Zustand wie Fels an und ist daher mit der Hacke nur mühsam zu lösen. Nach dem Lösen hingegen, seitlich gelagert, erweckt es den Eindruck eines losen Kiesvorkommens (Abb. 5).

3. Geröll. Bei Giersdorf (Hirschberg) lag „Geröll“ aus rundlichen Blöcken von rund 20—60 cm Durchmesser. Das Herausheben aus der Baugrube war meist nur mit Dreibock und Flaschenzug möglich. In diesem Falle ist es unbillig, wenn der Felszuschlag erst bei Blöcken von mehr als $^1/_2$ m^3 gezahlt wird. Das wären etwa 1200 kg, während rund 25 kg eine richtigere Grenze darstellen.

b) Förderung. Für den Transport der Bodenarten reichen in der Regel die Bezeichnungen und die Feststellung des Raumgewichtes aus.

c) Auf- und Abtrag. Beim Herstellen der Einschnitte und Gräben, Legen der Ladegleise usw. ist es nützlich, den Böschungs- und Reibungswinkel der Bodenschichten, die Neigung zum Fließen, das Vorhandensein von Rutschflächen usw. ungefähr zu kennen.

Bei der Dammschüttung darf man nicht einfach nach einem der Handbücher Kopf- oder Seitenschüttung nur wegen der Billigkeit wählen oder, wie ein Fachgenosse sagte, „den bequemsten Weg suchen, um den Dreck zu verkarren“, sondern man muß die Anordnung der Schütthöhe und der einzelnen Lagen dem Zweck des Bauwerkes und der anzuwendenden Verdichtungsart, die wieder von den Eigenschaften des Erdstoffes abhängt, anpassen. Es wäre z. B. am einfachsten, ein Baugleis recht lange liegen zu lassen und einen breiten Damm zunächst auf einer Seite bis auf volle Höhe zu schütten. Sobald jedoch für den anderen Teil Dammbaustoffe von einer anderen Entnahmestelle mit ganz anderen Eigenschaften verwandt werden müssen, ergäbe sich die große Gefahr ungleichmäßiger Setzungen im Damm, unter Umständen auch einseitiger Frosthebungen mit allen schädlichen Auswirkungen auf den Dichtungskern, die Gleislage oder die Straßendecke.

Außerdem muß man die Beschaffenheit des vorhandenen Untergrundes berücksichtigen, der vielleicht Moor und Schlickeinlagerungen usw. enthält (wird bei V, A 3 und 4 besprochen).

d) Sicherung der Erdkörper. Der Schutz der Böschung, nicht nur gegen große, sondern vor allem gegen die sog. kleinen Rutschungen, erfolgt

1. durch Abdecken mit Mutterboden, Auflegen von Rasenstücken, baldiges Ansäen und Bepflanzung oder Abdecken mit Schlacke. Je nach der Bodenart ist dies mehr oder weniger dringlich, um das Auslaufen

der Böschung bei Regengüssen, die sog. Frühjahrsrutschungen durch Frost und Auftauen sowie Beschädigung durch Betreten zu verhindern. Die Kennziffern (IV) und Feststellung des Böschungswinkels am trockenen und feuchten Material erleichtern die Beurteilung.

2. Besondere Maßnahmen kommen in Betracht, wenn z. B. aus Raummangel am Hang steilere Böschungen gewählt werden, als sie dem Böschungswinkel des Schüttbodens entsprechen. Man befestigt dann die steilen Böschungen durch mehr oder weniger geneigte Futtermauern, kleine Stützmauern am Böschungsfuß, Trockenmauerwerk oder Pflasterungen. In feinem Sand sind Rutschungen infolge zu steiler Schüttung eingetreten (Abb. 53). Zunächst bleibt der erdfeuchte Sand auch unter 45° stehen. Da der Böschungswinkel für trockenen Feinsand jedoch bei etwa 32° liegt, ist eine Böschung von 45° nicht standfest. Falls man Futtermauern anordnet, ist trotzdem noch Vorsicht am Platze, damit der Stützkörper genügende Einbindetiefe hat und die Rutschung nicht etwa unter seinem Fuß hindurchgeht. Für alle diese Maßnahmen ist ausreichende Dränage der erdseitigen Begrenzung erforderlich, weil sonst der hydrostatische Druck im Innern durch Wasser vom Hang, heftige Regengüsse oder beim Auftauen nach Frostperioden zu stark ansteigt und die Böschungsbefestigung herausdrückt oder gar zum Einsturz bringt (s. unter Eisenbahnbau).

Abb. 53. Rutschung im Sand bei zu steiler Böschung (1:1).

e) **Rutschung.** (Beispiele aus den verschiedenen Gebieten des Ingenieurwesens finden sich auch unter V, A 3 und V, A 4.)

Rutschungen großer Erdmassen, die mit elementarer Gewalt und oft ganz plötzlich eintreten, erfolgen keineswegs nur bei Erdarbeiten oder nach Eingriffen der Menschenhand in die Gleichgewichtsverhältnisse des Bodens. In Abhandlungen über die Entstehung unserer Böden wird ausführlich gezeigt, daß fast überall eine ständige Neigung zum Abflachen der Böschungen vorhanden ist (s. unter anderem „Ingenieurgeologie“ S. 408 und 409).

1. Entstehung. Ohne Zweifel handelt es sich um eine Störung des Gleichgewichtes. Die Ursachen sind verschiedener Art und manchmal nicht genau zu erkennen, weil mehrere Einflüsse zusammenwirken. Die

in der Praxis meist zuerst geäußerte Annahme ist die des Abrutschens eines Erdkörpers auf einer vorhandenen und durch Wasser geschmierten Gleitfläche. Das Vorhandensein solcher Flächen ist zwar oft mitschuldig, jedoch nicht notwendig; die Rutschflächen können sich auch im Boden neu bilden dadurch, daß in einem Erdstoff der Winkel der inneren Reibung für die neuen Belastungsverhältnisse nicht ausreicht. Die Gleitflächen können flach oder gekrümmt sein [1, 34, 35, 57, 12 (Bd. I, S. 124—133)].

Auch die Absenkung des Wasserspiegels, wodurch Auftrieb vermindert und Rissebildung begünstigt wird, kann die Rutschung auslösen.

Ebenso kommt in manchen Fällen zu dem Erddruck der Wasserdruck hinzu.

Besonders gefährlich sind die Grenzflächen zwischen Sand und Ton und dünne Sandeinlagen in Tonschichten, weil hierdurch die Vorbedingung der Schmierung und die Begünstigung der Verlagerung durch verschiedene Festigkeitswerte gegeben ist.

Eine andere Art der Erdbewegung am Hang, die besonders im Hochgebirge vorkommt, sind die Murgänge, Bewegungen des manchmal durch tonige Bestandteile verunreinigten Gehängeschuttes, durch starke Wasseranreicherung, besonders im Frühjahr, ausgelöst oder gefördert (z. B. Bayrischzell 1935). Eine einwandfreie Klärung dieser Vorgänge und Vorausbestimmung durch Bodenuntersuchungen ist schlecht möglich, da die Zusammensetzung solcher Schuttmassen meist recht ungleichmäßig ist. Viele Rutschungen gehen auch explosionsartig vor sich, wie z. B. die bei Getå und die an der Odenwaldbahn, bei der Abdeckquader der Stützmauer bis fast 100 m weit in das Wiesental geschleudert wurden.

Auch Ausfließen des Sandes und gar sog. Sandströme hat man beobachtet. Ausführlichere Darstellungen finden sich in der „Ingenieurgeologie“ S. 408—446.

Ganz allgemein kann man sagen, daß den nach einem tiefer gelegenen Hohlraum hin gerichteten Kräften, die aus dem Gewicht der Erdmassen, dem Wasserdruck und der Auflast bestehen, die Reibung und Haftung der Bodenteile oder bauliche Maßnahmen (z. B. Stützmauern) entgegenwirken müssen, wenn Gleichgewicht oder Sicherheit gegen Rutschen bestehen soll [34, 35]. Für die notwendigen Berechnungen muß also die Bodenuntersuchung die erforderlichen Hilfswerte liefern, von denen in diesem Fall besonders die Reibungsbeiwerte, Durchlässigkeitsziffern und die einfacheren Kennziffern wertvoll sind.

Beispiele. Bahnkörper am Hang siehe unter 4 (V, A 4 S. 120).

Eine verhängnisvolle Rutschung ereignete sich im Oktober 1916 bei Getå in Schweden (Vita Sikudden)[1]. Da die Rutschung nicht rechtzeitig bemerkt wurde, fuhr etwa 20 min später ein Zug in die Rutschstelle hinein, wobei 41 Menschen ums Leben kamen.

[1] Aus dem Bericht über eine Exkursion der „Degebo“ nach Schweden (1930).

Die Bahnlinie verläuft hier auf längerer Strecke in geringem (an der Rutschstelle 30 m) Abstand vom Ufer des Bråviken — einer Bucht der Ostsee — auf einem bis zu 10 m über dem Wasserspiegel liegenden Damm. Das Gelände fällt oberhalb der Bahn sehr steil nach dem See zu ab, verflacht sich unter dem Damm bis zu 30°, um dann unter dem Spiegel des Bråviken nahezu horizontal auszulaufen.

Der Untergrund besteht aus steil einfallendem Moränenkies, über dem sich in wechselnder Mächtigkeit eine Schichtenfolge von glazialem Ton und postglazialen Kiesen, Sanden, Schluffen und Tonen lagert.

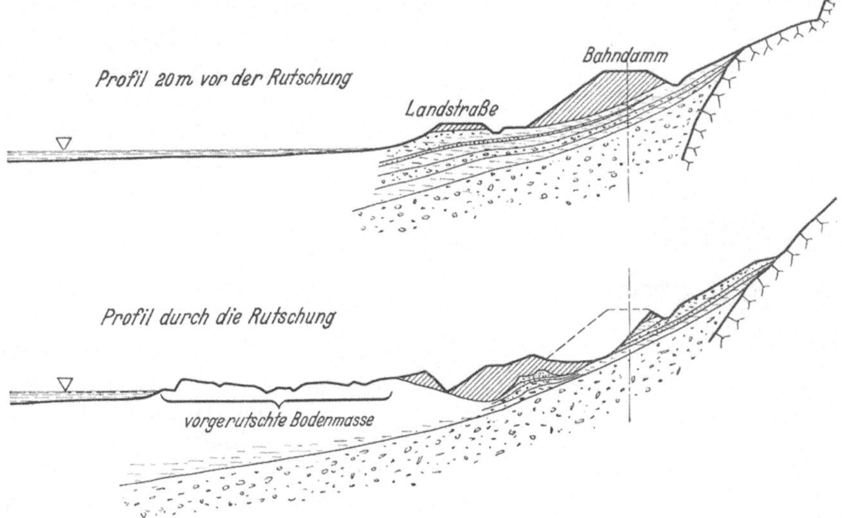

Abb. 54. Rutschung bei Getå in Schweden.

Die Mächtigkeit der Schichten oberhalb des Moränenkieses beträgt unter dem landseitigen Böschungsfuß des Dammes 2 m, unter der Dammitte 7 m und nimmt seewärts immer weiter zu (Abb. 54).

Die Ursache der Rutschung kann darin gesehen werden, daß infolge der außergewöhnlichen Trockenheit des Frühjahres 1916 die Tonschichten stark geschrumpft waren unter gleichzeitiger Bildung zahlreicher Risse und Sprünge. Im September traten dann sehr starke Regengüsse auf, das Wasser drang in die Risse und Sprünge ein, wobei es einerseits das Gewicht der Bodenschichten und den Wasserdruck vermehrte, andererseits die Kohäsion der feinen Schluffe sowie den Reibungswiderstand verminderte.

Bei der Wiederherstellung wurde der Damm etwa 1,50 m gegen den Hang zu verschoben und an seinem seeseitigen Fuß eine starke Stützmauer bis auf den festen Moränenkies hinabgeführt.

Die Rutschung an diesem Damm, der 4 Jahre lang ohne Störung im Betrieb gewesen war, und einige andere Fälle ähnlicher Art veranlaßten die Direktion der schwedischen Staatsbahnen, die Geotechnische Kommission mit der systematischen Untersuchung einer größeren Anzahl von Dämmen und Einschnitten zu beauftragen (s. S. 2).

2. Verhütung und Bekämpfung der Rutschung [58]. Durch gründliche Voruntersuchung wird eine Verhütung in vielen Fällen möglich sein. Gegenüber angefangenen Rutschungen ist man jedoch sehr oft machtlos, da riesige Massen in Bewegung sind und Abhilfemaßnahmen, selbst bei langsamem Fließen, nicht schnell genug wirksam werden.

Beim Abbau einer Tongrube mit zu steilen Böschungen wurden durch eine Rutschung nach Regenfällen benachbarte Gebäude und Straßen stark bedroht. Der Untergrund war nur schluffiger Ton mit fetteren, ganz dünnen Zwischenlagen und darunter eine durchlässige Kiessandschicht („Gnies“). Wahrscheinlich trat die Rutschung auf der geschmierten Zwischenschicht ein, die einen viel geringeren Reibungswinkel als der Schluffton hatte. Die Gleitfläche war nicht geneigt, sondern hatte Schalenform, am Fuße der Rutschung sogar aufwärtsweisend. Abhilfe wurde geschaffen durch Schüttung eines Gegengewichtes am Böschungsfuß, allmähliches Abflachen und Einsäen mit tiefwurzelnden Pflanzen.

Abb. 55. Fließen von Keupermergel auf der Kippe.

Kreide- und Keupermergel, die im Einschnitt als Steine gelöst werden, fließen auf der Kippe oft schon am nächsten Tage und wälzen sich wie ein Murgang zu Tal (Abb. 55).

Aus den Entstehungsursachen ergeben sich folgende Maßnahmen:

α) Stütz- oder Futtermauern am Fuß der Böschung. Für die richtige Berechnung solcher Mauern sind u. a. die Reibungswerte der Hinterfüllung notwendig (außerdem ist eine Vertiefung unserer Kenntnisse über Erddruck, Wasserdruck und periodisches Vordrücken der Mauern erforderlich).

β) Geeignete Trockenlegung wasserführender Schmier- oder Sandschichten. Auch diese Maßnahme kann nur nach gründlicher Voruntersuchung getroffen werden, da unter Umständen durch Gräben und Rigolen das Wasser erst an rutschgefährliche Böden herangebracht wird und infolge der Durchfeuchtung ihr Reibungswinkel sinkt. In Amerika hat man in einem Fall sogar künstliche Trocknung in vorgetriebenen Stollen versucht (S. 175).

γ) Pfähle aus Holz, Eisenbeton und Stahlrohren hat man zur Sicherung von Böschungen und zum Aufhalten von Rutschungen verwandt. Diese Maßnahme wird oft überschätzt. Gewiß kann man einen Straßendamm durch eine oder zwei Reihen Stahlrohre („Ingenieurgeologie" S. 432) sichern. Bei sehr großen Massen und Höhen werden aber selbst Eisenbetonpfähle, die mit Eisenbahnschienen armiert sind, glatt umgeknickt, wie dies im Einschnitt des Mittellandkanals bei Bechtsbüttel geschah.

δ) An dieser Stelle ging man einen Schritt weiter und versuchte es mit der Zementinjektion. Die Maßnahmen sind angedeutet im Bericht des Mineralogisch-Geologischen Institutes der Technischen Hochschule Braunschweig vom September 1933 [59, 60] (s. auch S. 170).

Abb. 56. Zerfall von Kreidemergel in Wasser.

Es handelt sich um Rutschungen auf Kreidetonen durch Einlagerungen von Bänderton zwischen Geschiebemergel und Kreideton, außerdem um Rutschungen innerhalb des Kreidetons infolge geringer innerer Reibung und tektonischer Lagerungsverhältnisse (s. V, B 4).

Vorbeugende Maßnahmen sind bei gründlicher Bodenuntersuchung möglich. Wenn man auch den Winkel der inneren Reibung nicht haargenau ermitteln kann (s. S. 43—45) und durch Verwerfungen und Unregelmäßigkeiten eine einfache Berechnung oft sehr erschwert ist, wird man doch die Anordnung von für das betreffende Material unsinnig steilen Böschungen (Tonmergel bleibt nicht bei 1 : 1,5 stehen und trockener Sand nicht bei 1 : 1!), das Anschneiden geschmierter Rutschflächen, von „Fließsandlagen", „Bänderton" usw. vermeiden können.

3. Bodenuntersuchungen. Die Atterbergschen Konsistenzgrenzen, der Druckversuch mit unbehinderter Seitenausdehnung, der Reibungsversuch und die einfachen Kennziffern geben Auskunft über die physikalischen Eigenschaften des anstehenden Bodens und ermöglichen eine ungefähre Berechnung der Gleichgewichtsverhältnisse. Der schnelle Zerfall eines Kreidemergels in Wasser ist auf Abb. 56 nach

10 min und 1 h dargestellt. Ähnlich verhalten sich Keupermergel an der Strecke Stuttgart-Ulm.

Auch durch chemische und röntgenoptische Untersuchungen hat man in den Tonböden gewisse Mineralien nachgewiesen, die für die Erhöhung der Rutschgefahr verantwortlich zu machen sind [61, 62]. Die Kenntnis der chemischen Zusammensetzung ist außerdem besonders wertvoll für die Beurteilung künftiger Änderungen der Konsistenz (Quellen, Zerfall) infolge der Witterungsverhältnisse, wodurch an Einschnitten und Dammböschungen noch nach vielen Jahren Rutschungen eintreten können.

f) Neuere Erkenntnisse auf dem Gebiet des Erddruckes. Es gibt viele gute und ausführliche Werke über Erddruck, so daß es sich erübrigt, im Rahmen dieses kurzgefaßten Buches ausführlich auf die Grundlagen der Erddrucktheorien einzugehen. Vielmehr sollen dem Praktiker hier nur einige neuere Forschungsergebnisse erläutert werden, um ihm das Gefühl der Unsicherheit darüber zu nehmen, was nun eigentlich vom Alten noch gilt und vom Neuen brauchbar ist.

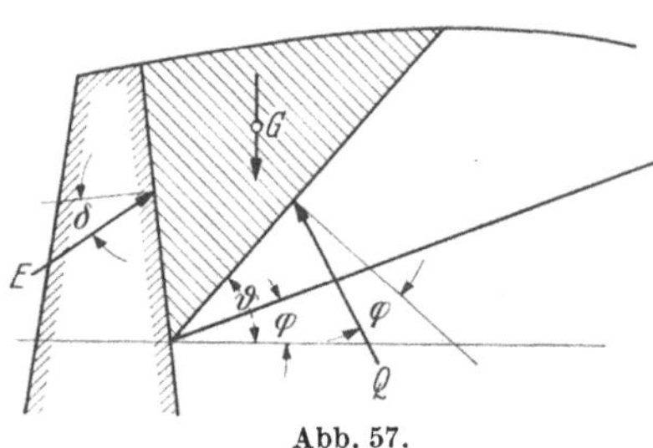

Abb. 57.

Die drei Hauptfragen, mit denen sich der Grundbauingenieur dabei zu befassen hat, sind:

1. Erddruck auf die Sicherungsbauwerke von Geländesprüngen (Stützmauern, Futtermauern, Spundwände usw.).
2. Erddruck unter Bauwerken.
3. Standsicherheit von Böschungen.

Zu 1. Die klassische Erddrucktheorie geht bei der Berechnung des sog. „aktiven“ Erddruckes von der Annahme ebener Gleitflächen aus. Unter dieser Voraussetzung wurde das Problem rechnerisch zunächst von Coulomb behandelt, der unter gewissen Annahmen den Gleichgewichtszustand zwischen dem Eigengewicht einschließlich Auflast (G) des abrutschenden Keiles, dem Erddruck auf die Wand (E) und dem Erddruck auf die Gleitfläche (Q) für den Augenblick des Gleitbeginnes betrachtet (Abb. 57). Da als Berechnungsgrundlage nur der größte aktive Erddruck wichtig ist, gilt es, diesen durch verschiedene Annahmen der Gleitfläche zu ermitteln. Diese Aufgabe wird mit Hilfe der bekannten Verfahren nach Culmann (E-Linie) und nach Poncelet befriedigend gelöst. Bei diesem Berechnungsgang ergibt sich für den aktiven Erddruck eine dreieckförmige Verteilung, d. h. der Erddruck nimmt mit der Tiefe gradlinig zu und seine Resultierende geht durch den Schwerpunkt des Dreieckes. Gegen diese klassische Erddrucktheorie lassen sich verschiedene Einwände machen. Zunächst ist in der Berechnung von Coulomb eine Ungenauigkeit enthalten: G und Q liegen nach Richtung und Größe fest; über E wird aber willkürlich verfügt, da ja E, G und Q durch einen Punkt gehen müssen, damit die Coulombschen Gleichungen überhaupt Gültigkeit haben. Streng richtig ist daher die Coulombsche Berechnung nur für den Fall senkrechter Wand, waagerechter Erdhinterfüllung und waagerecht angreifenden Erddruck, also für den Rankineschen Sonderfall. Der zweite Einwand richtet sich gegen die Annahme ebener Gleitflächen. Versuche von Krey und anderen haben jedoch gezeigt, daß die Abweichungen von einer Ebene nur gering sind, so daß genügend genau (nicht zuletzt im Interesse einer einfachen Berechnungsweise) mit ebenen Gleitflächen auch heute noch gerechnet werden kann. Dies gilt aber nur für den zunächst behandelten Fall des Erddruckes auf Stützmauern; wir werden später sehen, daß für die Untersuchung der Standsicherheit von Bauwerken (Grundbruch) und Böschungen gekrümmte Gleitflächen eher der Wirklichkeit entsprechen. — Der dritte Einwand wird gegen die Verteilung des Erddruckes in der klassischen Theorie geltend gemacht. Denn trotz dieser Berechnungsweisen sind Stützmauern ins Wandern gekommen. Das liegt zum Teil an falschen Annahmen der physikalischen Kennziffern des Bodens (Reibungswinkel, Kohäsion, Raumgewicht, Porengehalt), zum anderen aber auch daran, daß der der Berechnung zugrunde gelegte Erddruck mit dreieckförmiger Verteilung nur einen möglichen Grenzfall der Belastung darstellt. Terzaghi weist wiederholt darauf hin, daß der „Ruhedruck", d. i. der Druck, der auf die Wand wirkt, ehe der Erdkeil ins Gleiten gerät, sowohl in der Größe der Druckkräfte als vor allem in der Verteilung sich beträchtlich von dem normalen Erddruck mit Dreieckverteilung unterscheidet. Die Ursache hierfür sieht er vor allem darin, daß die Formänderungen des Systems gar nicht so groß sind, als daß der „Grenzdruck" des ins Gleiten geratenen Erdkeiles überhaupt auftreten könnte. In der Tat haben Messungen aus der letzten Zeit an Baugrubensteifen gezeigt, daß sich eine Druckverteilung ergab, wie sie in Abb. 58 dargestellt ist. Diese Messungen an der U-Bahn in New York (Terzaghi) und an der U-Bahn-Baugrubenaussteifung in Berlin [63] zeigen beide ähnliche Bilder: die Druckverteilung stellt sich nahezu parabelförmig ein, das

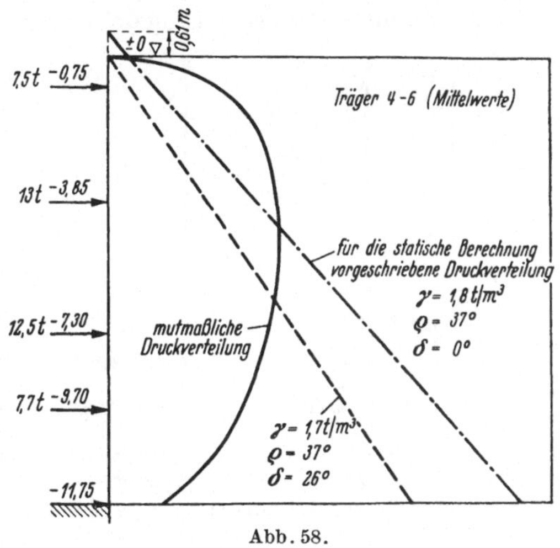

Abb. 58.

Maximum des Druckes liegt im oberen Teil der Stützwand. Dabei darf aber nicht vergessen werden, daß diese Drücke an den Baugrubensteifen gemessen wurden, die wirkliche Erddruckverteilung kann ganz anders aussehen. Die Art des Einbringens der Steifen und das System der Aussteifungskonstruktion ist für diese gemessenen Drücke mitbestimmend; durch eine gewisse Einspannung der in der Wandebene gerammten Träger im Baugrund und durch die bereits eingebrachten oberen Steifen läßt sich eine Herabminderung der unteren Steifendrücke durchaus erklären. Bei Widerlagern kann z. B. durch die Art der Hinterfüllung sehr gut eine Verlagerung des Angriffspunktes des Erddruckes nach

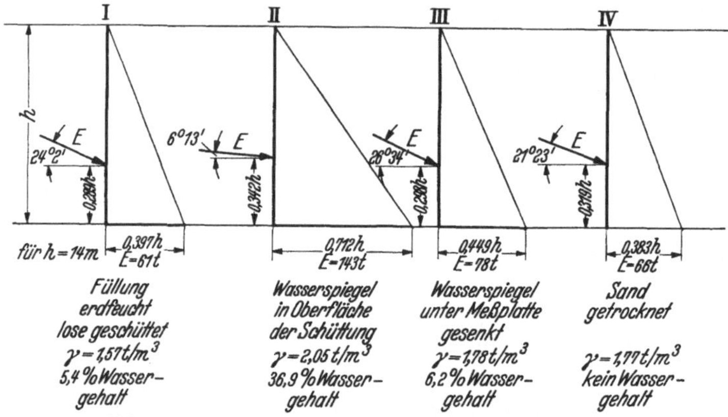

Abb. 59. Erddruck von Sand verschiedener Feuchtigkeit.

oben stattfinden. Auf Grund seiner Feststellungen hat Terzaghi 1936 eine neue Theorie über die Verteilung des Erddruckes hinter Stützwänden aufgestellt. Nach Obenstehendem empfiehlt es sich jedenfalls für den Praktiker, vorläufig mit der „klassischen Erddrucktheorie" weiterzurechnen, wobei er nur dafür Sorge zu tragen hat, daß zu grobe Unrichtigkeiten in der Berechnung infolge Annahme falscher bodenphysikalischer Beiwerte vermieden werden. Hinzu kommt, daß normalerweise alle Baugrubensteifen eines Querschnittes einheitlich nach der stärksten Beanspruchung dimensioniert werden, so daß es also gleichgültig ist, ob bei gleichen Steifenentfernungen (im Querschnitt gesehen) der größte Druck im unteren Teil einer Baugrube auftritt oder ein ähnlich großer Druck im oberen Teil der Aussteifung. Auch die Erhöhung des Erddruckes infolge Wassersättigung (oder Schwellen) des hinterfüllten Bodens ist für Berechnungen wichtig. Bisher wurde diese Erscheinung lediglich durch Veränderung von γ (Raumgewicht) und δ (Wandreibungswinkel) berücksichtigt. Besser ist aber, mit dem vollen hydrostatischen Druck zu rechnen und den Erddruck hinzuzufügen, den man aus der Formel $E_a = \frac{\gamma h^2}{2} \cdot \operatorname{tg}^2\left(\frac{\pi}{4} - \frac{\varrho}{2}\right)$ (Rankine) erhält, wenn γ um den

Auftrieb vermindert wird. Daneben ist der Wandreibungswinkel δ entsprechend zu verkleinern. Abb. 59 zeigt Ergebnisse von Versuchen, die von Geheimrat Hertwig und Prof. Petermann (Versuchsanstalt für Statik, Technische Hochschule Berlin) durchgeführt wurden, aus denen das Anwachsen des Erddruckes infolge des hydrostatischen Druckes des Porenwassers bei einem Berliner Sand klar hervorgeht. Der Reibungswinkel zwischen Erde und Wand (Stahl) hat hierbei bis auf 6 Grad abgenommen. Ein völlig gesättigter Sandboden ergibt etwa den doppelten Erddruck; wo Steigerungen beobachtet worden sind, die ein Vielfaches des ursprünglichen Druckes ausmachen, handelte es sich vermutlich um Tonböden, wobei die Erhöhung wahrscheinlich durch Quellen des Bodens verursacht wurde.

Zu 2. Erddruck unter Bauwerken. Die Frage der Erddruckverteilung unter Bauwerken ist nicht nur wichtig für die Berechnung von Setzungen u. dgl., sondern ausschlaggebend für Beurteilung der Standsicherheit überhaupt. Alle bisher aufgestellten Theorien über die Druckverteilung setzen entweder einen vollkommen elastischen Körper als Baugrund voraus (elastischer Halbraum) oder aber der Boden wird als gewichtslos betrachtet. Die Größe der in einem Baugrund unter einer zusätzlichen Auflast auftretenden Spannungen errechnet man am besten nach den Formeln von Boussinesq und Melan für Punkt- und Linienlast, für Streifenlast mit Hilfe der von Steinbrenner aufgestellten Kurven (s. Anhang, Beilage 6). Allerdings gelten diese Gleichungen nur für den als elastisch-isotropen Halbraum gedachten Boden, für verhältnismäßig geringe Auflasten können sie indessen wohl verwendet werden. Bei Überschreitung der Bruchspannung treten Gleitflächen im Untergrund auf. Die Frage nach der Form dieser Gleitflächen läßt sich bisher nur rein empirisch, durch Messungen in der Natur oder versuchsmäßig lösen. Versuche, die in der Degebo [64] durchgeführt wurden, haben ergeben, daß sich die Form der Gleitfläche unter einer Lastplatte mit hinreichender Genauigkeit durch eine logarithmische Spirale ausdrücken läßt. Die Belastungsversuche wurden hinter Glas ausgeführt, durch eine Zeitaufnahme konnte der Versuchsverlauf photographisch aufgenommen werden. Abb. 51 zeigt, wie sich Gleitfläche und logarithmische Spirale ähneln. Die Vorteile dieser Kurve werden noch besprochen [2, 3, 65] (s. S. 86).

3. Standsicherheit von Böschungen. Auch bei diesem Problem ist bereits lange bekannt, daß die Rutschungen nicht nach ebenen, sondern gekrümmten Gleitflächen erfolgen. Es gilt nur, eine mathematische Form für die Gleitflächen zu finden, die sowohl der wirklichen Gestalt der Rutschfläche nahekommt als auch rechnerisch leicht zu behandeln ist. Schon 1846 nimmt A. Collin [1] an, daß die Gleitflächen einer Zykloide ähnlich sind (Abb. 1). Später gingen Pettersson und Hultin (Fellenius) zu kreiszylindrisch gekrümmten Gleitflächen

über. Dabei wird angenommen, daß sich der abrutschende Boden als starre Kreisscheibe um einen Mittelpunkt dreht. Für diesen Punkt werden die Momentengleichungen für Eigengewicht, Auflast und Reibungskräfte am Kreisumfang aufgestellt und das Verhältnis der antreibenden zu den widerstehenden Momenten betrachtet. Maßgebend ist dabei jeweils der ungünstigste Kreis mit dem kleinsten Sicherheitsfaktor η.

In der Theorie des Eisenbahnoberbaues wurde erstmalig auf die logarithmische Spirale hingewiesen [2, 65]. Neuerdings zeigt Rendulic die Vorteile dieser Kurve auf [3]: alle Radiusvektoren gehen durch den asymptotischen Punkt der Kurve. Wählt man nun die Spirale $r = a \cdot e^{(\operatorname{tg} \varrho)\, \varphi}$ so, daß der Winkel ϱ dem Winkel der inneren Reibung des Bodens entspricht, so gehen im labilen Zustand alle Resultierenden aus Reibung und Normalkraft am Umfang durch den asymptotischen Punkt, erzeugen also kein Drehmoment. In die Momentengleichung gehen dann nur noch die Momente aus Eigengewicht und Auflast ein. Abb. 51 gibt für einen Baugrund mit $\delta = 30$ Grad die Konstanten der logarithmischen Spirale an, so daß die Berechnung mit dieser Kurve sehr schnell vor sich geht, sofern es sich um einen homogenen Baugrund handelt. Im anderen Falle bieten sich bei der Anwendung der logarithmischen Spirale große Schwierigkeiten, so daß es sich empfiehlt, jeweils von Fall zu Fall zu entscheiden, ob die kreiszylindrische Form der Gleitfläche oder die logarithmische Spirale für eine Näherungsberechnung vorteilhafter ist.

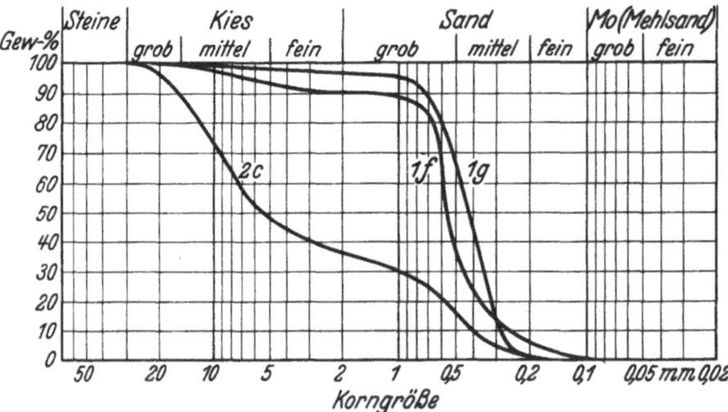

Abb. 60. Kornverteilungskurve dreier Sande.

g) Verdichtung von Erdschüttungen (Dämme, Baugelände usw.)[1].

α) Wegen der zwar vielfältigen, aber engen Beziehung zwischen einer Bodenart und der für sie zweckmäßigsten Verdichtungsart müssen diese Zusammenhänge hier ausführlicher besprochen werden. Bis jetzt hat sich durch wechselseitiges Auswerten von Versuchen, Feststellungen im Laboratorium und Beobachtungen größerer Arbeiten das Bild so weit geklärt, daß eine Reihe brauchbarer Hinweise möglich ist; fertige Rezepte sind nicht zu erwarten.

Es ist z. B. seit langem bekannt, daß man einen frisch geschütteten Damm um sein „Sackmaß" höher ausführen muß. Dabei war man auf Faustformeln angewiesen, wird jedoch im nachstehenden erkennen,

[1] Die angestellten Versuche werden hier nur auszugsweise wiedergegeben, ausführlichere Angaben enthält das Schrifttum [66, 67, 68, 69, 70, 71, 72].

daß dieses Maß durch die Verschiedenheit des Schüttbodens, seine Korngröße, Gleichförmigkeit, Verdichtungsfähigkeit usw. maßgebend bestimmt wird (Abb. 60 und 61).

Bei uns in Deutschland gaben besonders die Neubauten der Reichsautobahn, einiger Hochwasserschutz-, Kanal- und Staudämme sowie andere große Bauten den Anstoß zu eingehender Untersuchung und zum reichlichen Gebrauch künstlicher Verdichtungsmaßnahmen (Spülen, Stampfen, Rütteln, Walzen). Dabei zeigte sich sofort die Notwendigkeit eines genaueren Einblickes in die Zusammenhänge und der Nachprüfung der erreichbaren bzw. erreichten Verdichtung. Auch in USA. hat das Interesse hierfür in den letzten Jahren stark zugenommen. Die früher bestehende Meinung, man könne durch längeres Liegenlassen der Dämme in Wind und Wetter ebenfalls eine ausreichende Dichte der Lagerung erreichen, ist inzwischen fallen gelassen worden. Eisenbahndämme siehe auch unter V, 4b S. 123.

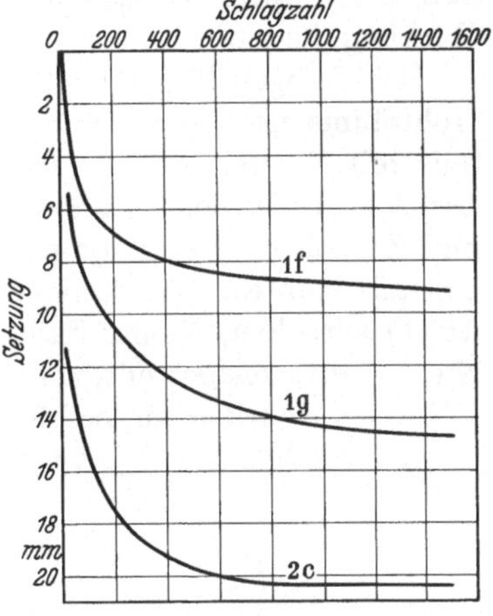

Abb. 61. Einrüttelung der Sande aus Abb. 60.

Auch für Baugelände, das nach unseren Erfahrungen innerhalb einer größeren Fläche fast nie gleichmäßig dicht gelagert ist, gewinnen bei Flachgründungen die Verdichtungsverfahren und damit auch die Vor- und Nachprüfung der Dichte der Lagerung stark an Bedeutung.

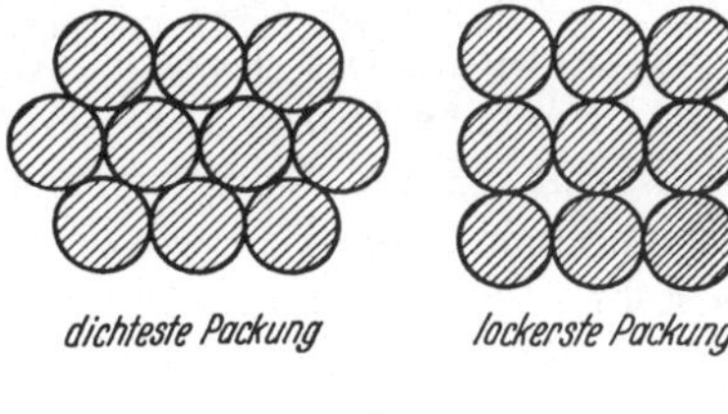

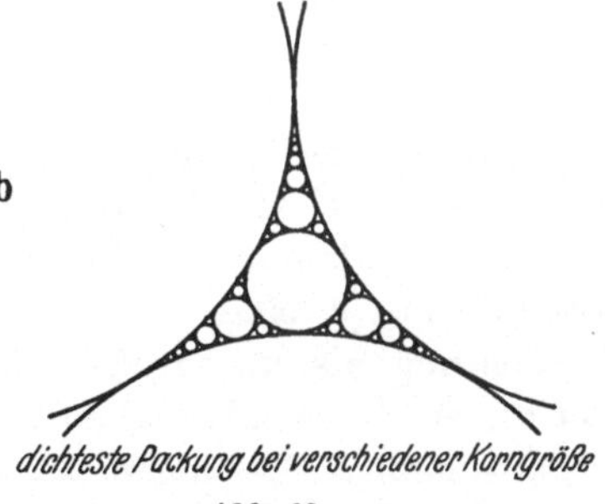

Abb. 62.

β) Der Vorgang bei der Bodenverdichtung ist unter anderem durch A. Hertwig in „Die Straße“ 1934, Heft 4 auf S. 106—108 besprochen [17]. Bei nichtbindigen Böden besteht ein besonders starker Unterschied zwischen der Verdichtung eines gleichförmigen (Abb. 62a) und der eines ungleichförmigen Sandes. Während es bei dem gleichförmigen Sand darum geht, durch Stöße die einzelnen Körner, die auf der Abbildung als Kugeln dargestellt sind, durch Zusammenbruch der anfänglich lockeren Lagerung in eine möglichst dichte Packung zu bringen, kommt es bei dem ungleichförmigen Sand außerdem darauf an, die feineren Teile in die Hohlräume der nächstgröberen Körner hineinlaufen zu lassen (Abb. 62b). Hierin mag der Grund liegen, daß die nassen Verfahren bei gemischtkörnigen Böden eine bessere Wirkung haben.

Bei bindigen Böden liegt der Fall noch schwieriger, denn dort sind die Hohlräume nach der Schüttung ganz mit Wasser oder teils mit Luft, teils mit Wasser gefüllt. Um Porenwasser auszupressen, braucht man Druck und viel Zeit, während das Ausfüllen der luftgefüllten Hohlräume und Zerdrücken der Klumpen durch Stoß, Schlag oder Walzen möglich ist, falls man die Lagen nicht zu hoch schüttet. Besondere Bodenarten wie Felsbrocken, Asche, Bauschutt sollen hier nicht besprochen werden. Nur sei dies festgestellt, daß der Versuch, die Böden in der Praxis in 4 Klassen deutlich zu beschreiben, mißlungen ist.

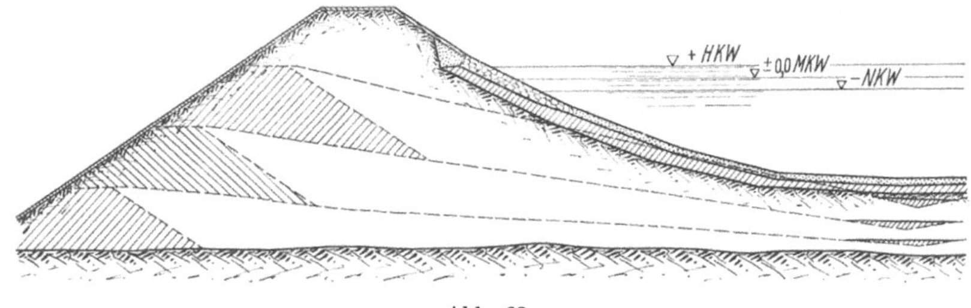

Abb. 63.

γ) Fragen und Forderungen der Praxis. Es werden verlangt:

1. Feststellung der Dichte der Lagerung und ihrer Gleichmäßigkeit. Diese Voruntersuchung ist selbst erforderlich, wenn dem Augenschein nach das ganze Baugelände z. B. aus „demselben Sand" besteht. Bei Seitenentnahmen für Schüttungen ist es außerdem wichtig, die Kornverteilung und Einrüttelungsfähigkeit des Schüttbodens schon vor der Verwendung zu untersuchen. Die Durchführung solcher Untersuchungen wird noch kurz erläutert werden.

2. Klare und möglichst einfache Vorschriften für die geforderte Verdichtung der Böden. Wieweit man im Hinblick auf Verkehrssteigerung durch Lasterhöhung und Fahrgeschwindigkeit über die an alten Straßendämmen festgestellte Dichte hinausgehen muß, läßt sich vorläufig nur schätzen. Da es jedoch weniger um das Höchstmaß der Verdichtung als um große Gleichmäßigkeit geht, sind wir praktisch von dieser Frage nicht allzu abhängig. Für Straßen und Bauten sind ungleichmäßige Setzungen weit gefährlicher als gleichmäßige.

3. Nützliche Winkel für die Wahl der für eine bestimmte Bodenart geeigneten Verfahren und Verdichtungsgeräte und möglichst auch über deren Wirtschaftlichkeit und Leistung im Betrieb.

Verfahren für die Prüfung der Lagerungsdichte. Die Nachprüfung der vorhandenen oder erreichten Verdichtung muß immer so erfolgen, daß man die Wirkung nach den Seiten und nach der Tiefe hin mit erfaßt.

Sie kann geschehen durch Feststellung des Porengehaltes möglichst ungestört ausgestochener Proben aus verschiedener Tiefe zweckmäßig verteilter Schürflöcher. Das Verfahren ist näher beschrieben auf S. 33 und S. 50. Die erforderlichen Geräte sind in Abb. 34 dargestellt.

Abb. 64a. Stampf- oder Rammplatte.

Ein anderes Vorgehen ist die Höhenmessung der Oberfläche vor und nach der Verdichtung. Man bekommt durch diese einfache und übersichtliche Art der Messung brauchbare Mittelwerte.

Auch die dynamische Bodenuntersuchung, bei der die Ausbreitungsgeschwindigkeit elastischer Wellen gemessen wird, gibt gute Mittelwerte und eignet sich vor allem für größere Flächen, Straßendämme usw. (s. auch S. 61f.).

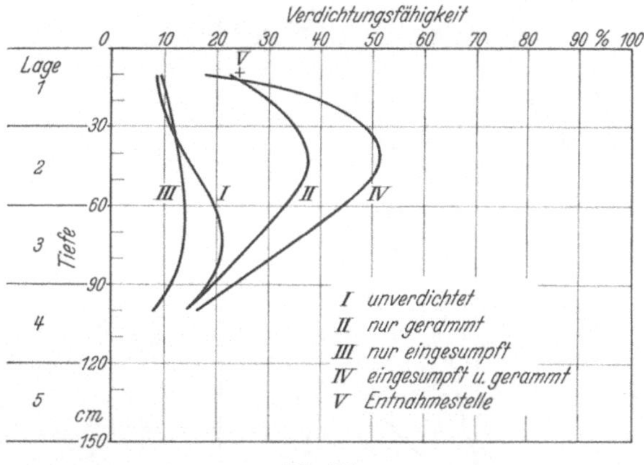

Abb. 64b.

Schließlich sind noch auf manchen Baustellen Geräte im Gebrauch, die durch Eindrücken von Stempeln, Stäben usw. eine Schnellprüfung ermöglichen sollen. So erwünscht eine solche wäre, kann man meist damit nur den örtlichen Eindringungswiderstand an der Oberfläche feststellen.

Verdichtungsverfahren und -geräte.

1. Einsumpfen. Die Oberfläche der Schüttung wird in Beete geteilt und Wasser aufgepumpt. Durch Bildung einer Filterhaut bleibt oft die spülende Wirkung im Boden aus. Trotzdem wirkt die Durchfeuchtung, zusammen mit dem nachstehend (3.) beschriebenen Rammen, günstig.

Abb. 65. Delmag-Frosch.

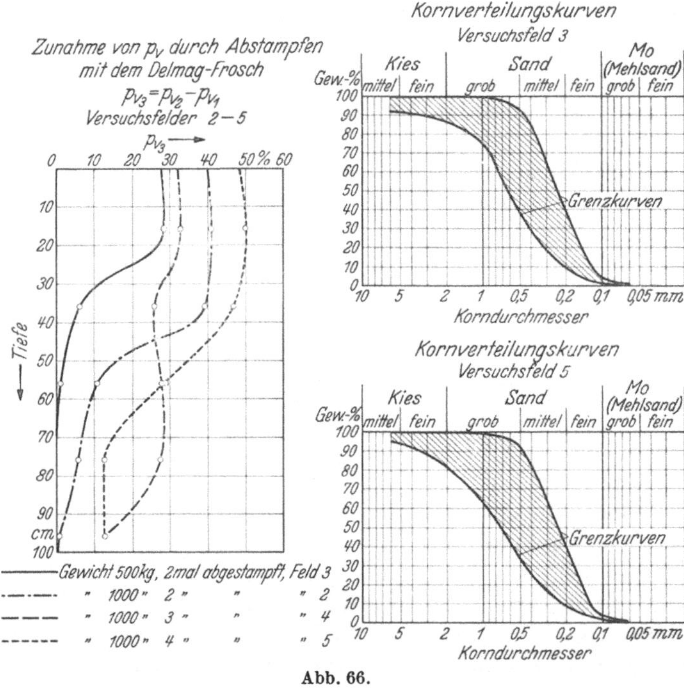

Abb. 66.

2. Spülen. Die ausgekippten Bodenmassen werden durch starken Wasserstrahl (1—1½ m³ Wasser auf 1 m³ Boden) aus Schläuchen,

Rohrleitungen oder Tankwagen eingespült. Diese künstliche Sedimentation erzeugt keine sehr dichte Lagerung, während das Spülen gleichzeitig gröbere und feinere Stoffe voneinander scheidet und an verschiedenen Stellen ablagert. Für einen Schiffahrtskanal z. B. (Abb. 63) und im Wasserbau ist deshalb dieses Verfahren meist geeigneter als z. B. im Straßenbau.

3. Stampfen mit der Rammplatte (Abb. 64a). Am meisten gebraucht wurden Platten von etwa 2 t Gewicht und quadratischer Grundfläche mit 70—80 cm Kantenlänge. Die Ergebnisse der ersten Versuche auf Sandboden sind in Abb. 64b dargestellt.

4. Der Delmag-Frosch, eine Explosionsramme nach Abb. 65, früher von 500 kg, jetzt von 1000 kg Gewicht, das noch etwa verdoppelt werden soll, bewegt sich sprungweise vorwärts und stampft Streifen von etwa 70 cm Breite. Die Wirkung der beiden Gewichte von 500 und 1000 kg bei zwei- bis viermaligem Stampfen ist auf der Abb. 66 zu sehen. Hieraus geht hervor, daß ein viermaliges Stampfen keine nennenswerte Erhöhung der Verdichtung mehr ergibt, und daß überraschenderweise die Tiefenwirkung recht erheblich ist, wenn sie auch die der 2—3 t-Rammplatte nicht erreicht.

5. Schwingungsmaschine. Die Wirkung wird dadurch erreicht, daß die Maschine mit einer Frequenz, die der Eigenschwingungszahl des Systems „Maschine auf Boden“ nahekommt, arbeitet. Durch Resonanz wird die Reibung der Kornteilchen herabgesetzt und die Folge ist das Erreichen einer sehr dichten Lagerung der Schüttung. In einem untersuchten Fall lag die Eigenschwingungszahl bei einem Maschinengewicht von 24 t und einer Grundfläche der Eisenplatte von 7,5 m^2 bei 13—15 Hz.

Nach den bisher bei der dynamischen Bodenuntersuchung gewonnenen Ergebnissen sind die durch Resonanzwirkung erzielten Setzungen bei kohäsionsarmen Böden am größten. Auf Grund dieser Versuche muß angenommen werden, daß die Schwingungsmaschine auf Sand- und Kiesschüttungen die stärkste Wirkung ausübt. Bei bindigen Bodenarten kann eine Verdichtung durch die Stampfwirkung der Maschine erfolgen, die dann eintritt, wenn die Fliehkräfte größer werden als das Eigengewicht der Maschine.

6. Walzen. Selbstverständlich hat man auch versucht, Straßenwalzen, manchmal nach An- und Umbauten, zum Verdichten von Schüttungen zu verwenden. Erfolg hatte dies nur auf nicht zu locker geschüttetem, bindigem Boden, wo in der Hauptsache die Tonklumpen zerdrückt und die luftgefüllten Hohlräume ausgefüllt wurden [71], während auf lockerem Sand die Walze nicht einmal vorwärts kam. Auch schwach toniger Kiessand läßt sich durch Walzen sehr gut verdichten.

Aus dem Vorstehenden (1.—6.) sieht man, daß die meisten Ramm- und Stampfgeräte, Schwinger usw., die von der Geländeoberfläche her arbeiten, nur eine beschränkte Wirkungstiefe haben, weshalb lagenweises Schütten erforderlich ist. Wenn jedoch das Gelände bereits vorhanden ist oder früher aufgeschüttet wurde ohne gleichzeitiges Stampfen, hat man für schwere Bauten oder da, wo stärkere Erschütterungen erwartet werden, ein wirksameres Verfahren nötig. Ein Sand von etwa 40% Porengehalt mit $v = 160$—200 m/s (dynamisch gemessen) kann für Wohnhäuser ausreichen, für 40—60 m hohe Monumentalbauten oder Fabriken dagegen nicht. Zwei Verfahren zur Verdichtung von Sandböden auf größere Tiefe (7. und 8.), die bereits 1934 für die Reichsautobahnen in Entwicklung begriffen waren, konnten erstmalig in Nürnberg erprobt werden. Zur Verfügung stand ein gemischtkörniger Mittelsand, unter dem der Fels erst in 15 m Tiefe anstand:

Abb. 67. Schnitt durch den Kopf eines Bodenverdichtungspfahles.

7. Der Bodenverdichtungspfahl wird in der Weise hergestellt, daß durch ein Vortreibrohr — genau wie beim Frankipfahl — statt Beton nur die Zuschlagstoffe eingestampft werden, zunächst unter Mitnehmen des Rohres bis zur gewünschten Tiefe und dann unter langsamem Ziehen des Rohres. Dadurch wird in jeder durchfahrenen Schicht der Sand in der Umgebung des Rohres sehr stark eingerüttelt. Das Ergebnis war eine Verringerung des Porengehaltes von etwa 42 auf 35%. Auch durch dynamische Messung (Abb. 48) wurde eine Verdichtung festgestellt, die durch die Geschwindigkeiten von 165 m/s (für den gewachsenen Boden) bis auf 430 m/sec für den verdichteten Boden gekennzeichnet ist. Abb. 67 zeigt den oberen Teil eines solchen Kiespfahles nach der Ausgrabung.

8. Beim Rütteldruckverfahren der Firma Joh. Keller wird durch Bohrrohre oder Düsen Wasser mit 1—2 atü in den Boden gepreßt, steigt von unten auf, während gleichzeitig gerüttelt wird (Abb. 68). Auch hier ist die erreichte Verdichtung in allen Lagen sehr hoch, was — ebenso wie beim Bodenverdichtungspfahl Franki — an der Menge der nachgefüllten Schüttstoffe erkennbar ist. Die dynamische Messung ergab ähnliche Werte wie bei 7.

Der Praktiker wird fragen: Warum ist man mit dem sog. gewachsenen Boden auf einmal so ängstlich? Als Grund kann man angeben, daß früher die Bauten viel leichter waren und dennoch oft

Schäden durch Setzrisse, Wandern von Fundamenten usw. bekannt wurden. Allerdings soll man nicht verallgemeinern und sich durch die Untersuchung des Bodens auf Kornverteilung, Einrüttelungsfähigkeit und, beim letzten Verfahren auch auf Durchlässigkeit, vorher unterrichten. Die Wirtschaftlichkeit bleibt maßgebend und die Notwendigkeit der Verfahren läßt sich nur durch Untersuchung erkennen.

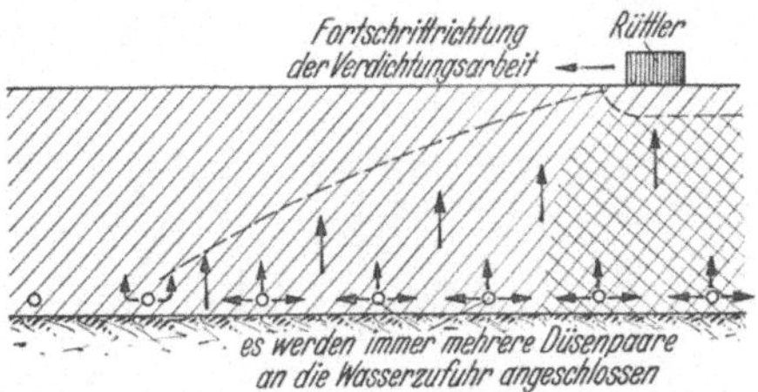

Aus den angedeuteten Groß- und Kleinversuchen ergaben sich folgende Aufschlüsse:

1. Das erforderliche Maß der Verdichtung läßt sich nicht genau vorausbestimmen. Wohl haben wir aus alten Eisenbahn- und Straßendämmen die dort im Laufe der Zeit unter dem Verkehr erreichte Verdichtung festgestellt. Ein Beispiel gibt Abb. 69 mit der dazu gehörigen Kornverteilungskurve (Abb. 70). Die Dichte des gewachsenen Bodens, die oft zwischen 20 und 35% der Verdichtungsfähigkeit liegt, reicht also nicht aus, während — sehr roh geschätzt — etwa 50% erreichbar sind und gefordert werden können, wobei es jedoch weniger auf das Höchstmaß als — vor allem bei Straßen — auf möglichste Gleichmäßigkeit ankommt.

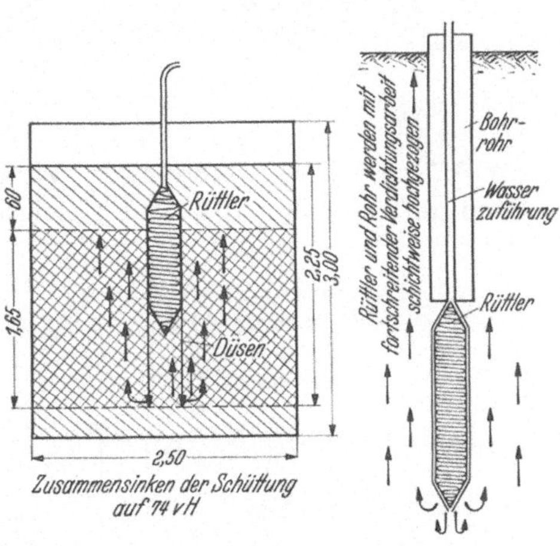

Abb. 68. Schema des Rütteldruckverfahrens.

2. Die Wirkungen der Geräte sind bei Sand- und Tonboden sehr verschieden und liegen auch noch bei Sand weit auseinander. Im allgemeinen hat der ungleichförmige Sand die größere Einrüttelungsfähigkeit (Abb. 60 und 61). Es ist deshalb ratsam, als Forderung nicht einen gewissen Porengehalt, sondern den Unterschied zwischen Baustellenschüttung und erreichter Verdichtung aufzustellen (Abb. 71 und 66).

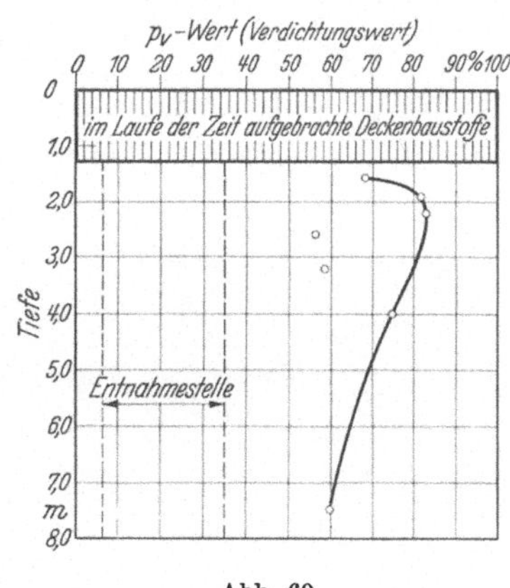

Abb. 69.

3. Die geeignete Schütthöhe ist für sandige Böden etwa 1,20 m bei Verwendung von Stampfplatten; für den Delmag-Frosch etwa 0,60

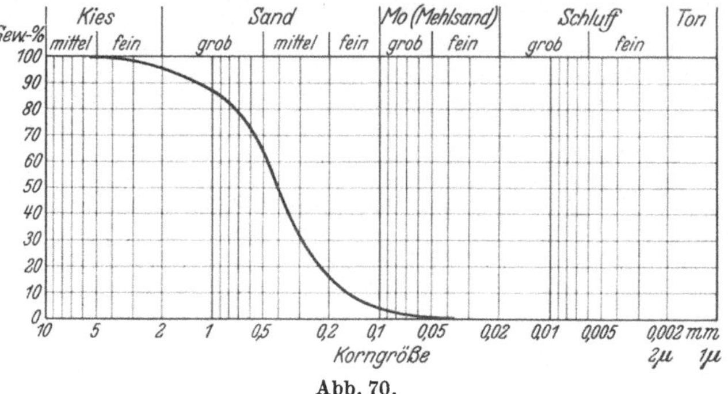

Abb. 70.

bis 0,70 m. Die zu fordernde Verdichtung ist für ungleichförmigen Sand auf etwa 50—70%, für gleichförmigen auf etwa 40—50% des p_v

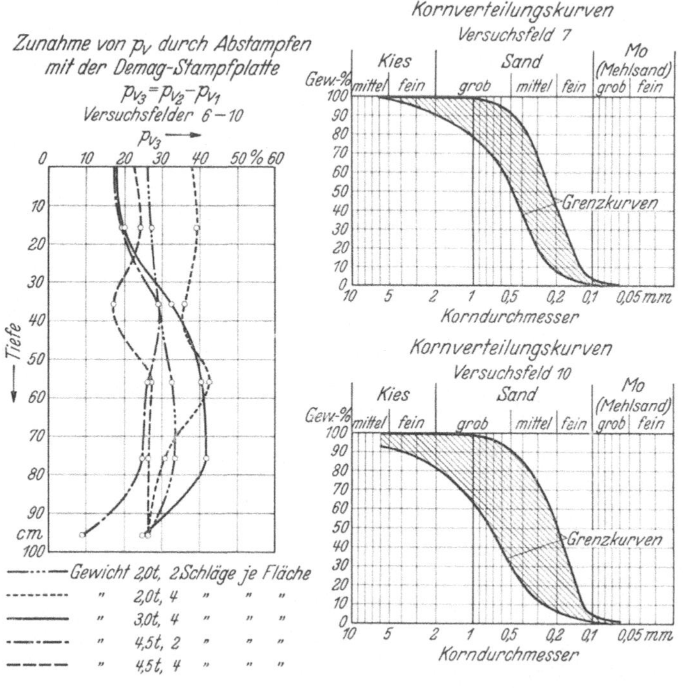

Abb. 71.

zu stellen. Geschüttete Dämme, auf die man eine Betonstraßendecke aufbringen will, prüft man zweckmäßig durch das dynamische Verfahren auf die Dichte der Lagerung und deren Gleichmäßigkeit.

Die Untersuchungen der Zusammenhänge werden fortgesetzt. Dennoch steht fest, daß eine vorherige Bodenuntersuchung gute Dienste leistet bei Auswahl des Schüttbodens und der für ihn geeigneten Verdichtungsgeräte, bei Aufstellung von Vorschriften für Vergebung und Arbeitsvorgang sowie bei der Nachprüfung der Wirkung der Verfahren.

h) Tunnel- und Stollenbau. Bei den hohen Kosten, die gerade der Tunnelbau und die Ausmauerung der Tunnels mit sich bringen, ist eine möglichst klare Beurteilung der Zusammenhänge unerläßlich. In erster Linie wird der Geologe über die Lage der zu durchfahrenden Schichten zu Rate gezogen werden. Die Ermittlung des Druckes auf Tunnelröhren hängt jedoch von den Festigkeitseigenschaften des überlagernden Gesteins ab, und die Aufnahme dieses Druckes durch das Gewölbe ist eine statische Angelegenheit. Man wird die zum Teil rohen Annahmen durch Vervollkommnung der Untersuchungsverfahren bodenphysikalischer Art verbessern können. Dies gilt besonders für die Strecken, die nicht im Fels, sondern in Sand, Ton oder in schwimmendem Gebirge liegen („Ingenieurgeologie" S. 365—407).

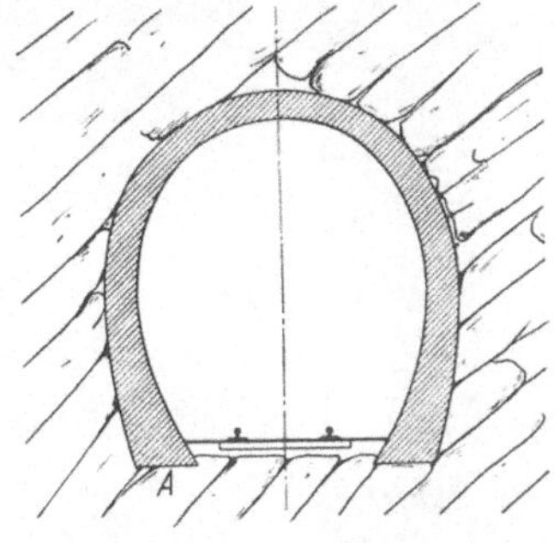

Abb. 72.

Wegen des großen Umfanges dieses Sondergebietes ist es nicht möglich, hier die Zusammenhänge ausführlich zu bringen. Außerdem müssen wir uns in der Baugrundforschung mehr mit den wenig tragfähigen Ablagerungen der oberen Schichten befassen, und schließlich sind eine Anzahl von Beispielen der letzten Zeit nicht zur Veröffentlichung geeignet. Dennoch ist ein Hinweis auf die enge Zusammenarbeit mit dem Geologen in diesen Fragen am Platze:

Beispiel. Für einen Tunnel wurde uns zunächst lediglich die Frage nach der zulässigen Bodenpressung bei A. gestellt (Abb. 72). Bohrungen waren nicht ausgeführt; der einzige Aufschluß war ein in der Nähe gelegener Steinbruch. Da aber die Landbevölkerung ihre Steine da bricht, wo sie gut sind, wurden die schlechteren Stellen des Talhanges nicht erkannt. Beim Vollausbruch des Tunnels fand man dann ein schnell wechselndes, buntes Bild von Verwerfungen, Harnischflächen, gänzlich zerdrücktem Gestein, Wasseradern, die betonaggressives Wasser führten, und Gleitflächen toniger Schiefer. Daraus ergaben sich große Schwierigkeiten beim Bau und die Notwendigkeit sehr schwerer Zimmerung und langsamen Vorgehens. Jeder Ausbruch bedeutet eine Störung des Gleichgewichtes und Anlaß zum Quellen des Gesteins, zieht Wasser nach dem Hohlraum hin u. dgl. m. Die Frage der Bodenpressung bei A. war schließlich, mit dem geologischen Gesamtbild verglichen, von einer ganz untergeordneten Bedeutung. Besonders bemerkenswert ist, daß bei ausreichender Vorerkundung eine Lage des Tunnels möglich gewesen wäre, die in gleichmäßigerem Gestein ein viel flotteres Arbeiten erlaubt hätte. In einem solchen Fall ist es falsch, wenn das Erdbaulaboratorium ohne Zuziehen eines in dem Gebiet bekannten Geologen eine Ortsbesichtigung und schlüssige Beratung unternimmt (bei Bauwerken wird allerdings oft der umgekehrte Fehler gemacht!).

Einsturzunglück Berliner S-Bahn. Die bisher über dieses folgenschwere Unglück zugänglichen Veröffentlichungen sind: [73, 74]. Aus den vorher erschienenen Berichten in den Tageszeitungen konnte sich der Fachmann kein gutes Bild machen.

Abb. 73. Senkungsschaden im Bergbaugebiet (O.S.).

Was uns im Rahmen dieses Buches interessiert, ist in der Hauptsache Hertwigs Urteil, daß „ungewöhnliche Kräfte und ungewöhnliche Wirkungen von außen den Einsturz nicht veranlaßt haben". Das schließt in sich, daß keine besonderen Schwierigkeiten des Baugrundes vorhanden waren. Die Strecke lag zum größten Teil in Grob- bis Mittelsand, teilweise auch in Feinsandschichten mit einem Porengehalt von 35—40%. Einige Erddruckversuche wurden nachträglich zur Klärung angestellt (s. unter anderem Abb. 59). Vorherige Untersuchungen dieser Art sind uns nicht bekanntgeworden; die bei Bahnbauten üblichen Probebohrungen waren durchgeführt.

Die Lehre aus dem Fall sei kurz wiedergegeben:

„Die Baugrubenaussteifung nach dem sog. Berliner System hat sich zwar jahrzehntelang bewährt, trotzdem wird man sagen dürfen, daß die Längs- und Querversteifungen nicht allen unvorhergesehenen Fällen Rechnung trugen. Daher sind jetzt auch Vorschriften ergangen, daß man in gewissen Abständen so viel Verbände einlegt, daß die Rammträger, die Steifen und die Längs-U-Eisen an einzelnen Stellen durch Verschwertungen vervollständigt und zu in sich standfesten, pfeilerartigen Teilen ausgebaut werden, die in der Lage sind, Einstürze, die an einzelnen Stellen einer Baugrube immer einmal möglich sind, zu begrenzen."

Keineswegs ist es die Absicht des Verfassers, dennoch auf Umwegen das Unglück zum Teil unzureichenden Baugrunduntersuchungen zuzuschieben, obwohl bereits in der ersten Auflage (1935) dieses Buches auf S. 72 unten in Zusammenhang mit einem Untergrundbahnbau ausdrücklich auf die Untersuchungen der Standsicherheit des Ganzen hingewiesen wurde. Es ist jedoch z. B. in unserem Institut üblich, bei gründlichen Voruntersuchungen für Bauten ähnlicher Art stets auch vorher die Frage nach den weiteren Zusammenhängen, dem gedachten Bauvorgang und der Aussteifung der Baugrube zu stellen, so daß zwangsläufig auch diese Dinge nochmals betrachtet werden. Dieses Vorgehen ist sicherlich zweckmäßig und bildet einen indirekten Nutzen der Baugrundbeurteilung, wenn auch solche Rückfragen zunächst manchmal für lästig oder überflüssig gehalten werden.

i) In der letzten Zeit wurde auch die Frage nach der Anwendungsmöglichkeit der bodenphysikalischen Untersuchungen auf die Klärung

Abb. 74. Münsterkirche Essen.

von **Bergbausenkungen** gestellt. Mit den Nachmessungen und der Berechnung der beeinflußten Gebiete der Zonen des Nachbruches und der zu erwartenden Gesamtsenkung haben sich seit Jahrzehnten die Markscheider in unseren Industriegebieten beschäftigt [75, 76]. Weitere Literaturangaben und einige Skizzen der Zusammenhänge gibt Terzaghi in der „Ingenieurgeologie“ S. 446—465. Nach dem an anderer Stelle Gesagten wird man herausfühlen, daß die Berechnung der Senkungsmulden z. B. keine rein geometrische Angelegenheit ist, sondern daß die Festigkeitseigenschaften der über den Hohlräumen lagernden Schichten und der Winkel der inneren Reibung sowie die Kohäsion die Ausdehung beeinflussen müssen [77, 78].

Auch die Eigenschaften des Versatzmaterials (Sand beim Spülversatz, Schwellen toniger Mergel usw.) sind für den Praktiker wichtig.

In Bergbaugebieten treten außerdem noch an Bauwerken verschiedener Art Setzungserscheinungen auf (Abb. 73), von denen man zunächst nicht weiß, ob sie auf Zusammendrückung des Bodens unter einer Last, Verkehrserschütterungen oder Bergschäden zurückzuführen sind. In diesen Fällen wird man versuchen müssen, durch Nachrechnung der verschiedenen Einflüsse, auf Grund eingehender bodenphysikalischer

Untersuchungen, den Anteil jeder einzelnen Wirkung an der beobachteten Erscheinung zu ermitteln. In Abb. 74 ist eine Kirche dargestellt, bei der offensichtlich die Senkung des schweren Mittelteiles lediglich durch das große Gewicht und nicht durch den Bergbau verursacht wurde, kenntlich an der klaren Symmetrie der Setzungserscheinungen. Auch wenn Tief- oder Ingenieurbauten in der Nähe abgebauter und unzureichend versetzter Gruben (Flöze) ausgeführt werden sollen, kommt es darauf an, ungefähr zu bestimmen, wie und wieweit sich die Einflüsse der Einsturzzonen auswirken werden. Die Eigenschaften des anstehenden Materials müssen also in erster Linie untersucht werden. Der Zusammenarbeit der an diesen Erscheinungen Beteiligten steht hier noch ein weites neues Arbeitsgebiet offen. Ein Einsatz unserer Versuchsverfahren bei Beurteilung der Bergbausenkungen muß sich noch entwickeln. Schon jetzt aber zeigt die Setzungsanalyse, welche Fälle oder welcher Anteil davon **nicht** auf Bergbausenkungen zurückgeht. Auch die Bedeutung der Senkungsgebiete für die Linienführung der Straßen wurde erkannt (Abb. 75a u. b). Aus diesem Grunde soll eine Bergbaustraßenkommission zusammentreten, in der die Erfahrungen aus dem Bergbau, Straßenbau und der Baugrunduntersuchung nutzbar verwertet werden.

a

b

Abb. 75a und b. Bergbausenkung von Straßen.

Bei der Tagung der D.G.F.B. in Düsseldorf vom 21. bis 24. Mai 1937 wurde im Anschluß an einen Vortrag von Dr.-Ing. Carp über „Die Bodensenkung im Bergbaugebiet“ beschlossen, diese Frage durch einen besonderen Ausschuß weitgehend zu klären.

2. Wasser- und Hafenbau.

a) Staudämme. Die wichtige Frage: „Staumauer oder Staudamm?“ wird bereits maßgeblich durch die Gelände- und Untergrundverhältnisse beeinflußt. Weiter sind für Entwurf und Bauausführung von Bedeutung: Die Beschaffenheit der Schüttstoffe für Böschungsneigung und Durchlässigkeit, die Anordnung der Dichtung und Auswahl dafür geeigneten Bodens, die Art des Lösens und Verdichtens der Schüttmassen u. dgl. m. In letzter Zeit wurden bei einigen Staudämmen Baustellenlaboratorien für laufende Nachprüfung von Schüttgut und Einbringen eingerichtet.

Beispiel. Ein Erddamm von großer Höhe soll auf durchlässigem Boden geschüttet werden. Darunter liegt tertiärer Ton von großer Mächtigkeit.

Durch den Untergrund werden folgende Fragen beeinflußt:

α) Ist Kern- oder Außendichtung besser?

β) Ist die Dichtung bis auf den undurchlässigen Untergrund zu verlängern?

Zu α) Lassen die Versuche auf eine voraussichtliche Zusammendrückung der Tonschicht, also Setzung des Dammes, schließen, so ist ein Betonkern nur mit Bewegungsfugen möglich. Besser wäre dann ein Kern aus plastischem Material. Auf den Kornaufbau des Schüttgutes zum Kern hin ist wegen der Gefahr des Ausspülens zu achten.

Eine Außendichtung erfordert gute Verdichtung der Dammschüttung, damit die Dichtung durch ungleiche Setzungen nicht reißt. Die Rutschgefahr des ganzen Dammes und der Dichtung muß geprüft werden [145].

Zu β) Wenn die undurchlässige Schicht (z. B. Ton) in geringer Tiefe liegt, kann man den Tonkern herabführen oder eine Spundwand rammen. Auf die Anschlußstellen von Spundwand und Tonkern ist besonders zu achten. Einbettung in plastischen Ton ist hier ratsam.

Ist ein dichter Anschluß an die im Untergrund befindliche Tonschicht nicht möglich, so ist das Untergrundmaterial auf Durchlässigkeit zu untersuchen, um Schäden durch Erosion zu verhüten oder aber die Sickerverluste auf dem Umweg durch den Untergrund in erträglichen Grenzen zu halten. Um dies zu erreichen, ist ebenfalls wieder eine Spundwand (dann gilt das oben bereits Gesagte) oder ein Teppich vor dem Staudamm anzuordnen oder aber es muß durch Injektionen im Untergrund eine dichte Schürze geschaffen werden (s. S. 170).

Man sieht aus diesen Andeutungen schon, wie durch eingehende und sorgfältige Untersuchung des Bodens auf Kornverteilung, Durchlässigkeit, Zusammendrückbarkeit, Verdichtungsfähigkeit und Scherfestigkeit ein gewissenhafterer Entwurf möglich ist.

Für geschüttete Staudämme wurde die wirtschaftlichste Schlagzahl der 2 t schweren Rammplatte durch Nachprüfung der erreichten Verdichtung festgestellt. Es ergab sich in einem Fall (Turawa) die größte und tiefste Wirkung bei 6 Rammschlägen auf derselben Stelle, bei 8 Schlägen jedoch nur noch eine größere oberflächliche Verdichtung.

Die geeignete Bodenart für einzuwalzende Dichtungslagen muß ebenfalls durch Untersuchungen ermittelt werden. Zu fette Tone kleben an den Walzen und neigen zum Rutschen. Dagegen sind sandige Tone, z. B. Geschiebemergel, durch ihren Kornaufbau sehr dicht und lassen sich besser bearbeiten.

Bei Staumauern, vor allem bei Gewölbetalsperren großer Höhe, ist, besonders bei felsigem Gestein, die Nachprüfung der Durchlässigkeit infolge von Spalten, Klüften und Zwischenlagerungen sowie der Druckfestigkeit des Gesteines in der Nähe der Kämpfer-Auflager unerläßliche Vorbedingung.

Abb. 76. Einbau einer Tondichtung.

b) Kanäle. Bei Aushub großer Massen im Einschnitt, bei Strecken im Auftrag sowie beim Einbau zuverlässiger Sohlen- und Seitenabdichtungen nehmen die bodenkundlichen Vorarbeiten einen großen Raum ein. (Terzaghi beschreibt in der „Wasserwirtschaft“ 1930, Nr. 18 bis 19 [79] Versuche und Vorarbeiten in Rußland.) Infolgedessen werden Durchlässigkeitsversuche und Reibungsversuche, neben den verschiedenen Kennziffern zur Einordnung der Böden, ein wertvolles Hilfsmittel sein. Böschungsrutschungen in Kanaleinschnitten setzen riesige Massen in Bewegung (Abb. 1), die meist gänzlich abgetragen werden müssen, da bauliche Maßnahmen nichts helfen. Man hat immer wieder versucht, solche Rutschungen durch Pfähle aufzuhalten, die aber glatt umgeknickt wurden. Neuerdings sind Versuche gemacht worden, Rutschungen durch Injektionen aufzuhalten. Im Ausland haben Spezialfirmen diese Verfahren bereits weit entwickelt, während in Deutschland die ersten größeren Anwendungen bei Wenden-Bechtsbüttel stattfanden. Einige Daten siehe V, B 4 S. 171). Jedenfalls scheinen diese Verfahren für Verfestigung von Tonböden, Tonmergeln u. a. im Erdbau eine Zukunft zu haben. Es wäre wünschenswert, wenn durch gelegentliche Anwendung weitere Erfahrungen gesammelt würden.

Die Nachprüfung des Tones für Kanaldichtungen (Abb. 76) ist verhältnismäßig einfach. Dennoch erfordert die Auswahl des geeigneten Dichtungsstoffes eine gründliche Untersuchung, besonders auf Durchlässigkeit, Plastizität, Winkel der inneren Reibung (Rutschung),

Bearbeitungsmöglichkeit (Kleben), Wasseraufnahme, Schwellfähigkeit und Zerfall.

c) Wasserhaltungen, Beseitigung des Grundwassers, Grundwasserabsenkungsanlagen werden bei den verschiedenartigsten Bauten benötigt. Für die Leistung der Brunnen, Bemessung der Pumpen und überhaupt schon die Wahl der Wasserhaltung ist neben der Schichtung im Boden die Durchlässigkeit der einzelnen Lagen wichtig [80]. Große Unzuträglichkeiten können sich sowohl durch zu großen Andrang (z. B. in Grobkies) ergeben, wie auch durch zu geringe Durchlässigkeit (sehr feiner Sand). Im ersten Fall reichen die zunächst aufgestellten Pumpen nicht aus, im zweiten wird wegen sehr geringer Durchlässigkeit nach kurzer Pumpdauer die Wassersäule abreißen. Auch nach dem Augenschein läßt sich das schlecht beurteilen, da z. B. ein sehr ungleichförmiger, sandiger Kies, der sehr wasserdurchlässig ist, durch eine Beimischung von 2—3% $<$ 0,02 mm ziemlich undurchlässig wird. Es liegt auf der Hand, daß Durchlässigkeitsversuche bessere Grundlagen liefern müssen als Formeln, die mit den einzelnen Eigenschaften der vorhandenen Bodenart nicht im vollen Zusammenhang stehen.

d) Kaimauern und andere Hafenbauten. Selbstverständlich hat man Kaimauern berechnet, und zwar unter Zugrundelegung von Reibungs- und Böschungswinkeln, die man ohne genauere Bestimmung der Bodenart wählte.

In manchen Handbüchern und in den technischen Erläuterungen von Katalogen, die solche Rechnungsbeiwerte angeben, werden die folgenden Bezeichnungen meist nicht deutlich genug unterschieden:

1. Natürlicher Böschungswinkel ϱ.
2. Winkel der inneren Reibung φ.
3. Gleitwinkel ϑ.

Zu 1. Die Angabe des Böschungswinkels ϱ hat nur einen Sinn bei vollkommen kohäsionslosen (trockenen) Bodenarten, weil bei bindigen Böden der Böschungswinkel durch Kohäsion und Wassergehalt mitbestimmt wird. Man kann denselben bindigen Böden das eine Mal bis zu gewisser Höhe senkrecht abstechen, ohne daß er einfällt, das andere Mal, nach Übersättigung, aber sehr flach ausfließen lassen.

Zu 2. Der Winkel der inneren Reibung φ, der aus dem Scherversuch (s. S. 43) ermittelt wird, ist ein Maß für den Widerstand, den die Bodenteilchen dem gegenseitigen Verschieben bieten. Dieser aus den Versuchen einigermaßen genau zu ermittelnde Wert wird in die Formeln für Erddruck usw. eingesetzt. Durch seine Verwechslung mit ϱ lassen sich die falschen, meist zu hohen Beiwerte in Handbüchern erklären. (Für Tonboden bis zu 50°, für Lehm bis zu 45°.)

Nur bei ganz kohäsionslosen Böden ist $\varphi \cong \varrho$.

Zu 3. Der Gleitwinkel ϑ ist der Winkel, den die Gleitfläche gegen die Horizontale bildet. Für die ungünstigste dieser Gleitflächen kann ϑ

nach den bekannten Erddrucktheorien mit Hilfe des Winkels φ errechnet werden. Auf die Unterschiede zwischen ϱ und φ hat schon vor 45 Jahren Boussinesq aufmerksam gemacht: Der Winkel der inneren Reibung ergibt sich beim Übergang des Materials vom Ruhezustand in die Bewegung, während sich der Böschungswinkel beim Übergang von der Bewegung zur Ruhe einstellt.

Aus der Reihe der Unfälle seien nur zwei herausgegriffen.

1. Verschiebung von Kaimauern in Niederländisch-Indischen Häfen [81, 82, 83].

2. Abrutschen der Kaimauer in Göteborg (Abb. 83).

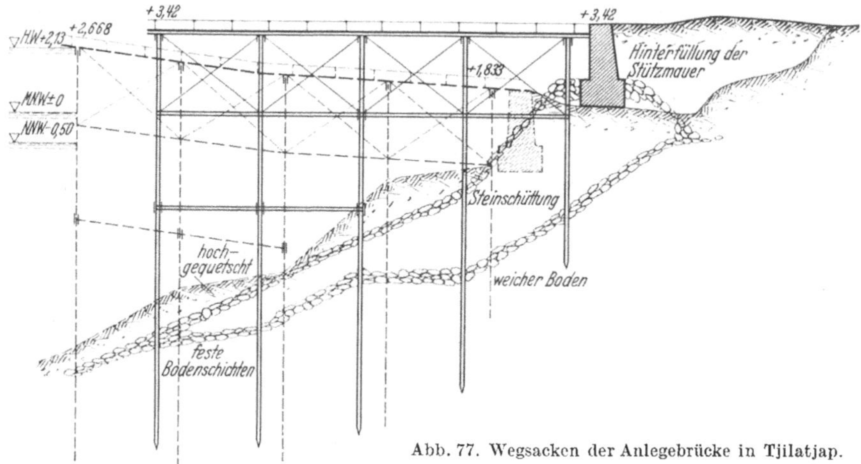

Abb. 77. Wegsacken der Anlegebrücke in Tjilatjap.

Es scheint mir aufschlußreich, die bei uns wohl weniger bekannten ungünstigen Erfahrungen mit einigen Kaimauern in Niederländisch-Indien vom Standpunkt der Baugrundforschung aus kurz zu besprechen. Man wird daraus sehen, daß solche Überraschungen nicht mehr oder wenigstens nicht in mehreren Fällen hintereinander vorzukommen brauchen, wenn man sich über die Bodenverhältnisse und -zusammenhänge rechtzeitig Klarheit verschafft [81].

In der Zeit großen Aufschwunges der niederländisch-indischen Schiffahrt nach dem Kriege wurden in den Häfen von Java und Celebes viele neue Kaimauern auf den früher auch in Holland (Rotterdam) angewandten Eisenbetoncaissons ausgeführt. Bezeichnend ist, daß Ingenieur Wouter Cool etwa 4 Fälle von Verschiebungen ähnlicher Art nennt, die alle auf zu geringe Standsicherheit schließen lassen (entweder während des Bauvorganges oder beim fertigen Bauwerk), obwohl in der Beurteilung der Bodenverhältnisse und -eigenschaften eine beträchtliche Unsicherheit lag.

Auf alle Gründungsfragen trifft seine Vorbemerkung zu, „daß es schade sei, daß man in den technischen Zeitschriften meist nur die Beschreibung geglückter Arbeiten antreffe und nur äußerst selten das erläutert werde, was mißglückt sei oder Anlaß zu großen Sorgen gegeben habe“.

e) Beispiele für Unfälle an Kaimauern. 1. Beispiel. Im Hafen von Tjilatjap (Südküste Javas) versackte eine Anlegebrücke auf eisernen Schraubepfählen (Abb. 77) unter gleichzeitigem Verschieben nach der Wasserseite zu, als man eine schwere Steinschüttung zur Sicherung der Böschung aufbrachte. Durch spätere Bohrungen wurde festgestellt, daß der Boden an der Vorderseite verhältnismäßig fest, dahinter am Ufer aber durch etwa 50% Schlick stark verunreinigt war. Dadurch war er so plastisch, daß er das Mehrgewicht nicht tragen konnte.

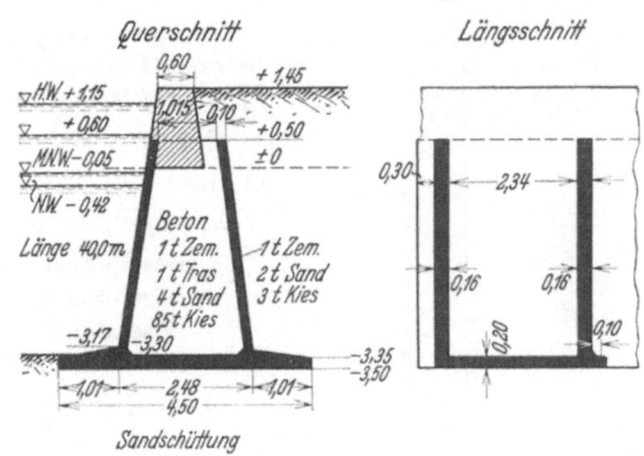

Abb. 78. Caissonmauer im Prauwenhafen Semarang.

Ein ähnlicher Fall wird vom Assahanfluß genannt [81, S. 124].

2. Beispiel. Prauwenhafen, Semarang. Für wenig tiefgehende Leichter wurde eine Ufermauer aus Eisenbetoncaissons hergestellt. Bei der Hinterfüllung mit Sand wurden diese Caissons um etwa 1,10 m verschoben, während das dahinter gelegene Gelände bis auf 22 m Abstand um 1,50 m sackte. Der Boden des Hafenbeckens hob sich um etwa dasselbe Maß. In diesem Fall hatte man mit den Caissons und der darunter liegenden Sandschüttung (Grondverbetering) die feste Lage nicht erreicht, so daß durch die Gleichgewichtsstörung die weicheren Bodenschichten unter der Mauer hindurchgequetscht wurden (Abb. 78, Verbesserung nach Abb. 79).

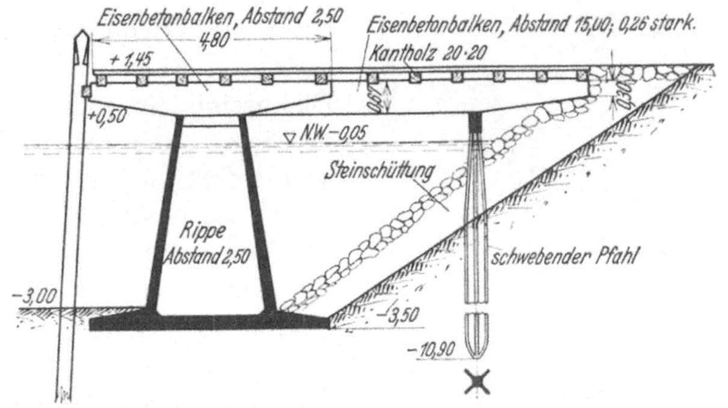

Abb. 79. Entwurf für den verbesserten Prauwenkai in Semarang.

Vorversuche. Um bei den Berechnungen die richtigen Reibungsbeiwerte, Raumgewichte usw. einzusetzen, wurden damals bereits einige

Versuche gemacht, z.B. indem eine Betonplatte von 1 m² mit verschiedener Auflast über die Bodenfläche hinweggezogen wurde.

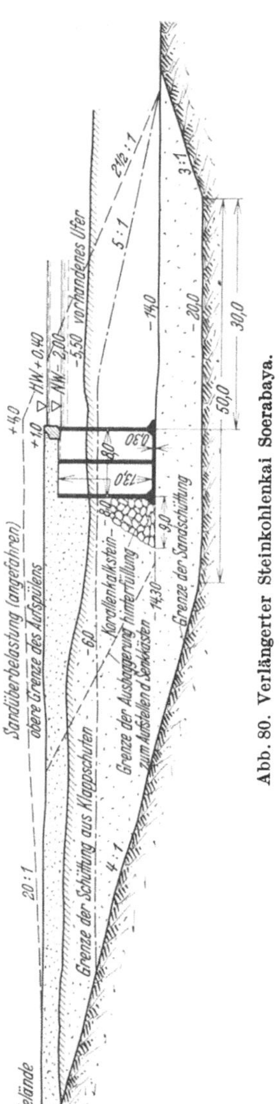

Abb. 80. Verlängerter Steinkohlenkai Soerabaya.

Man fand dabei 1916 zu Semarang für

	Reibungsbeiwert	Reibungswinkel
Beton auf wassergesättigtem Seesand	0,68	34° 19′
Beton auf Seesand unter Wasser . .	0,74	36° 40′
Beton auf fettem blauen Ton	0,35	19° 27′

Nach weiteren Versuchen, auch über den Winkel der inneren Reibung[1], wurde den Berechnungen u. a. zugrunde gelegt:

Böschungswinkel, Sand, trocken . .	30°
Böschungswinkel, Sand, naß	20°
Böschungswinkel unter Wasser . . .	20°
Reibungswinkel Beton auf Sand . .	30°

3. Beispiel. Verschiebung von 3 Caissons des Steinkohlenkais in Soerabaya. Ein schematischer Querschnitt dieses Kais ist in Abb. 80 wiedergegeben. Als man dabei war, die Sandhinterfüllung bis auf volle Höhe aufzuspülen, verschoben sich drei der je 40 m langen Caissons um etwa 20 m nach außen und sackten gleichzeitig etwa 50 cm tiefer (Abb. 81). Über die Wiederherstellung wurde ausführlich berichtet, während sich über die Ursachen eine Diskussion entwickelte, die in den angeführten Artikeln zu finden ist. Wichtig ist hieraus, daß sofort zugegeben wurde, man habe den Unfall vermeiden können, wenn man rechtzeitig Probebohrungen in der Sandanfüllung unter der Kaimauer ausgeführt hätte. Spätere Bohrungen ergaben nach Abb. 82 eine Schlicklage von etwa 1 m Mächtigkeit, die nur 2 m unter dem Fuß des Caissons lag. Da die Mauer bei Annahme der Reibungswinkel für Sand mit einem Sicherheitsgrad von nur 1,2 berechnet war, wird bereits hierdurch das Verschieben hinreichend erklärt. Zu der schlechten Unterlage und dem Absetzen der Caissons auf die Hafensohle, ohne jeden passiven Erddruck von der Wasserseite her, kam dann noch das Überschätzen der Steinschüttung hinter der Mauer, die nicht einmal als Filter wirkt, da sich die Hohlräume voll Sand spülen und sie außerdem den vollen Erddruck und den vollen Wasserdruck gegen die Rückwand

[1] Wie diese Feststellung geschah, wird nicht mitgeteilt.

der Mauer überträgt. Hinzu kam dann noch das Aufspülen der Hinterfüllung, das eine Mehrbelastung und Herabsetzung des Reibungswinkels im Sand bedeutet.

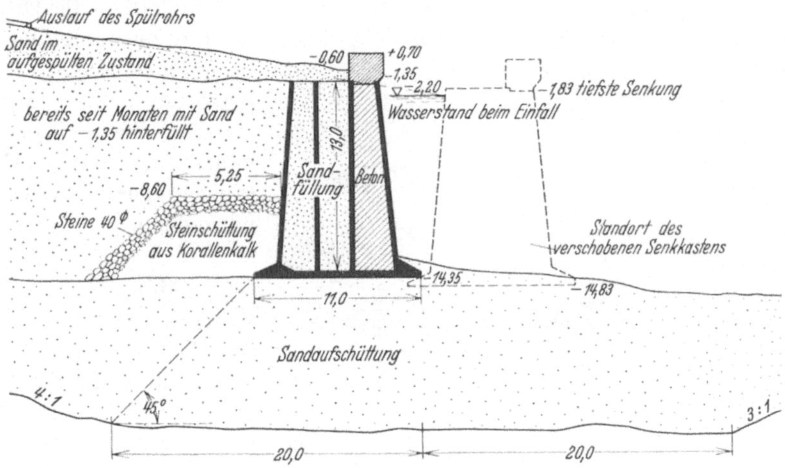

Abb. 81. Verschiebung des Steinkohlenkais Soerabaya.

Die Beispiele sind es wert, ausführlicher beschrieben zu werden, zumal sich in den seitdem verflossenen 16 Jahren neue Einsichten ergaben. Bei wenig geklärten Untergrundverhältnissen und sehr roh geschätzten Reibungswinkeln, Raumgewichten usw. und einer gewissen Unklarheit über die volle Wirkung des Auftriebes ist ein Sicherheitskoeffizient von 1,2 viel zu gering.

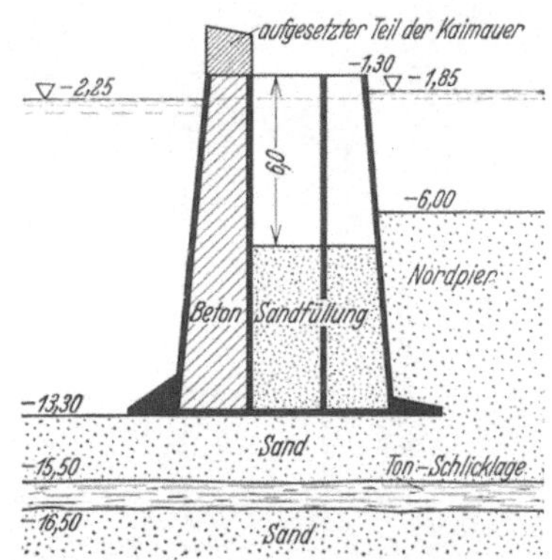

Abb. 82. Steinkohlenkai in Soerabaya. Zustand kurz vor der Verschiebung.

Abgesehen von den großen Kosten der Wiederherstellung (Entleeren der Eisenbetoncaissons unter Ausstemmen des Füllbetons, Abbaggern der Sohle und Aufs-neue-Wiedereinschwimmen usw.) ergab sich als indirekte Folge eine große Unsicherheit bei allen späteren Bauten in indischen Häfen, da überall ähnliche Caissonkaimauern ausgeführt waren. Man befürchtete infolge der geringen Kenntnis der Zusammenhänge bei Pfahlrammungen im Hafengelände, bei denen Pfähle durch die Sandlagen hindurch eingespült werden mußten, es könne durch das eingepreßte Wasser Ähnliches eintreten wie in Soerabaya und forderte von den Baufirmen entweder das gänzliche Unterlassen des Einspülens von Pfählen oder sehr teure Vorsichtsmaßnahmen, z. B.

Sandschüttungen an der Wasserseite, die in einem Fall allein 30000 hfl. kosteten. Auch hier wird die bodenphysikalische Untersuchung richtigere Berechnungswerte liefern können.

Besonders anzuerkennen ist bei den beschriebenen Fällen die Offenherzigkeit, mit der der verantwortliche Ingenieur die Zusammenhänge besprochen und die gemachten Fehler unterstrichen hat. Nur so kann man neue Enttäuschungen wirksam vermeiden.

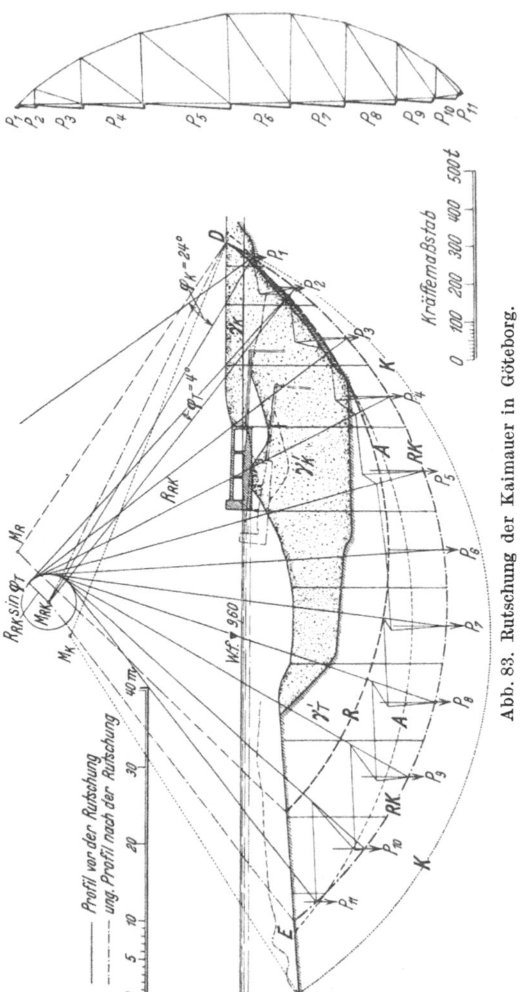

Abb. 83. Rutschung der Kaimauer in Göteborg.

Im Falle Göteborg [34] (Abb. 83) war die Kaimauer einschließlich des Pfahlrostes, auf dem sie stand, im großen und ganzen richtig entworfen und berechnet, die umgebenden Massen als Ganzes jedoch nach dem Bau nicht mehr im Gleichgewicht. Die Rutschung längs einer ungefähr kreiszylindrischen Gleitfläche, wie sie sich aus den Aufmessungen nach dem Unfall feststellen ließ, ging unter der Spundwand bzw. den Pfahlspitzen hindurch. Man sieht daraus, daß man bei solchen Bauten nicht nur das Bauwerk an sich, sondern auch den umgebenden Boden auf seine Standsicherheit untersuchen muß. (Derartige Untersuchungen wurden durch die Degebo wiederholt durchgeführt.) Dasselbe gilt für große Baugruben von Schleusen und Trockendocks, in denen ebenfalls die Möglichkeit von Baugrubenrutschungen längs gekrümmten Gleitflächen besteht [58]. Abgesehen von der Rutschgefahr, die durch die geringe Reibung toniger Böden bestimmt ist, wird in der Baugrube auch Triebsand (oder

„Schwimmsand", „Fließsand", „Treibsand") gefährlich (s. S. 9). Man kann an Modellen nachweisen, daß jeder feine Sand durch bestimmte Grundwasserunterschiede zum Fließsand werden kann. Auch diese Gefahr wird manchmal übertrieben, indem man den feinen Sand, der in der Baugrube ausfließt, auch da für nicht tragfähig hält, wo er zwischen anderen Schichten des Bodens eingeschlossen bleibt (s. S. 8).

f) Spundwände und Ankerspundwände. Der übliche Gang der Berechnung einer Spundwand ist kurz folgender:

1. Nach Ermittlung der Belastungsflächen aus Erddruck, Erdwiderstand und gegebenenfalls Wasserüberdruck werden aus diesen Belastungen das größte Biegungsmoment, die Rammtiefe und der Verlauf der Biegungslinie ermittelt.
2. Auf Grund dieser Beanspruchungen wird die Spundwand bemessen.
3. Bei erforderlicher Verankerung müssen die einzelnen Konstruktionsteile der Verankerung (Gurtung, Anker, Ankerplatte) und die Ankerlänge selbst berechnet werden.
4. Das ganze Sicherungssystem des Geländesprunges ist auf seine Standsicherheit gegen Abgleiten zu untersuchen.

Bei dieser Berechnungsweise braucht man folgende bodenphysikalische Kennziffern:

Zu 1. Winkel der inneren Reibung φ
Raumgewicht γ.
Wandreibungswinkel δ.

Während der letztere Wert meist geschätzt wird, können durch unrichtiges Schätzen oder durch Annehmen sinnloser Werte aus Handbüchern für φ große Fehler in den Berechnungsannahmen auftreten. Es ist oft darauf hingewiesen worden, daß eine statische Untersuchung, die die Spundwand als eingespannt und mehrfach statisch unbestimmtes System betrachtet, so lange überfeinert ist, als in der Annahme der physikalischen Beiwerte noch Fehler von 50% und mehr gemacht werden. So ist z. B. in einem Handbuch zu finden: Mergel φ 40...45°. In Wirklichkeit geht der Winkel der inneren Reibung für diese Bodenart bis auf $\sim$ 22° herunter, für stark tonige Mergel noch tiefer! Oder Sand 33°, während toniger Sand 21° hat. Noch unklarer wird das Bild, wenn in Sand dünne Schlickschichten eingelagert sind, die beim rohen Bohren kaum erkannt werden. Man kann sich also gegen solche Fälle nur schützen durch sehr sorgfältiges Bohren und durch versuchsweise Ermittlung des Reibungswinkels der *ungünstigsten* Bodenart, weil diese die Standsicherheit bedingt. Das Raumgewicht γ des Bodens kann auf der Baustelle selbst mit einfachen Hilfsmitteln (Gefäß von bekanntem Inhalt und Waage) ermittelt werden. Für die Berücksichtigung des Wasserüberdruckes ist die Kenntnis der Bodenarten und ihrer Durchlässigkeit wichtig (k-Wert). Bindige Böden geben ihr Wasser nur langsam ab, dadurch kann bei fallendem Außenwasserspiegel erhöhter horizontaler

Wasserüberdruck entstehen, während in sandigem Boden die Anpassung des inneren und äußeren Wasserspiegels schnell erfolgt.

Zu 3. Die unter 1. besprochenen Beiwerte treten in der Berechnung der Ankerplatte ebenfalls auf. Die erforderliche Ankerlänge ergibt sich aus der Forderung, daß sich aktiver und passiver Gleitkeil (Abb. 84) ungestört ausbilden können. Auch hier ist zur Bestimmung der Gleitwinkel ϑ_a und ϑ_p die genaue Kenntnis von φ erforderlich, damit nicht die Ankerplatte zu dicht an die Spundwand zu liegen und nur ein verminderter Erdwiderstand zur Wirkung kommt.

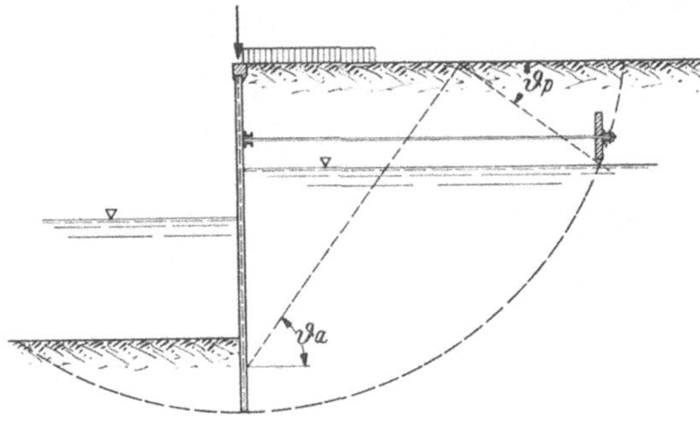

Abb. 84. Ermittlung der Ankerlänge.

In dem Anker selbst können unerwünschte, erhebliche Zusatzspannungen dadurch auftreten, daß der Hinterfüllungsboden zwischen Spundwand und Ankerwand sich setzt, so daß die Durchbiegung der Anker stärker wird und außerdem die Auflast der Anker aus dem darüber liegenden Erdreich vergrößert wird. Die Art des Hinterfüllungsmaterials und die Art der Einbringung selbst sind also von Einfluß. Das Erdbaulaboratorium kann auch in dieser Beziehung nützliche Hinweise geben.

Zu 4. Welche Rolle der Winkel der inneren Reibung und die Kohäsion bei der Standsicherheitsuntersuchung spielen, ist bereits mehrfach besprochen.

3. Straßenbau.

Wir wollen uns auf die Untergrundverhältnisse beschränken, müssen allerdings auch die Wechselbeziehungen zwischen Untergrund und Straßendecke besprechen. (Die Bauwerke werden unter V, A 5 behandelt.) Bis 1933 hat man sich bei uns um Erforschung der Untergrundverhältnisse im Straßenbau recht wenig gekümmert. Gewiß hat es nicht an Arbeiten gefehlt, die auf Schädigungen der Straße infolge ungeeigneten Untergrundes aufmerksam machten [84, 85, 86, 87]. Von der Anwendung der Bodenuntersuchungsverfahren, wie man sie in den Vereinigten Staaten mit ihren Hunderttausenden von Kilometern highways im Laufe von etwa 7—8 Jahren ausgebildet hatte, war bei uns kaum die Rede. Ein gründlicher Umschwung trat durch Inangriffnahme des Baues der Reichsautobahnen ein, bei welcher Gelegenheit sich der Generalinspektor für das deutsche Straßenwesen sofort für das Einholen dieses Rückstandes stark einsetzte. Wir griffen deshalb zunächst auf die bereits gemachten Erfahrungen anderer Länder (USA., Schweden usw.) zurück.

Kurze Beschreibung der Zusammenhänge.

a) Setzungen. Durch jede zusätzliche Belastung — ebenso wie beim Bauwerk — wird auch unter dem Straßenkörper eine Zusammendrückung verdichtungsfähiger Schichten eintreten. Bei einrüttelungsfähigen Böden kann diese Wirkung noch durch Verkehrserschütterungen erheblich verstärkt werden. Sind die Schichten im Untergrund besonders weich und nahe an der Oberfläche gelegen (Moor, Schlick usw.), dann besteht auch die Gefahr seitlichen Ausquetschens und sogar Emporquellens. Gefährlich für eine wertvolle Straßendecke sind besonders die ungleichmäßigen Setzungen, die durch starken Wechsel oder ungleichmäßiges Aufbringen der geschütteten Erdstoffe eintreten und dadurch Wellen und Risse verursachen. Wie bereits angedeutet, gibt es eine Maßnahme der gänzlichen Verhütung von Setzungen nicht, wenn man es mit einem Boden zu tun hat, der zusammendrückungs- oder verdichtungsfähig ist. Wenn gar nachträgliches Aufhöhen des Straßendammes erforderlich wird (Moor), ist die erste Decke verloren.

b) Frostschäden. Gerade diese Gefährdung der Straße wird meist noch unterschätzt, aber auch stellenweise aus Unkenntnis der Zusammenhänge heraus übertrieben. Für Betondecken sind besonders schädlich die ungleichmäßigen Frosthebungen, wie sie beim Wechsel zwischen frostschiebendem und frostsicherem Material während der Kälteperiode eintreten, während im Frühjahr beim Auftauen weiche Stellen im Untergrund den wassergebundenen und schwarzen Decken gefährlich werden.

c) Rutschungen. Ebenfalls beim Auftauen im Frühjahr, aber auch nach langer Trockenheit und darauf einsetzenden Regengüssen, treten Rutschungen auf, die entweder nur kleine Teile der Böschungen oder ganze Straßen am Hang erfassen. Es kann Jahre und Jahrzehnte dauern, bis eine solche Rutschung — meist plötzlich — eintritt.

Für die vorbeschriebenen Erscheinungen sei nun zusammen mit den Entstehungsursachen auch die Maßnahme der Verhütung oder Abhilfe besprochen; auch Vorhersage ist wichtig.

Zu a) Setzungen. Auf die starke Abhängigkeit des „Sackmaßes" geschütteter Dämme von der Bodenart und ihrer Kornverteilung wurde auf S. 86 bereits hingewiesen, ebenso auf die Wirkung der Verdichtungsmaßnahmen zur Vermeidung schädlicher Setzungen neuer Dämme.

Für den Bestand der Straßendecke ist der Anschluß an Bauwerke besonders wichtig. Es kommt vor, daß die Widerlager einer Brücke nach Fertigstellung der Isolierung erst kurze Zeit vor dem Aufbringen der Betondecke hinterfüllt werden. Mit Verdichtungsmaßnahmen (Einschlämmen, starkem Stampfen) muß man dabei noch ziemlich vorsichtig sein, damit der Erddruck durch Aufhebung der Reibung nicht viel höher wird als der in der statischen Berechnung eingesetzte. In den meisten Fällen werden gewisse Setzungen des an eine Brücke anschließenden Dammes unvermeidlich sein. Damit nun die Decke nicht an dieser Stelle stark bricht, empfiehlt sich die Einschaltung einer stärkeren, armierten Deckenplatte, die etwa wie der Anschlußträger an eine Pontonbrücke wirkt, also auf eine gewisse Strecke frei liegen kann und kleinere Setzungsunterschiede ausgleicht (Abb. 85).

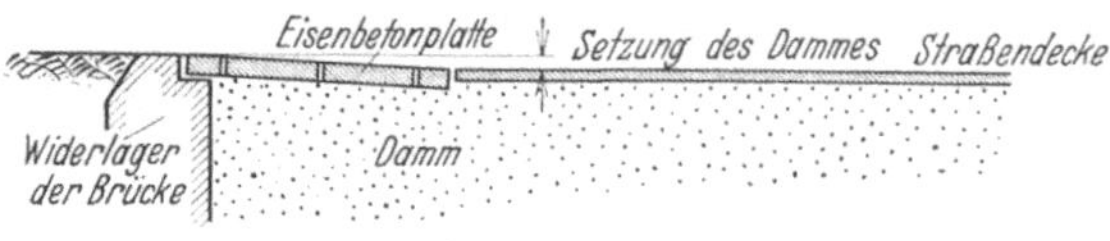

Abb. 85.

Wo Betondecken über den Brückenrampen gesackt sind, kann man sie durch das „mud jack"-Verfahren wieder heben (Abb. 86). Durch in den Beton gebohrte Löcher wird eine Tonbrühe unter die Platten gepreßt. In Deutschland hat man mit Erfolg [88] auf ähnliche Weise auch feinen Sand eingepreßt, wobei der Untergrund, im Hinblick auf Frostgefahr betrachtet, nicht verschlechtert wird.

Abb. 86. Betonstraße mit Einpreßlöchern.

Aus Kreisen der Bauunternehmungen, die Straßendecken ausführen, wird die Frage gestellt, ob man die Zuverlässigkeit des bereits geschütteten Straßendammes durch irgendwelche Messungen so weit nachprüfen kann, daß man auch bei Abgabe der geforderten Garantie für die Decke kein zu großes Risiko läuft. Grundsätzlich wäre es am einfachsten, wenn derselbe Unternehmer sowohl die Erdarbeiten als auch die Fahrbahndecke ausführte und infolgedessen nicht für allenfalls gemachte Fehler seines Vorgängers (Dammschüttung) einstehen muß. Es besteht jedoch auch die Möglichkeit, die Dichte der Dammschüttung nachzuprüfen, wie auf S. 88 beschrieben.

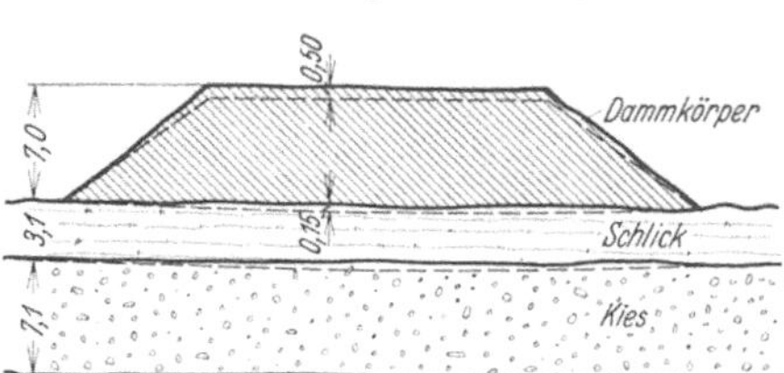

Abb. 87. Hoher Damm auf Schlicklagen.

Abgesehen von dem Sackmaß des Dammes ergeben sich auch aus der Mehrbelastung weicher Schichten im Untergrund Setzungen. Wenn es sich vorwiegend um Zusammendrückung handelt und kein seitliches Ausweichen zu befürchten ist, läßt sich das Setzmaß nach Größenordnung und Zeitdauer ungefähr vorausberechnen (Abb. 87). Sind die weichen Lagen im Untergrund jedoch so wasserreich und plastisch, daß sie ganz und gar nicht tragfähig sind, dann bleibt nichts anderes übrig, als sie zu entfernen. Um den schwierigen Mooraushub zu vermeiden, hat man auch zwei neuere Methoden versucht:

1. Das Schlitzen des Moores, wodurch man abwechselnd Moor- und Sandprismen nebeneinander bekommt, so daß das seitliche Ausquetschen stark behindert und eine schnelle Entwässerung gewährleistet wird (Abb. 88). Man erspart dadurch Spundwände, teure Wasserhaltung usw.,

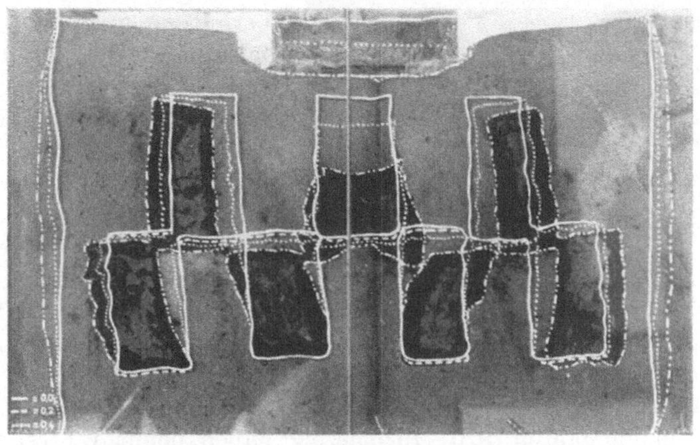

Abb. 88. Modellversuch mit Moor- und Sandstreifen.

und macht das zwischen dem Sand eingeschlossene Moor nach seiner Zusammendrückung zum mittragenden Teil [89, 90].

2. Um einen auf das Moor geschütteten Straßendamm möglichst bald zum Setzen zu bringen — früher ließ man es darauf ankommen und höhte billigere Straßen, je nach Bedarf, auf —, hat man in den Vereinigten Staaten, in Schweden und Finnland mit Erfolg Sprengungen vorgenommen. Die verschiedenen Verfahren und die Anordnung der Ladungen werden beschrieben durch L. Casagrande in „Die Straße" 1934, H. 6 [91, 92, 93]. Entweder benutzt man die Sprengungen, um das Moor herauszuwerfen und den entstehenden Graben mit sandigem Boden auszufüllen, oder man schüttet erst den Sanddamm auf das Moor und drückt dann durch Sprengen das Moor zur Seite, so daß der Damm sich sofort bis auf den festen Untergrund aufsetzt. Durch die O.B.K. Berlin wurden im April und Mai 1935 solche Sprengungen mit Erfolg ausgeführt.

Auch wenn man keine eingreifenden Maßnahmen anwendet, kann man sich durch die in Abschnitt IV angegebenen Untersuchungen darüber unterrichten, ob ungleichmäßige Setzungen schädlicher Art auftreten werden und ob sie sich durch bauliche Maßnahmen (Auswahl der Dammbaustoffe, zungenförmigen Verlauf der Schichten beim Übergang in eine andere Bodenart o. ä.) verringern lassen.

Verfestigung des Straßenunterbaues durch geeigneten künstlichen Kornaufbau und sog. Stabilisierungsverfahren (Kalziumchlorid, Teer, Bitumen und Zement) werden auf S. 175 ausführlicher besprochen.

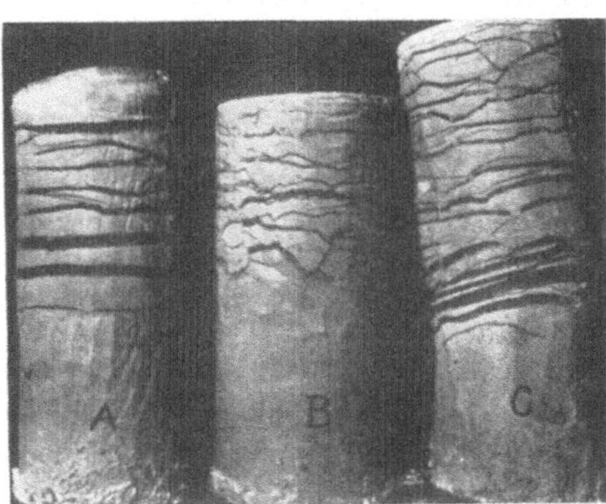

Abb. 89. Eisschichten im Boden.

Zu b) Frostschäden. Bei vorbeugenden Maßnahmen zur Verhütung von Frostschäden handelt es sich oft um viele Tausende von m³ Boden, deren Verwendungsfähigkeit in Frage steht. Infolgedessen hängen von der Entscheidung manchmal auch Kostenunterschiede von Hunderttausenden von Mark ab. Deshalb müssen wir uns mit den Zusammenhängen, soweit uns die bisherigen Untersuchungen einen Überblick gewähren, etwas ausführlicher beschäftigen.

1. Als Ursache für die Steigerung der Frostschäden, die sich in Amerika in den Jahren 1920—1925 gezeigt haben, nennt A. Casagrande drei Faktoren:

Abb. 90. Eisschichten im Boden.

a) Das Schneefreihalten der Straßen im Winter, wodurch der Frost in größere Tiefen gelangt, als wenn der Schnee als Isolierungsmittel liegen bleibt.

b) Die Zunahme der Verkehrslasten und die Steigerung des Verkehrs selbst, wodurch Straßendecken über dem aufgeweichten Boden durchbrechen, während sie früher bei leichterem Verkehr standhielten.

c) Die Empfindlichkeit der Betondecken, besonders gegen Frosthebungen, die sich gerade bei hochwertigen Straßendecken sehr stark ausgewirkt haben.

2. Entstehung. Um die Erforschung der Vorgänge, die sich im Boden beim Gefrieren abspielen, haben sich besonders Prof. S. Taber und A. Casagrande in Amerika und der Geologe Dr. Beskow [94, 95]

in Schweden bemüht. Aus ihren Untersuchungen ergibt sich eine Darstellung der Vorgänge, die im folgenden an Hand einiger Abbildungen wiedergegeben sei.

Man rückte gänzlich ab von dem Gedanken, daß das zum Gefrieren kommende Wasser durch die Straßendecke von oben her eindringt, obwohl Beobachtungen unserer Straßenbauer zeigen, daß auch durch Niederschlagswasser, besonders bei undichten Decken, Frostschäden auftreten. Aus Untersuchungen des Bodens unter der Straßendecke geht einwandfrei hervor, daß ein sehr großer Wassernachschub zur Bildung der Eislinsen erforderlich ist, wie er nur durch Aufsaugen aus dem Grundwasser geleistet werden kann. S. Taber hat dies in „Public Roads" 1930, H. 6 [96, 97] bildlich dargestellt (Abb. 89 u. 90). Wenn der Boden plötzlich in allen seinen Teilen zum Gefrieren käme, wäre dieser Wassernachschub wesentlich geringer. Dadurch, daß sich jedoch bereits Eiskristalle bilden und einige Teilchen gefrieren, während in anderen Teilen des Untergrundes die Zirkulation noch möglich ist, entsteht —

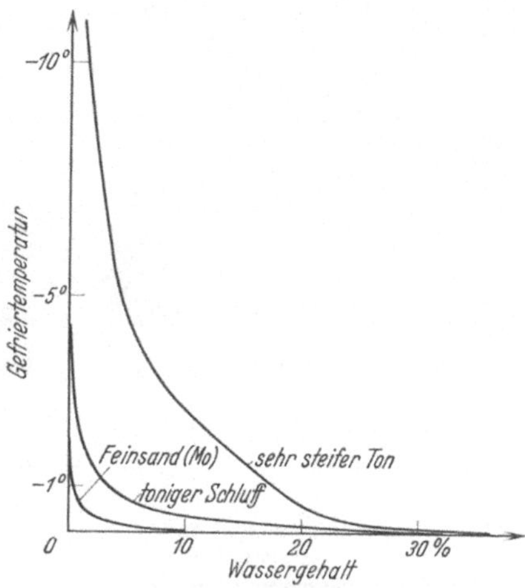

Abb. 91. Beziehung zwischen Wassergehalt und Gefriertemperatur.

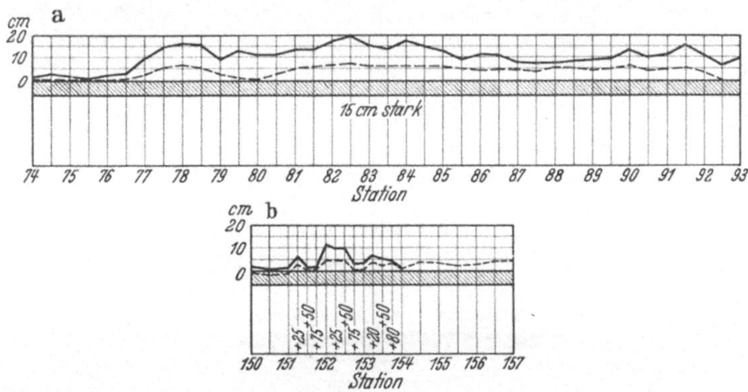

Abb. 92. Messungen von Frosthebungen an vorhandenen Straßen (Betondecke).

vor allem bei langsamem Fortschreiten des Frostes nach der Tiefe zu — eine Bildung sogar von Eislinsen, deren Gesamtdicke ungefähr mit der Hebung der Straßendecke übereinstimmt. Der Zusammenhang zwischen Wassergehalt und Gefriertemperatur ist für einige Bodenarten nach Beskow in Abb. 91 dargestellt. In Deutschland hat Schönleben [85,

86, 87] wertvolle Beiträge zur Erforschung der Frostschäden auf Grund seines reichhaltigen Bild- und Erfahrungsmaterials geliefert. Die Untersuchungen sind noch nicht abgeschlossen, da es sich hier um ein schwieriges Grenzgebiet zwischen Bodenkunde und Physik handelt [98]. Eine Reihe von klärenden Versuchen sind durch die Forschungsgesellschaft für das Straßenwesen an die Institute: Erdbaulaboratorium in Freiberg, Franzius-Institut in Hannover, Bodenprüfstelle der O.B.K. Königsberg und Institut der Degebo, Berlin in Auftrag gegeben worden und zur Zeit im Gange.

Abb. 93. Durch Frosthebung gerissene Betonstraße.

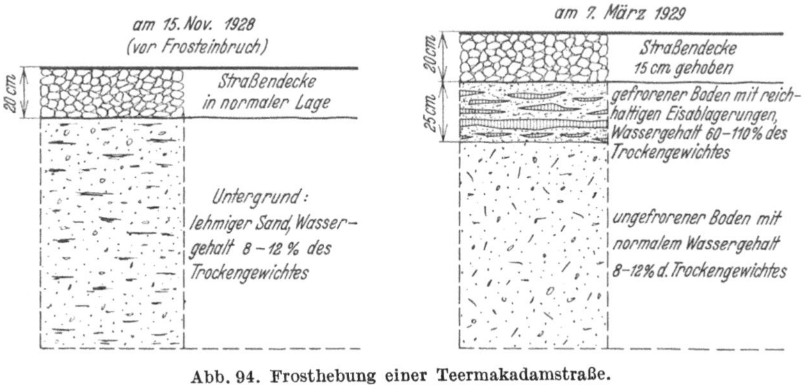

Abb. 94. Frosthebung einer Teermakadamstraße.

Wesentlich ist für den Praktiker, daß die Frosthebung allein, vor allem die gleichmäßige Frosthebung, die bis zu 30 cm betragen kann,

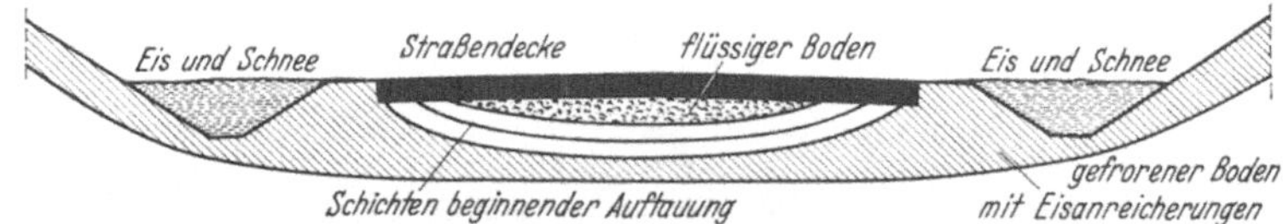

Abb. 95. Makadamstraße bei Frostaufgang.

der starren Straßendecke nicht schädlich ist. Sehr ungünstig wirken sich jedoch ungleichmäßige Hebungen innerhalb kurzer Abstände aus. Die Abb. 92 entstammt Messungen, die A. Casagrande in großer Zahl an vorhandenen Straßen ausgeführt hat (Abb. 93). Die Hebungen erreichen nicht in jedem Winter dieselben Maße, sind außerdem noch abhängig von der Farbe der Decke und dem Witterungswechsel. Wiederholtes Auftauen und Gefrieren verschärft die Wirkung der Frosthebungen und macht sich besonders bei schwarzen Decken in größerem Maße fühlbar.

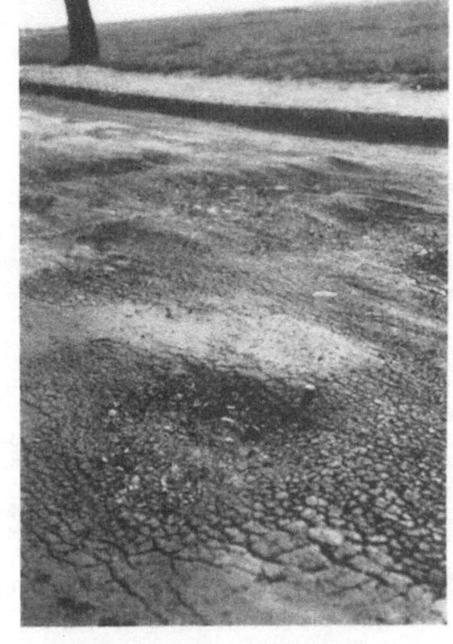
Abb. 96. Deckendurchbrüche nach dem Auftauen des Untergrundes.

Eine andere Art der Frostschäden, die bei starren Decken eine weit geringere Rolle spielt, ist das Auftauen im Frühjahr. Während bei ungleichmäßiger Hebung die Betondecke Risse bekommt, entsteht beim Auftauen im gefrorenen Boden eine Wasseranreicherung, die das 5 bis 6fache (s. Abb. 94) des natürlichen Wassergehaltes beträgt. Hinzu kommt das ungleichmäßige Auftauen (s. Abb. 95) infolge der schneegefüllten Straßengräben und der in der Mitte reingefegten Fahrbahn. Der geradezu suppige Untergrund hat eine geringe Tragfähigkeit, die bei dünnen oder bereits gerissenen, vor allem aber bei wassergebundenen Straßendecken zu Durchbrüchen führt (Abb. 96). Das Frühjahrsbild der Straßen mit gänzlich durchgefahrener Decke und wahren Schlammvulkanen aus Gegenden mit lehmigem Untergrund ist zur Genüge bekannt [85, 86, 87].

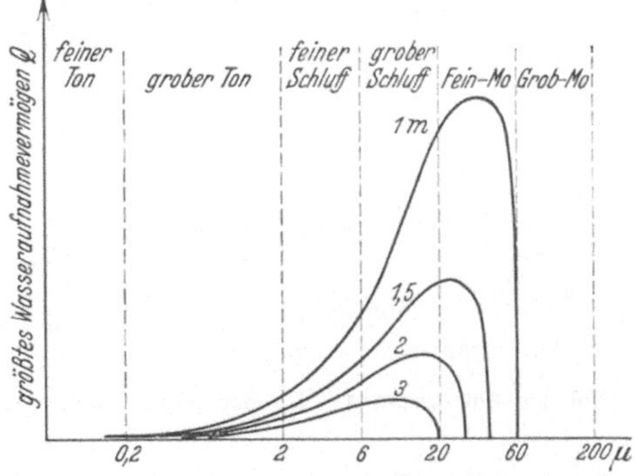

Abb. 97. Kapillares Wasseraufsaugevermögen Q bei verschiedenen, nach der Korngröße sortierten Bodenarten für Grundwassertiefen von 1, 1,5, 2 und 3 m.

Eine weitere Einschränkung liegt darin, daß die Nähe des Grundwasserspiegels eine notwendige Voraussetzung für starke Frosthebungen bildet. Beskow hat dies für verschiedene Bodenarten, etwa nach Abb. 97, dargestellt. Als Grenzwert für die Frostgefährlichkeit eines Bodens an sich (also unabhängig von Schichtwechsel innerhalb kurzer Abstände und Nähe des Grundwasserspiegels) gibt A. Casagrande auf Grund seiner Erfahrungen an, daß bei sehr gleichförmigen Böden ($U < 5$) ein Anteil von etwa 10 Gewichtsprozenten < 0,02 mm Korndurchmesser genügt, um eine ausreichende kapillare Saugkraft zu erzeugen, während bei sehr ungleichförmigen Böden (gemischtkörniger Sand mit $U > 15$) bereits 3% < 0,02 mm den Boden frostgefährlich machen.

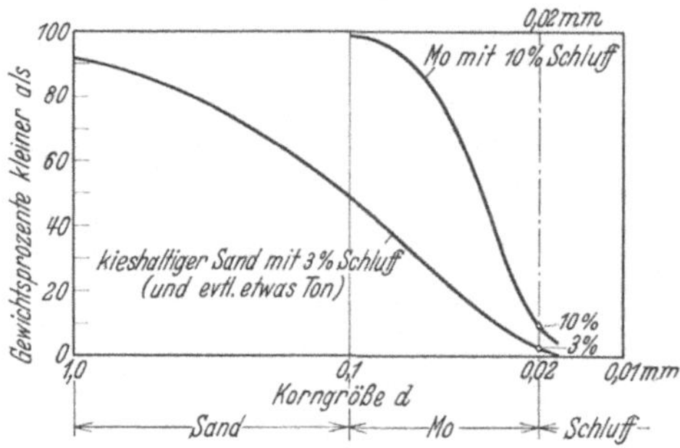

Abb. 98. Zusammenhang zwischen Korngröße und Frostgefährlichkeit von Böden. Nach A. Casagrande gilt ein Boden dann als frostschiebend, wenn er mehr als 3% < 0,02 mm bei sehr ungleichförmiger Kornverteilung und 10% < 0,02 mm bei sehr gleichförmiger Kornverteilung enthält.

3. Untersuchungen. Aus diesen Zusammenhängen ergeben sich die notwendigen bodenphysikalischen Untersuchungen. Die Korngrößen lassen sich aus der mechanischen Analyse (Sieb- und Schlämmanalyse) ermitteln, deren Ergebnis, die Kornverteilungskurve, bereits ein gutes Bild über die Frostgefährlichkeit eines Bodens gibt (Abb. 98). Man kann außerdem noch die kapillare Steighöhe feststellen (nach Beskow oder Jürgenson), muß sich nur klar darüber sein, daß deren Ermittlung nicht sehr genau möglich ist. Außerdem ist zu bedenken, daß die Untersuchungen meist nicht an einem Material stattfinden, das genau der natürlichen Lagerung im Boden entspricht.

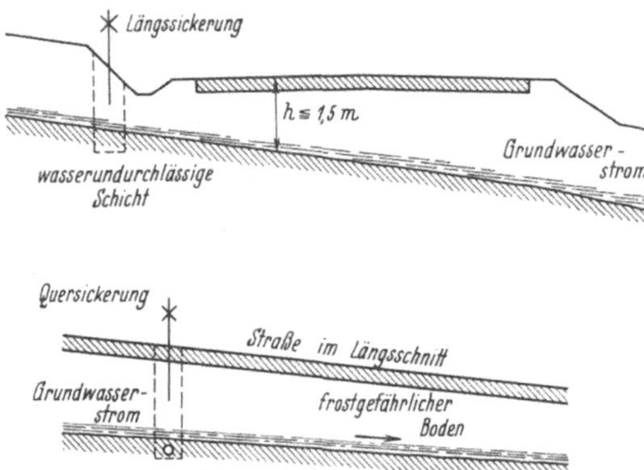

Abb. 99. Entwässerung bei hohem Grundwasserstand.

4. Verhütungsmaßnahmen. Wie bereits angedeutet, kommt es nicht auf die physikalische Untersuchung des Bodens allein, sondern auf das gründliche Abwägen aller Zusammenhänge an. Es wäre also falsch, z. B. einen Lößboden gänzlich auszukoffern und durch teuren Kies zu ersetzen, nur weil er frostgefährlich ist, wenn der Löß auf viele km Straßenlänge gleichmäßig verläuft oder der Grundwasserspiegel ungefähr 5 m unter Straßendecke liegt.

Die Arbeitsgruppe „Untergrundforschung" der Forschungsgesellschaft für das Straßenwesen hat im März 1936 ein Merkblatt „Richtlinien für die Verhütung von Frostschäden" herausgegeben, dem die Abb. 99, 100 und 101 entnommen sind.

Die baulichen Maßnahmen sind etwa folgende:

α) Für neue Straßen muß man auf die beschriebenen Zusammenhänge achten und möglichst vorbeugend arbeiten, d. h. wenn man abwechselnd frostgefährlichen und frostsicheren Boden anschneidet, für allmähliche Übergänge sorgen. Hat man frostsicheres Material zur Verfügung, so kann man die oberste Lage auskoffern und durch dieses Material ersetzen oder die Straße als Ganzes etwa 1 m in den Auftrag legen. Es gibt jedoch Gegenden, in denen überhaupt kein frostsicherer

Abb. 100. Trennschicht im Auftrag.

Dammbaustoff vorhanden ist, z. B. im Bereich der O.B.K. Kassel, im Bayrischen Wald und in anderen Lößlehmgebieten. Bei Kassel ist der durch feine tonige Bestandteile stark verunreinigte Buntsandstein sehr häufig anzutreffen. In diesen Fällen bleibt nichts anderes übrig als Zwischenschichten einzulegen, die den kapillaren Wasseraufstieg brechen. Das sind z. B. Kies- und Grobsandschichten, Lagen von Holzplanken, in Schweden Faschinen oder Bitumenisolierungen, wie sie auch in Deutschland bereits mit Erfolg angewandt sind. Auf jeden Fall ergibt sich aus

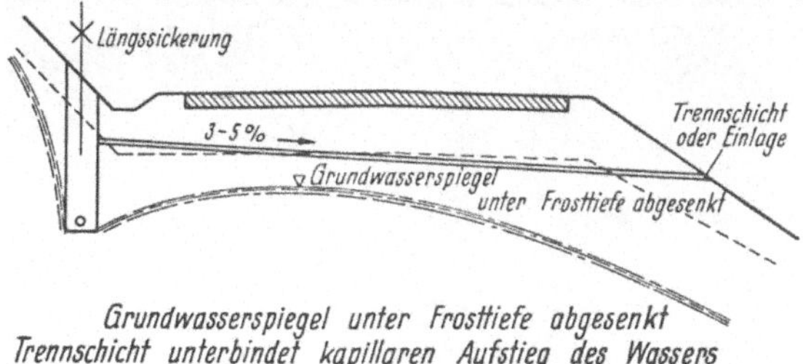

Abb. 101. Längssickerung am Hang und Trennschicht gegen Ansaugen des Grundwassers.

dieser Betrachtung, daß die Art der Straßendecke im engsten Zusammenhang mit den Untergrundverhältnissen steht. Die Straßengräben hält Casagrande für überflüssig, gefährlich für den Verkehr und im Zusammenhang mit den in Abb. 95 dargestellten Verzögerungen des Auftauens für ungünstig. Das Regenwasser wird nach seiner Meinung durch den Zwickel zwischen Bankett und Böschung in ausreichendem Maße abgeführt.

In Schweden hat man statt der Gräben an vielen Stellen Tiefdrainagen angeordnet, vor allem wenn es galt, das Wasser an der Bergseite abzufangen. Es ist in vielen Fällen schwierig, eine Drainage so anzuordnen, daß sie immer offen bleibt, sich also in Zeiten geringerer Wasserbewegung nicht verstopft.

Unter der Straßendecke liegende Drainagen, besonders Querdrainagen, geben oft Anlaß zu Wellen oder Rissen und müssen deshalb möglichst vermieden werden.

Zu dem Hauptererfordernis eines gleichmäßigen Verlaufes unvermeidlicher Frosthebungen gehört auch der richtige Einbau von Durchlässen. In „Der Straßenbau“ 1931, H. 17, S. 254, Abb. 2 sieht man deutlich,

Abb. 102. Frostsicheres Hinterfüllen bei Durchlässen.

wie über einem Durchlaß eine Mulde entsteht, falls das benachbarte Material stark frostschiebend ist, da durch das Mauerwerk des Durchlasses der kapillare Wasseraufstieg unterbunden wird. Infolgedessen darf man eine solche Baugrube nicht mit frostschiebendem Material verfüllen, sondern muß Sand verwenden, der auf eine längere Strecke zungenförmig 1 : 5 bis 1 : 10 ausläuft (Abb. 102).

Abb. 103. Ausweichen der Straßenschulter und Böschung.

β) An vorhandenen Straßen kann man die schädlichen Frosthebungen zum Teil in ähnlicher Weise mildern, wie es für den Neubau bereits oben angedeutet wurde:

durch Verbesserung der Entwässerung des Untergrundes (Drainage) [99],

durch gewisse Verkehrsbeschränkung auf Straßen mit schwacher Decke während der Tauperiode,

durch Entfernung einseitig liegen gebliebener Schneemassen, die das gleichmäßige Auftauen verhindern oder das seitliche Abfließen des überschüssigen Wassers im Untergrund unmöglich machen.

(Die sog. Frühjahrsrutschungen der Böschungen werden im folgenden Abschnitt behandelt.)

Zusammenfassend sei gesagt, daß man nach den Jahren, in denen man sich bei uns um den Untergrund der Straße recht wenig gekümmert hat, nun auch nicht in das Gegenteil verfallen und aus Furcht vor möglichen Frostschäden unnütz Hunderttausende für Ersatz frostschiebenden Materials ausgeben soll. Die günstige Lösung wird jedoch nur für den Straßenbauer möglich sein, der die wirksamen Einflüsse und Zusammenhänge kennt und entsprechend seine Maßnahmen trifft.

Abb. 104. Einzelheit zu 103, Rißbildung am Rand der Decke.

Zu c) Rutschungen. Im vorhergehenden wurde bereits darauf aufmerksam gemacht, daß besonders im Frühjahr Böschungsrutschungen vorkommen. Dies erklärt sich daraus, daß hinter der gefrorenen Böschung das Wasser höher ansteigen und dadurch den hydrostatischen Druck vergrößern kann. Dazu kommt die stärkere Wasseranreicherung beim Auftauen infolge der vorhergegangenen Eisbildung. Man sieht dann auch bei solchen Böschungsrutschungen Erdstoffe, die sonst unter verhältnismäßig steiler Böschung stehen, geradezu breiartig ausfließen.

Andere Rutschungen entstehen besonders infolge schwerer Regengüsse, die auf längere Trockenperioden folgen. Man kann sich das so vorstellen, daß in den Rissen fetter Böden durch Wasserfüllung ein Druckanstieg entsteht, etwa wie bei einem Standrohr. Hinzu kommt die Gewichtsvermehrung, so daß das unter Umständen lange Zeit hindurch gerade noch vorhandene Gleichgewicht ziemlich plötzlich gestört wird. Ausführlicheres hierüber an anderer Stelle (V, A 1 und V, A 4). Die häufigsten Rutschungen erfassen nur die Böschungsfüße oder Teile der Böschungen (Abb. 103 und 104). Es kann aber auch die halbe Straße oder der ganze Straßenkörper, oft sogar mit Teilen des alten Untergrundes, abrutschen. Auch in diesem Fall bieten die in Abschnitt IV beschriebenen Bodenuntersuchungen die Möglichkeit, sich über die Rutschgefährlichkeit eines Dammbaustoffes oder des vorhandenen Untergrundes am Hang ein ungefähres Bild zu machen.

4. Eisenbahnbau.

Vom Einsetzen der neueren empirischen und bodenphysikalischen Untersuchungen an war der Eisenbahnbau in großem Maße am Weiterausbau der Verfahren und am Zusammentragen der Beobachtungen beteiligt. Zunächst zeigt sich dies in Schweden, wie man aus der Fülle des von der Geotechnischen Kommission der schwedischen Staatsbahnen verarbeiteten Stoffes [6] ersieht. In Deutschland förderte die Reichsbahn die Gründung und die Arbeiten der Degebo (seit 1929).

Die Nutzanwendung der Baugrunduntersuchungen bei verschiedenen Bauwerken sind in anderen Abschnitten, besonders unter Erdbau (A 1), Straßenbau (A 3), Brückenbau (A 5) u. a. eingehender besprochen. Diese Beispiele, die zum Teil selbst dem Bahnbau entnommen sind, brauchen hier nicht wiederholt zu werden. Es sollen deshalb nur noch einige Anwendungen hervorgehoben werden, die im Eisenbahnbau eine Rolle spielen und für die die Zusammenhänge mit dem Baugrund mitbestimmend sind.

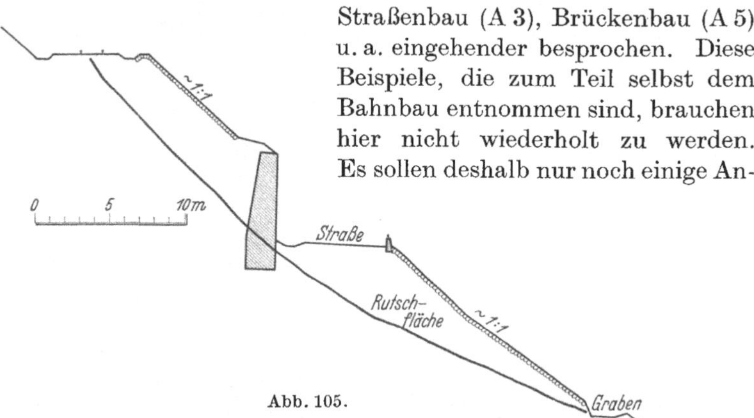

Abb. 105.

a) Tiefe Einschnitte und das seitliche Anschneiden von Hängen kommen im Eisenbahn-, ebenso wie neuerdings auch im Autobahnbau, infolge der großen Planumsbreite, der geringen Steigungen und großen Halbmesser öfter vor, weil tiefe Eingriffe in das Gelände bei solch hohen Anforderungen nicht vermeidbar sind. Deshalb bilden auch die im Erdbau besprochenen Rutschungen im Eisenbahnbau seit Jahrzehnten den Anlaß von Störungen und ständigen hohen Ausgaben. In vielen Fällen blieb nichts anderes übrig, als die gerutschten Massen zu beseitigen, die Böschung abzuflachen, Sickerungen einzulegen oder gar am Hang die Bahnachse zu verschieben. Unter Umständen beginnt dann die Rutschung nach einiger Zeit von neuem. Die letztere Erscheinung hat ihre Ursache darin, daß es oft Jahre dauert, bis die Verwitterung und Auflockerung des angeschnittenen Bodens so weit fortgeschritten ist, daß die Vorbedingungen für die Rutschung gegeben sind.

Aus dem Eisenbahnbau seien drei Beispiele kurz erwähnt:

1. An einer älteren eingleisigen Hauptbahn rutschte im Frühjahr 1935 ein angeschütteter Hang mit einem Teil der Straße und der

Hälfte des Bahnkörpers ab, nachdem die Strecke bereits 52 Jahre im Betrieb gewesen war. Gewiß erkannte man nachträglich Senkungen des Bahnkörpers, die durch Unterstopfen ausgeglichen worden waren. Das Schotterbett hatte etwa 1,25 m Mächtigkeit. Auch in den Trümmern der Stützmauer (s. Abb. 105 und 106) waren die Spuren von ausgebesserten Rissen deutlich erkennbar. Die Mauer, die beim Bau nach rückwärts etwa 1,10 m aus dem Lot stand, hing bei der letzten Aufnahme um 15 cm nach vorn über, ist also nach und nach um etwa 1,25 m herausgedrückt worden. Die letzte Rutschung trat etwa nach der gestrichelten Linie auf, erfolgte nicht allmählich, sondern ganz plötzlich im Februar 1935 nach der ersten Frostperiode dieses Winters. Der gerutschte Boden bestand größtenteils aus angeschüttetem Schutt des Buntsandsteins, der durch feine tonige Bestandteile stark verunreinigt war und als frostschiebend anzusprechen ist. Es ist anzunehmen, daß dieser Boden durch geringe Durchlässigkeit und Frost hinter der Mauer stark wassergesättigt war, beim Auftauen dieses überschüssige Wasser nicht abgeben konnte und dadurch die schon lange vorbereitete Rutschung eintrat, zumal die Stützmauer nicht ausreichte. Die Frage, wie man künftig in einem solchen Fall beim Neubau zu verfahren hätte, läßt sich etwa wie folgt beantworten:

Abb. 106. Blick auf die in Abb. 105 im Querschnitt dargestellte Rutschung.

Bahnachse nicht auf eine oberflächliche Anschüttung legen, sondern mehr bergwärts, die entstehenden Böschungen, zumindest am Fuße, durch ausreichende Futtermauern sichern! Zu diesem Zweck vom anstehenden Boden und den Dammbaustoffen Proben entnehmen, Kornverteilung und Winkel der inneren Reibung bestimmen, die Stützmauer ihrer Hinterfüllungshöhe entsprechend berechnen und zuverlässig ausführen. Man wird dabei zum Teil nur Mittel- oder Annäherungswerte bekommen, jedoch weit sicherer gehen als bisher.

2. An einer seit 1881 in Betrieb befindlichen Nebenbahnstrecke wurden 1905 die ersten größeren Gleissenkungen von 15 cm festgestellt. Die Bahn führt an dieser Stelle in geringer Entfernung an einer Tongrube entlang (Abb. 107). Die Senkungen wurden dann weiter beobachtet

bis 1934 und jeweils durch Nachstopfen ausgeglichen. Da man das Vorhandensein einer durch Oberflächenwasser geschmierten Gleitschicht annahm, wurde eine sehr tiefe Rigole gegraben, der wir die genaue Querschnittsangabe verdanken. Es zeigte sich, daß an dieser einen, nur 60—80 m langen Stelle im Lauf der Jahre etwa 400 Waggon Steinschlag nachgefüllt wurden und bis zu 6 m tief in den weichen Ton eingedrungen sind. Der keramische Ton war ziemlich gleichmäßig, sehr dicht und nahezu wasserundurchlässig. Die vermutete Gleitschicht war nicht vorhanden. Der Form des eingesunkenen Schotterbettes nach zu urteilen, handelt es sich um ein langsames Fließen nach der tiefer

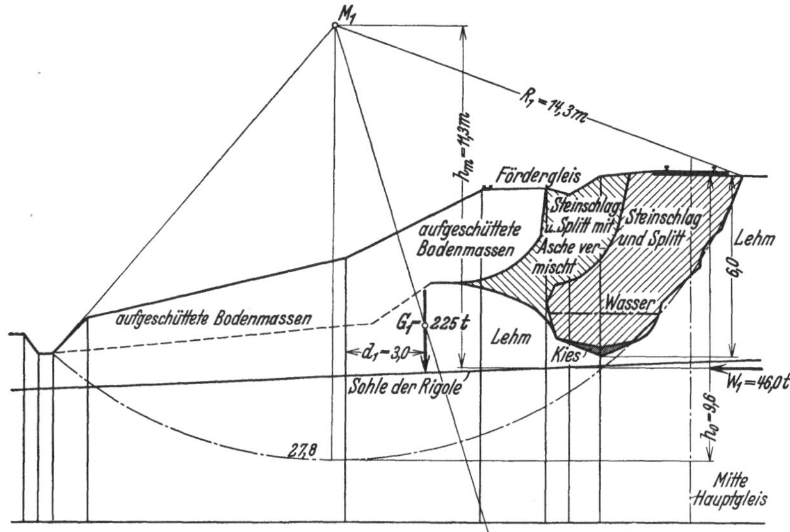

Abb. 107. Langsame Rutschung eines Bahnkörpers im Ton.

gelegenen Tongrube hin, oder um ein Aneinanderreihen vieler kleiner Rutschungen längs gekrümmter Gleitfläche (die in Abb. 107 probeweise als Kreis eingezeichnet ist). Scherversuche ergaben einen Winkel der inneren Reibung des Tones von etwa 17°, während der mittlere Böschungswinkel der Grube etwas höher lag. Man hat also wohl, von den normalen Böschungen 1 : 1,5 ausgehend, die Gefahr des tiefen Abbaues in der Tongrube unterschätzt.

Nutzanwendung: Bei solch gleichmäßig gelagerten Tonen geben Reibungsversuche die nötigen Anhaltspunkte für die Vermeidung des Fließens oder Rutschens. Im vorliegenden Fall wurde eine Verschiebung „bergwärts" der Gleisachse um etwa 15 m anempfohlen.

3. Sehr viel unübersichtlicher liegen die Verhältnisse bei Rutschungen, wie sie in den Voralpen, z. B. am Schliersee (Strecke Schliersee—Bayrisch-Zell) auftreten. Es handelt sich dort um Moränenschutt, der tonige

Bestandteile enthält und infolge der Gerölleinlagerungen meist noch durch Wasser gut geschmiert wird. Eine genaue Vorhersage ist wegen der Ungleichmäßigkeit des Materials und der Wasserverhältnisse meist nicht möglich. Diese Massen neigen bei Wasseranstauungen, also z. B. auch im Anschluß an Frost oder bei Regengüssen, die auf lange Trockenheit folgen, zu Rutschungen oder langsamem Fließen, den Murgängen nicht unähnlich. Durch bauliche Maßnahmen läßt sich wenig ausrichten. Falls man solche Hänge nicht vermeiden kann, ist vor allem Abfangen des von oben kommenden Wassers und gute Drainage des Fußes anzuordnen. Die Feststellung der verschiedenen Kennziffern ist trotzdem nicht überflüssig, weil sie eine allgemeine Beurteilung ermöglicht und zur Auswertung sowie Festlegung der praktischen Erfahrungen beiträgt.

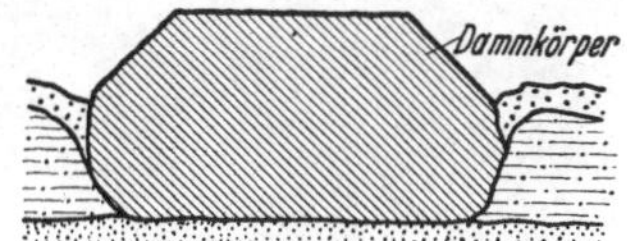

Abb. 108. Dammkörper im Moor.

b) Dämme (wurden ebenfalls bereits beim Erdbau behandelt).

1. Bei der Festsetzung des den verschiedenen Bodenarten zugeordneten Böschungswinkels sind Modellversuche (bei Sand) und Scherversuche (bei bindigen Böden) nützlich. Schwierig ist die Beurteilung von Bodenarten, z. B. Mergeln, die in der Natur verhältnismäßig fest gelagert sind, später aber im Damm quellen, verwittern und unter sehr flachen Winkeln ausfließen. Es kann oft Jahre dauern, bis diese Erscheinungen eintreten und durch Luft und Wasser ein vollständiges Aufweichen erreicht ist.

2. Verdichtung geschütteter Dämme. Oft hatte man Zeit, den Damm vor Aufbringen des Oberbaues lange Zeit liegen zu lassen, so daß die Setzungen im Untergrund und die Verdichtung durch Eigengewicht und Regen sich auswirken konnten. Neuerdings wurde jedoch durch vergleichende Versuche an Bahndämmen aus dem Baujahr 1922 (IV, 4), von denen einer nie befahren wurde, festgestellt, daß durch die Zeit allein lange nicht dieselbe Verdichtung erreicht wird wie durch das Befahren. Obwohl bei Eisenbahnen sich eine nachträgliche Setzung durch Erschütterungen nicht so lästig auswirkt wie bei Straßenbauten, da ja stets nachgestopft werden kann, wird man doch bei beschleunigten Bauten, schon der höheren Lasten und größeren Geschwindigkeiten wegen, auf eine ziemlich gleichmäßige Verdichtung der Dämme achten müssen (Verfahren, Nachprüfung usw. s. unter V, A 3. S. 86—95).

3. Setzung. Nicht nur das Sackmaß des Dammes, sondern auch die Setzung plastischer Lagen des Untergrundes unter dem neu aufgebrachten Gewicht der Erdmassen und zum Teil der Verkehrslast sind von Bedeutung für den Bestand der Strecke. Bei Moor kommen diese Senkungen oft erst zur Ruhe, wenn der Dammkörper durch das Moor hindurch bis auf die feste Unterlage gesunken ist (Abb. 108). Durch Faschinenunterlagen (Bahnbau Oldenburg—Brake) hat man versucht,

die Auflagefläche zu vergrößern und die Setzungen möglichst gleichmäßig zu halten. Dies glückt jedoch nur bei zähem, torfigem und nicht bei verwittertem, weichplastischem Moor. Über andere Maßnahmen siehe S. 111. Bodenuntersuchungen geben über Möglichkeiten und Arbeitsweise umfassend Auskunft. Man bestimmt Wassergehalt, Konsistenzgrenzen und macht Reibungs- und Zusammendrückungsversuche. Beabsichtigt man die Anordnung bestimmter Querschnitte (z. B. Schlitzen des Moores), dann sind ergänzende Modellversuche [89] aufschlußreich. Aus den Versuchen ist der Größenordnung nach eine Setzungsvorhersage für bindige Schichten im Untergrund möglich. (Z. VDI 1934, H. 35, S. 1030 [100].)

Abb. 109. Durch Ton verschmutzter Straßenunterbau.

c) Tunnels. Der Tunnelbau erfordert sehr gründliche Vorarbeiten und vor allem das Zurateziehen des Geologen. Der Tunnelgeologie hat Terzaghi in der „Ingenieurgeologie" S. 365—407 eine vorzügliche, durch zahlreiche Beispiele ergänzte Abhandlung gewidmet. Neben dem Geologen sollte sich der Bauingenieur, der Baugrunduntersuchungen treibt, in erster Linie befassen mit der Druckverteilung und ihrer Abhängigkeit von den Bodenarten, während die bodenphysikalischen Untersuchungen bei der Ermittlung der notwendigen Rechnungswerte, vor allem der angetroffenen Erdstoffe, nützlich sein können. Die oft sehr rohen Annahmen ließen sich dann durch die gefundenen Werte ersetzen.

d) Bauwerke. Brücken werden unter V, A 5 und Stützmauern unter V, A 1 ausführlicher besprochen. Deshalb seien auch hier nur einige Sonderfälle des Eisenbahnbaues herausgehoben.

Beim Ersetzen alter Übergänge in Schienenhöhe durch Unterführungen ergeben sich manchmal Bauwerke und Ausführungsweisen, für die die Kenntnis der Bodenbeschaffenheit recht wichtig ist.

1. Die Vorbelastung, welche der Boden unter der neuen Fundamentsohle bereits hatte, ist meist so groß und der Boden außerdem durch Einrüttelung verdichtet, daß man sich kostspielige Gründungen (Pfähle) sparen kann, da doch keine neue zusätzliche Last auftritt und Setzungen erzeugt.

2. Wählt man wegen der Aufrechterhaltung des Betriebes Ausführung eines großen Bauwerkes in mehreren Bauabschnitten, so ist die Setzung durch Einrütteln zu berücksichtigen. Man darf z. B. nicht

erwarten, daß im zweiten Bauabschnitt, wenn außerdem auf den Nebengleisen der Verkehr weiterläuft, sich genau dieselbe Höhenlage ergibt und ordnet besser Fugen im Bauwerk an. Rückhaltebecken, die manchmal in solche Unterführungen eingebaut werden, sollten, wenn sie dicht bleiben sollen, nicht aus dem ersten in den zweiten Bauabschnitt durchlaufen.

Bei der Ausführung solcher Bauwerke ist überdies zu berücksichtigen, daß durch Erschütterungen in der Nähe der Baugrube (Verkehr, Rammen, Löffelbagger, Mörtelpumpen usw.) außer dem Einrütteln des Sandes auch ein Wandern einzelner Bauwerksteile auf ebener Fläche erfolgen kann, wie es kürzlich bei einem Bau in Berlin beobachtet wurde. Der horizontale Druck gegen die Baugrubenwände wird durch Erschütterungen höher, als er in der statischen Berechnung meist angesetzt wird und erfordert deshalb stärkere Aussteifungen. Zur Erklärung diene, daß durch Erschütterungen der Winkel der inneren Reibung im Boden stark sinkt. Dies gilt sowohl für Sand als auch für bindige Böden.

e) Planum. Man hat stets das Eindringen von feinem, aufgeweichtem Boden in das Schotterbett (Abb. 109, dem Straßenbau entnommen) festgestellt und nach Maßnahmen zur Abhilfe gesucht. Die Ursachen sind von zweierlei Art:

1. Durchfeuchtung des Dammkörpers von obenher. Es bilden sich kleine Mulden, die beim Vorhandensein toniger Bestandteile oder durch das beim Stopfen niedersinkende Gesteinsmehl ziemlich undurchlässig sind. Bei Regenfällen entstehen Pfützen, und die Pumpwirkung beim Befahren erzeugt einen Schlamm, der nach und nach durch den Schotter bis zu den Schwellen dringt.

2. Noch gefährlicher ist die Wasseransammlung infolge des kapillaren Wasseraufstieges in frostschiebendem Dammboden. Das Schrifttum über Frosthügel und Schlagstellen ist sehr reichhaltig (s. u. a. [101, 102, 103]). Außerdem wird die Frostbildung im Straßenbau (A 3) ausführlicher besprochen. Abgesehen von der Gefahr der Unebenheit im Gleise durch die bis 15 cm hohen Frosthügel, ergibt sich dann beim Auftauen der Eisbildungen ein wasserübersättigter Untergrund, der vollkommen weich wird und ebenfalls zwischen dem Schotter hochquillt. Die Abhilfemaßnahmen sind:

Untersuchung der Kornzusammensetzung aller Bodenarten, die zum Dammbau und besonders für den obersten Meter verwandt werden sollen, ebenso zwecks Ermittlung des Wassernachschubes auch Feststellung der kapillaren Steighöhe und der Lage des Grundwasserspiegels. Bei der Schüttung der Dammkrone soll man nie einen durch Ton oder Schluff verunreinigten Boden unmittelbar unter das Schotterbett legen, sondern eine Lage Sand oder Kiessand als „Filter" anordnen. Dadurch wird das Emporquellen weichen Bodens stark erschwert. Gegen die Durchfeuchtung von oben her hat man auf den Dammkörper bituminöse

Schutzdecken aufgebracht („Bitumen" 1931, S. 144—149 und „Geologie und Bauwesen" 1934, H. 2) [104, 105]. Diese Schutzschicht, die nicht zu weich, aber auch nicht zu spröde sein darf (Rissebildung), schützt den Damm nicht nur gegen Niederschläge, sondern unterbindet auch den kapillaren Wasseraufstieg in das Schotterbett, ähnlich wie die Isolierungen, die im Straßenbau verwandt werden. Bedenklich ist nur, daß der Boden unter der Schicht bei starkem Frost ebenfalls gefrieren wird. Er darf deshalb auf die obersten 30—40 cm nicht aus frostschiebendem Material bestehen.

5. Brückenbau.

Der freitragenden Konstruktion entspricht die Forderung großer Standsicherheit der Auflager. Außerdem will man wegen der hohen Kosten dieser Bauten innerhalb wirtschaftlicher Grenzen bleiben. Einzelheiten werden in anderen Abschnitten (V, B) besprochen.

Wir wollen uns hier auf Hinweise besonderer Art beschränken, die sich aus der Betrachtung der Bodeneigenschaften und der Wechselwirkung zwischen Bauwerk und Baugrund ergeben. Einige Beispiele werden dies erläutern.

Der Boden bekommt durch Pfeiler und Stützen vorwiegend lotrechte Belastung, während die Widerlager außerdem waagerechte Zusatzkräfte auf den Boden ausüben oder auch durch ihn bekommen (z. B. Hinterfüllung). Pfeiler und Widerlager sind Träger eines Überbaues, der unter Annahme gewisser Auflagerbedingungen meist ziemlich genau berechnet wird, während dann die Gründung, infolge unklarer Beurteilung der Bodenzusammenhänge, diese Bedingungen sehr oft nicht erfüllt. Für die verschiedenen Gründungsarten werden einige der Einflüsse in Abschnitt V besprochen.

Von den Baugrundfragen sind zu klären:

a) Während der Ausführung, also bei offener Baugrube:

Rutschgefahr der Böschungen.

Seitlicher Druck gegen Wände und Aussteifungen.

Fließen und Aufquellen.

Verhalten bei Erschütterungen (Rammen, Bagger, Drucklufthämmer usw.).

Das Lösen des Bodens.

Die Durchlässigkeit (Wasserhaltung).

Das spätere Schütten der Dämme.

Verdichten der Hinterfüllungen.

b) Für das fertiggestellte Bauwerk:

Die Bodenpressung oder besser gesagt die bei gegebenen Belastungen zulässige Setzung. Wichtig ist, ob die Setzungen für mehrere Pfeiler gleichmäßig oder ungleichmäßig auftreten.

Vorhersage der Setzung nach Größenordnung und zeitlichem Verlauf.

Standsicherheitsuntersuchung der Pfeiler im Untergrund (Berechnung nach Terzaghi, Krey u. a.).

Verschieben und Verkanten der Widerlager, Setzung der Brückenrampen.

Reibung in der Sohlfuge.

Bodenuntersuchungen sind möglichst frühzeitig vorzunehmen, da durch ihre Ergebnisse bereits die Lage, der Baustoff, das System des Überbaues und vor allem die Art der Gründung grundlegend beeinflußt werden. Bei Auswertung der Versuche ist zu beachten, daß eine gleichmäßige Setzung aller Pfeiler unschädlich ist, daß jedoch für gewisse Systeme bereits ein stärkeres Setzen einzelner Pfeiler, vor allem aber ein Schiefsacken (bewegliche Brücken), gefährlich werden kann.

Bei Brücken ist der Anteil des Eigengewichtes der Pfeiler sehr groß, so daß bei sandigem Boden etwa $^2/_3$ der sofort eintretenden Setzung bis zum Aufbringen des eisernen Überbaues erledigt ist.

Beispiele und Winke.

Belastungen. Gleichzeitig mit Bodenproben zur Vornahme von Versuchen benötigt der Baugrundingenieur die Übersichtszeichnung und überschlägliche Belastungsangaben. Einige Überlegungen sind hierbei notwendig: Die äußerst kurz auftretenden Höchstbelastungen aus Verkehr und Wind z. B. werden die Setzung — besonders auf bindigen Böden, bei denen die Zeitdauer eine große Rolle spielt — nur wenig beeinflussen. Außerdem ist nicht die Gesamtlast, sondern die zusätzliche Neubelastung des Bodens maßgebend. Man kann also Erdaushub, Auftrieb usw. in Abzug bringen und wird auch noch der früheren (geologischen) Überlagerung Rechnung tragen müssen. Wie gesagt, tritt bei sandigem Untergrund die Setzung sehr bald ein, so daß ihr größter Teil beim genau Abstellen eiserner Überbauten bereits eingetreten ist.

Die Dammschüttung verursacht bei plastischem Untergrund eine Zusammendrückung, die sich bis unter die Widerlager bemerkbar macht (Abb. 110). Es empfiehlt sich deshalb, die Dämme bis möglichst dicht an das Bauwerk heran frühzeitig zu schütten (Abb. 111). Dadurch wird wenigstens eine teilweise Vorbelastung erreicht.

Für die Schüttung und das Verdichten gilt zum großen Teil das, was auf S. 86 bereits über Verdichtung der Dammschüttungen ausführlich gebracht wurde.

Besondere Vorsicht ist geboten hinter Widerlagern von Kunstbauten, die erfahrungsgemäß meist zuallerletzt hinterfüllt werden. Die meisten Verdichtungsverfahren beruhen auf der vorübergehenden Aufhebung der Reibung zwischen den Sandkörnern. Die bei statischen Berechnungen eingesetzten Reibungswinkel aus Handbüchern sind für diesen Fall viel zu groß und ergeben zu kleine Werte für den Erddruck, besonders wenn große Massen eingespült oder -geschlämmt werden. Es empfiehlt sich also hier besonders das vorsichtige Einbringen und Anstampfen des Bodens in dünnen Lagen.

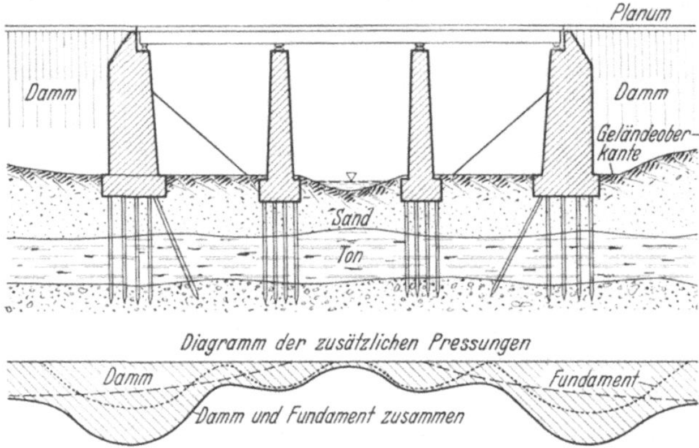

Abb. 110. Erhöhung der Pressungen im Boden durch das Dammgewicht.

Nicht ohne Einfluß auf die Standsicherheit der Widerlager ist das Hinterpacken. Meist wird gegen die bituminöse Isolierung eine Ziegelflachschicht als Schutz gelegt, dahinter werden Steinpackungen angeordnet, die eine Art Drainage für Regenwasser darstellen sollen. Bei durchlässigen Böden ist dies überflüssig, da das Regenwasser schnell genug versickert. Bei undurchlässigen Böden besteht die Gefahr eines schnellen Vollschlämmens der Hohlräume. Richtig ist dann nur eine Ausführung in Art eines Filters, d. h. die gröbsten Steine am Bauwerk, mit abnehmender Korngröße bis zu Sand am bindigen Boden der Hinterfüllung. Dadurch wird (nach Terzaghi) eine Erhöhung des Erddruckes durch Wasserdruck vermieden. A. Casagrande empfiehlt unter etwa 45 Grad geneigte durchlässige Schichten, die das Zufließen des Wassers von den Stützmauern und Widerlagern überhaupt abhalten (Abb. 112).

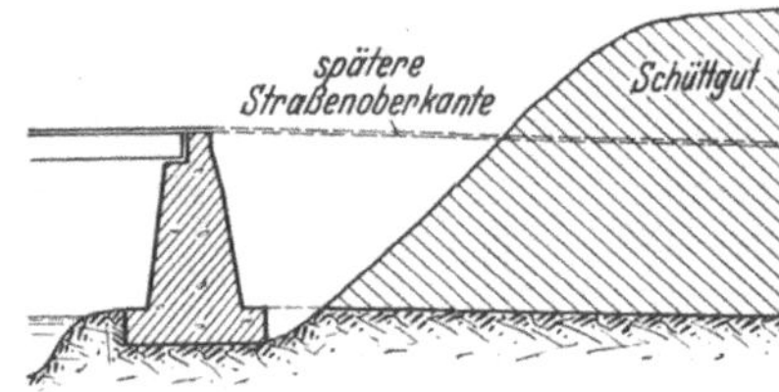

Abb. 111. Vorbelastung des Untergrundes.

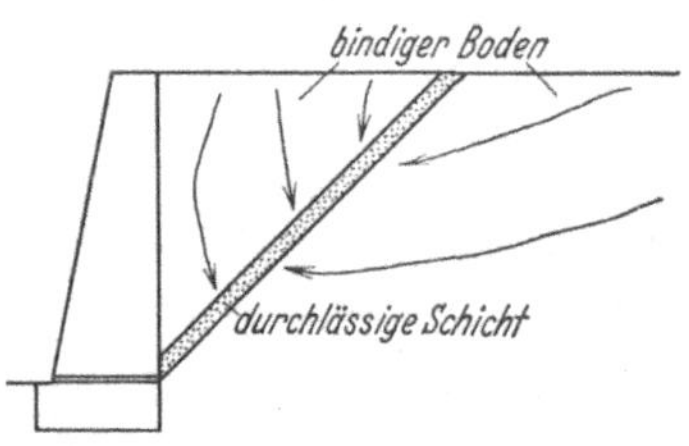

Abb. 112. Entwässerung hinter Widerlagern.

Wie eine unzureichende Verdichtung der Rampen sich auswirkt, zeigen die Abb. 113 und 114.

Der Damm hinter den Widerlagern einer Straßen- und Eisenbahnbrücke von 66 m Spannweite, die auf Eisenbetonsenkbrunnen standen, wurde aus lehmigem Sand innerhalb eines Tages etwa 5 m hoch locker geschüttet. Ein bald darauf einsetzender schwerer Regenguß durchweichte den Schüttboden derart und setzte die innere Reibung so stark herab, daß das Widerlager um viele Zentimeter vornüber gedrückt wurde. Allerdings sprachen noch andere Gründe mit (wie es ja meist der Fall ist). Man sieht jedoch hieraus, daß man mit Hinterfüllen und Einschlämmen bei Widerlagern vorsichtig sein muß.

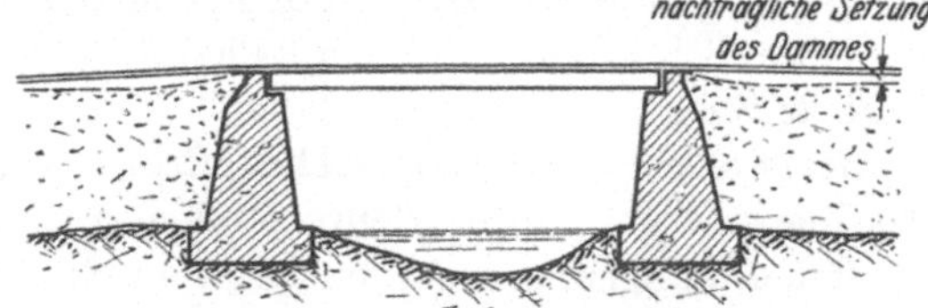

Abb. 113. Setzung der Brückenrampen (Schema).

Trotz aller Vorkehrungen sind unmittelbar hinter dem Widerlager noch Setzungen zu erwarten. Bei Bahnstrecken wird ihr Einfluß im Schotterbett ausgeglichen. Bei hochwertigen Straßen besteht Gefahr für Wellenbildung oder Reißen der Decke. A. Casagrande schlägt hierfür die Lösung nach Abb. 85 vor.

Abb. 114. Setzung der Brückenrampen (Beispiel).

Für Durchlässe in hohen Dämmen werden oft schwere Gründungen entworfen. Zunächst steht fest, daß man eine Gründung nicht so stark machen kann, daß der Durchlaß ohne Verformung auf 30 bis 40 m Länge die Setzung des Bodens unter einem hohen Damm aushält und ein starrer Träger bleibt (Abb. 115). Überdies wiegt ein Betondurchlaß z. B. nie mehr als der durch ihn verdrängte Boden. Die Belastung des Baugrundes ist also dieselbe wie beim anschließenden Damm. Man sollte deshalb Durchlässe in nachgiebigem Boden nicht auf schwere Fundamente oder gar Pfähle setzen, sondern in dem Damm „schwimmen“ lassen. Einige Bewegungsfugen sind zweckmäßig.

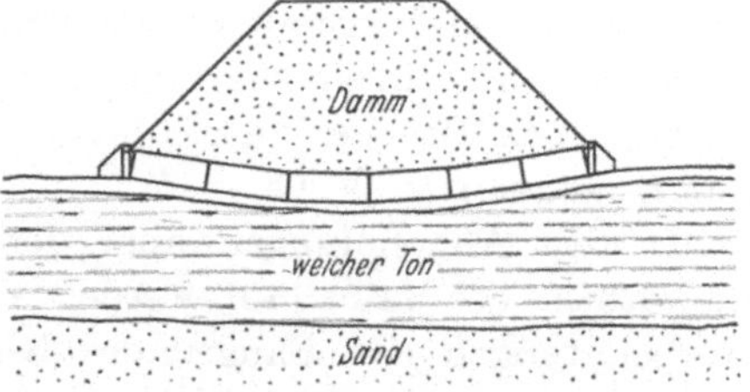

Abb. 115. Gefährdung eines Durchlasses durch Bodensenkung. Zusammendrückung des Untergrundes.

Für eine große Rheinbrücke (Waal) bei Nymwegen wurde statt Senkkastengründungen eine große Anzahl von Franki-Pfählen in offener Baugrube gerammt. Die Verdichtung des Sandes durch Einrüttelung war zum Schluß so groß, daß das Rammen der letzten Pfähle kaum möglich war.

Die Pfeiler der neuen Elbebrücke bei Hohenwarte stehen im Geschiebemergel, unter dem ziemlich dichter Ton liegt. Ausführung in offener Baugrube zwischen eisernen Spundwänden. Geschiebemergel hat durch die Ungleichförmigkeit seiner Kornverteilung ein sehr geringes Porenvolumen und ist außerdem durch die viele hundert Meter betragende eiszeitliche Überlagerung besonders stark verdichtet. In diesem Fall mußte das Lösen zum Teil durch Sprengen erfolgen. Die Setzungsvorhersage durch Zusammendrückungsversuche ist infolge der beschriebenen Vorgeschichte recht schwierig und ergibt wahrscheinlich noch zu hohe Werte. Wir kamen auf etwa 14 mm Gesamtsetzung, die zu $^2/_3$ beim Bau der Pfeiler auftreten und für beide Pfeiler etwa gleich groß sein dürfte. Es war zwecklos, noch tiefer in den tertiären Ton zu gehen, der zwar auch sehr fest gelagert ist, aber infolge seiner Feinheit einen viel größeren Porengehalt und eine größere Zusammendrückungsfähigkeit hat. Allgemein gilt, daß das teure Tiefergehen nicht immer besser ist.

Die Brücke wurde inzwischen fertiggestellt und dem Verkehr übergeben. Die bisher gemessenen Setzungen betragen etwa 10 mm.

Hier sei auch verwiesen auf das Beispiel unter Pfahlgründungen (V, B 2).

Ein weiteres Beispiel für die Nachteile, die sich aus dem Tiefergehen unter Umständen ergeben, zeigt Abb. 1 in „Die Straße“ 1934, H. 6, S. 181.

Durch stärkeren und schwereren Verkehr werden immer mehr Brückenverbreiterungen oder auch der Ersatz alter Überbauten erforderlich. Es ergibt sich dann die Notwendigkeit neuer Bodenuntersuchungen und Beurteilung der Tragfähigkeit der vorhandenen Pfeiler. Von großem Nutzen sind dabei Setzungsbeobachtungen an der vorhandenen Brücke, da sie bereits Aufschlüsse oder Warnungen enthalten können (s. V, C).

In den Abhandlungen über den Umbau der Straßenbrücke über den Rhein bei Mainz [45] werden Probebelastungen im Bohrloch und Vorbelastungen des Baugrundes besprochen. Letztere hielt man für notwendig, da die alten Pfeiler sich erheblich gesetzt hatten und man der auskragenden Pfeilerverbreiterung möglichst eine gleich große Setzung geben wollte, um erneutes Senken des ganzen Pfeilers auszuschließen. In der Abhandlung findet sich u. a. die Angabe, daß „die Einsenkungen nur sehr langsam zur Ruhe kamen“. Gewiß, man konnte die Prüfgeräte nicht so lange stehen lassen, bis die zum Teil bindigen Böden („hellgrauer Mergel“, „blaugrüner Ton“ usw.) konsolidiert waren.

Es ist verständlich, daß bei Probebelastungen im Bohrloch der Schluß auf die Zeitdauer der Gesamtsetzung und die Setzung unter größeren Lastflächen recht schwierig ist. Man hat dann gewisse Pressungen als zulässig angenommen und später beim Abpressen des Untergrundes („Die Bautechnik" 1932, H. 48, S. 635) festgestellt, daß „bei 7 kg/cm² die Einsenkungen weiter fortschritten ...". Die Druckkörper für das Vorpressen kamen bei einer durchschnittlichen Einsenkung von 7 cm erst zur Ruhe. Dies ist sicherlich auch noch nicht der endgültige Ruhezustand. Nach neueren Mitteilungen der ausführenden Firma Grün & Bilfinger bekamen einzelne Sohlenblöcke bis zu 14 cm Einsenkung durch die Vorspannung, die 3 Tage lang gehalten wurde. Später standen die Pfeiler durch die Art der Montage einseitig unter Höchstbelastung, wobei (erstaunlicherweise) keinerlei weitere Setzung aufgetreten sein soll. Daß das Endmaß der Setzung demnach in 3 Tagen voll erreicht wurde, läßt sich höchstens dadurch erklären, daß zwischen den Ton- und Tonmergelschichten in sehr geringen Abständen feine Sandschichten eingelagert waren, so daß das ausgepreßte Porenwasser des Tones schnell entweichen konnte. Für sandige Böden ist von dieser Maßnahme noch mehr Nutzen zu erwarten, da die Verdichtung wenig Zeit braucht. Auch von anderen Brücken wird berichtet, daß der Erfolg solcher Vorpressungen – je nach Bodenart – sehr wechselnd war und manchmal nicht befriedigt hat. Die Beispiele zeigen, wie wesentlich die Kenntnis der Bodenverhältnisse im einzelnen für Vorarbeiten und bauliche Maßnahmen an Brückenpfeilern ist.

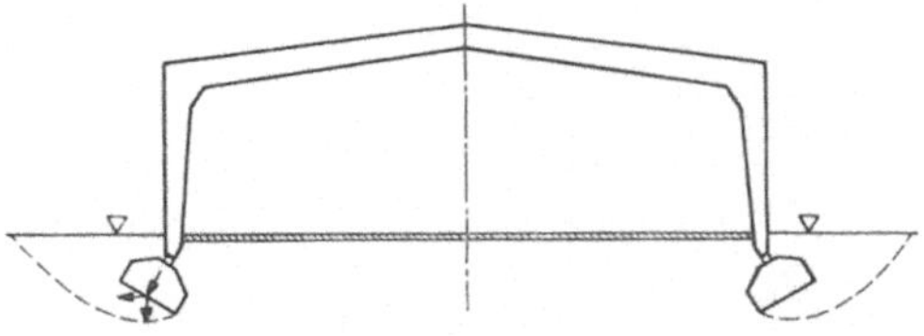

Abb. 116. Gefahr seitlichen Ausweichens der Fundamente bei Zweigelenkrahmen.

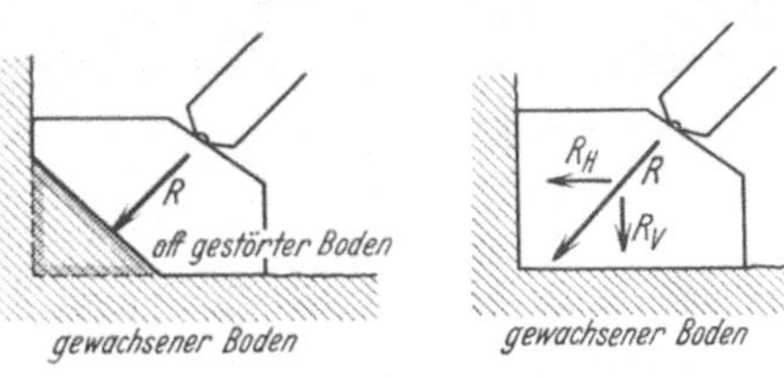

Abb. 117. Abb. 118.

Widerlagern von Bögen (sowohl bei Brücken wie bei Hallen) sucht man oft eine den Reaktionen entsprechende Form zu geben (Abb. 116). Abgesehen davon, daß die Resultierende infolge Wind und Verkehrslasten der Richtung nach nicht genau festliegt, sind solche Schrägen in der Baugrube sehr schlecht ausführbar. Verfasser sah Bauten, bei denen die lotrechte Wand und ein Teil der Schräge überhaupt erst angeschüttet und angestampft wurden (Abb. 117). Richtiger ist dann schon die Ausführung etwa nach Abb. 118, bei der die horizontale Kraft durch die stehengebliebene Rückwand aufgenommen wird, wobei man — besonders wenn es sich um untiefe Fundamente handelt —

den passiven Erddruck nicht überschätzen darf! Überdies reicht meist die Reibung zwischen Beton und Boden aus für die horizontale Kraft R_h.

Bei Wegeüberführungen der Reichsautobahnen ergaben sich Ausbildungen der Widerlager, die bei nachgiebigen und nicht sehr standfesten Böden bedenklich sind. Abb. 119 zeigt, wie der Erdaushub für

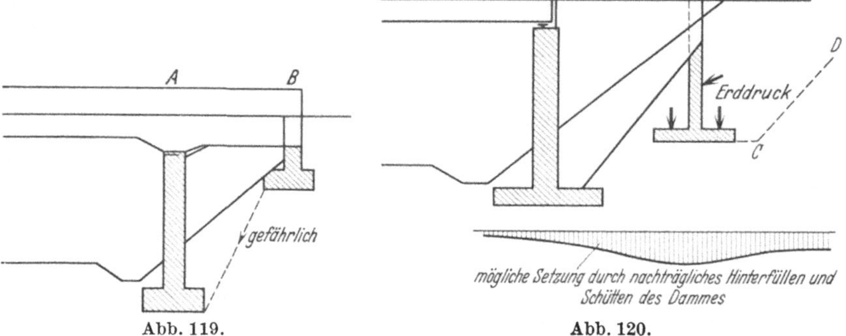

Abb. 119. Abb. 120.

eine Stütze den Untergrund unter einem hochgelegenen Endauflager gefährdet. In diesem Fall wäre es besser, das Stück A—B überhaupt als Kragträger auszubilden, wie es auch stellenweise geschah.

Bei Wegeüberführungen mit einer Mittelstütze, die als Balken auf drei Stützen berechnet werden, besteht die Gefahr, daß durch nachträgliches Schütten der Rampen sich die Endauflager stärker setzen als die Mittelstütze und über dieser das negative Moment übergroß wird.

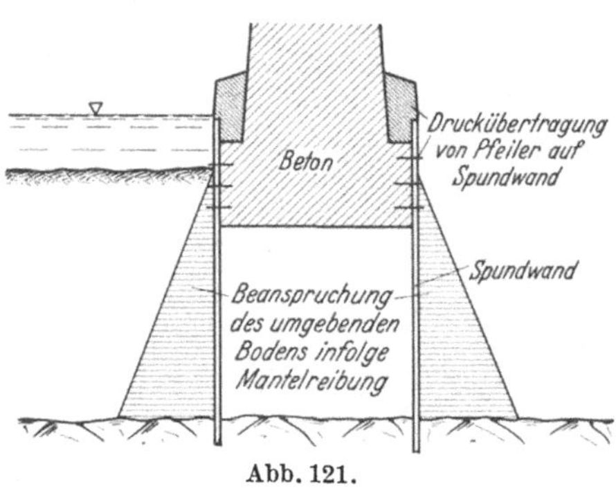

Abb. 121.

Eine Ausführung, durch die man den Erddruck gegen das Widerlager und die ungleiche Fundamentpressung vermindern wollte, zeigt Abb. 120 in aufgelösterEisenbetonbauweise. Ein ganz gleichmäßiges Verfüllen ist schwierig, und es ergibt sich bei plastischen Lagen im Untergrund die Möglichkeit einer nachträglichen Setzung unter dem Gewicht des Dammes, den man vor der Ausführung der Widerlager nur etwa bis zur gestrichelten Linie C—D schütten kann.

Unter V, B 1 wird darauf hingewiesen, daß man zweckmäßig die Spundwand um einen Pfeiler herum zum Mittragen zwingt, wenn nicht gerade der Boden unter dem Pfeiler nachgiebig ist, die Schneide der Spundwand dagegen sehr unnachgiebigen Boden erreicht. Man vermeidet durch diese Maßnahme eine einseitige Reibung zwischen Beton und Spundwand, deren Folge ungleichmäßige Setzung des Pfeilers sein müßte, außerdem verhindert die Spundwand seitliches Ausweichen der belasteten Schichten. Die Ausführung im einzelnen kann durch Anschweißen von Flacheisen, Winkeleisen oder U-Eisen an die eiserne Spundwand erfolgen (Abb. 121).

Innerhalb größerer Pfeilerbaugruben wagt man manchmal nicht, stellenweise tieferzugehen, wenn eine Ton- oder Mooreinlagerung es erfordert, weil man einen Verlust an Fundamentfläche befürchtet. Diese Überlegung ist falsch. Es ist richtiger, mit einer gebrochenen

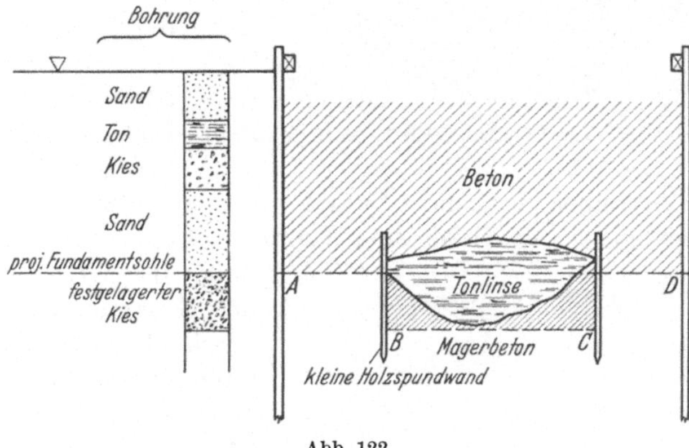

Abb. 122.

Fläche *A B C D* einen gleichmäßig gelagerten Boden zu erreichen, als engherzig an der horizontalen Fläche festzuhalten (Abb. 122). Manchmal läßt die bereits gerammte Spundwand bei *A* und *D* ein Tieferausgraben nicht zu. Dann genügen kurze hölzerne Spundwände innerhalb der Baugrube, die bei einer möglichen Setzung ebenfalls einen pfahlartigen Widerstand bieten.

Die Reihenfolge der für Beurteilung des Baugrundes erforderlichen Vorarbeiten wird unter III, 3 besprochen.

6. Hoch- und Industriebau.

Es ist begreiflich, daß bei allen Bauvorhaben, bei denen Entwurf und Vergebung der Arbeiten in der Hand des Architekten liegen, die Zusammenhänge mit dem Baugrund bisher noch weniger zur Geltung kamen als bei dem Bauingenieur, der in vielen Fällen zugibt, von der Möglichkeit gründlicher Aufschlüsse und Untersuchungen wenig gewußt zu haben. Sehr oft verläßt sich nach unserer Erfahrung der verantwortliche Architekt auf den guten Ruf einer Tiefbaufirma, die die Gründung ausführen soll, jedoch auch bisher nur selten mit der neueren

Baugrundforschung vertraute Ingenieure haben kann. Die in letzter Zeit bekanntgewordenen Beispiele beabsichtigter oder ausgeführter Fehlgründungen sind reichhaltig genug, um daran die Nützlichkeit der neueren Betrachtungsweise zu zeigen.

Abb. 123. Stärkere Setzung der Türme (Kirche in Hecklingen).

Es wird eingewandt, daß man gerade im Hochbau doch früher selten etwas von schweren Schäden durch Setzungen, Rutschungen oder Ausweichen des Bodens gehört habe und deshalb auch heute nicht zu übertreiben brauche. Darauf wäre zu antworten, daß auch unsere Hochbauten an Höhe und Gewicht ständig gewachsen sind, daß die Erschütterungen im Gebäude und auf der anschließenden Straße dauernd zunehmen, daß man aber auch bei Fahrten durch das Land nur die Augen zu öffnen braucht, um alle die Häuser mit schweren relativen Setzungen in der Mitte (von den absoluten gar nicht zu sprechen), schiefstehende Türme und Rathäuser, alte Kirchen mit schweren Strebepfeilern auf den Ecken — die nichts geholfen haben —, Risse zwischen Kirchenschiff und -turm — selbst bei neuen Kirchen — zu sehen. Im Dom zu Worms sieht man z. B. mit bloßem Auge die starke Neigung der Mittelpfeiler, ohne daß auch nur ein Riß im Gewölbe sichtbar ist. Auf Befragen erklärt der Kastellan, daß die Pfeiler 35 cm aus dem Lot stehen, die Risse jedoch bei der Renovierung um 1892 beseitigt

Abb. 124. Zimmertür in einem Gebäude in der Fritschestraße in Charlottenburg.

wurden. Viele Schäden werden nicht bekannt, nicht gemessen oder aus einer gewissen Schamhaftigkeit verheimlicht.

Zwei Beispiele stärkerer Setzung der schweren Kirchtürme, verglichen mit dem leichten Kirchenschiff, zeigen die alte Basilika in Hecklingen bei Staßfurt (Abb. 123) und der Dom zu Königsberg [106]. Ähnliche Beobachtungen kann man an Dutzenden von Kirchen machen.

Abb. 125. Stärkere Setzung des über einem Moorgraben stehenden Mittelteils („Rotes Schloß").

Der Architekt tut gut daran, schon bei der Wahl des Bauplatzes den Untergrund untersuchen zu lassen. Das gilt für ganze Stadtbebauungspläne. Es hat keinen Zweck, schachbrettartig über alte Moore, alte Flußläufe, Rutschhänge usw. hinwegzubauen. Gute Beispiele dafür finden sich in Berlin und Stuttgart. In der Fritschestraße in Charlottenburg steht ein Haus von 4 Stockwerken, dessen eine Ecke sich um 80 cm mehr gesetzt hat als die andere (Abb. 124), obwohl 16 m lange Pfähle verwandt wurden. An der Stelle soll ein alter Karpfenteich gewesen sein, und die Pfähle haben sich bei Verdichtung des sie umgebenden Schlamm- und Moorbodens nach der Auffüllung (also Mehrbelastung) mit dem Boden gesenkt. Eine Anzahl von Häuser in der näheren Umgebung (Maikowskistraße, Hebbelstraße) zeigen ähnliche Erscheinungen. Sehr schwere Setzungen zeigt auch das „Rote Schloß" in Berlin, An der Stechbahn (Abb. 125).

Abb. 126. Hohlräume unter dem Fundament.

Gerade in Berlin sind in den letzten Jahren auch an vielen anderen Stellen starke Setzungen beobachtet worden, vor allem da, wo mit Moor oder Faulschlamm gefüllte Rinnen die Stadt durchziehen. Sowohl durch die von oben aufgebrachte Belastung als auch durch Wasserentzug verdichten sich die Schichten weichplastischer, anorganischer oder organischer Ablagerungen sehr stark, ja es entstehen sogar Hohlräume unter den Kellerfußböden (Abb. 126).

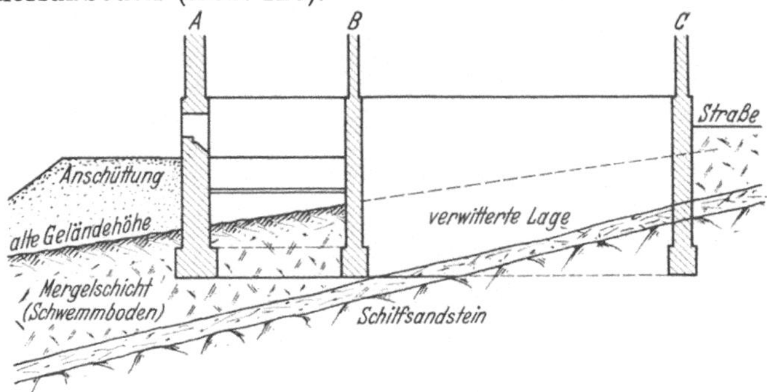

Abb. 127. Gründung eines Hauses am Rutschhang. Die Risse treten meist in der Nähe der Wand *B* auf.

Der städtische Tiefbauer hat oft darüber geklagt, daß man solche Tümpel und Niederungen bebaut, also auch entwässern muß, statt sie für Teiche und Grünanlagen zu verwenden. Die Wirtschaftlichkeit und Standsicherheit schließen sich also diesem Wunsche mit guten Gründen an und dem Stadtbild käme die Lösung auch meist zugute.

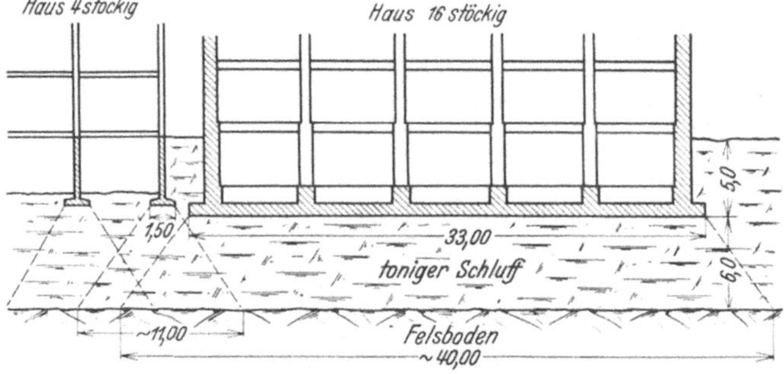

Abb. 128. Gebäude sehr verschiedenen Gewichtes nebeneinander. Die Fundamentpressung ist bei beiden Gebäuden gleich (2,5 kg/cm²). Die Pressung auf den Felsboden ist jedoch bei beiden Gebäuden sehr verschieden.

In Stuttgart hat man ausgesprochene Rutschhänge (Mergelschutt) mit großen Kosten bebaut. Starke Schäden an den Häusern, vor allem nach trockenem Sommer bei einsetzenden Regengüssen, waren die Folge (Abb. 127). Ein Architekt aus St. bemerkte hierzu, daß Grünbänder statt Häuser an diesen Stellen dem Stadtbild nur zugute gekommen wären.

Wenn also eine Wahl des Bauplatzes möglich ist oder ein Gebäude dem Gelände entsprechend verschoben werden kann, soll man sich nach den Bodenuntersuchungen richten.

Ein Trugschluß, dem der Architekt noch manchmal zum Opfer fällt, ist die Angabe der Bodenpressung in kg/cm², unabhängig von der Größe und Form der Lastfläche. In Abschnitt IV, 3 werden die Zusammenhänge unter „Probebelastungen“ ausführlicher besprochen. Der Trugschluß kommt meist so zustande, daß ein älteres Haus auf kleinen Fundamentplatten, die den Baugrund mit n kg/cm² belasten, sich angeblich nicht gesetzt hat. Man plant nun nebenan auf vermutlich ähnlichem Baugrund ein Hochhaus mit derselben Bodenpressung, auf die durchgehende Fundamentplatte umgerechnet (Abb. 128). Es ist ohne weiteres klar, daß ein 20stöckiges Hochhaus je Einheit der Grundfläche mehr als fünfmal so viel wiegt als ein vierstöckiges Haus. Um diese Tatsache kommt man durch spielerische Ausrechnung der Fundamentplatten auf genau dieselbe Bodenpressung je cm² nicht herum; denn sie gilt nur für die Höhe der Fundamentfuge, während tiefere Bodenschichten durch Verteilung des Druckes bei kleinen Fundamentplatten sehr verschiedenartig belastet werden. Hierzu zwei Beispiele („Zentralblatt der Bauverwaltung“ 1935, H. 12, Abb. 5, 6 und 8) [43]). Bei dem hohen Turm in Abb. 129 kam als weitere Schwierigkeit hinzu, daß der Boden innerhalb des Gebäudegrundrisses ganz und gar nicht gleichmäßig war, obwohl der Untergrund aus dem ortsüblichen Sand in gleich starken Schichten bestand. Aus dynamischen Bodenuntersuchungen ergab sich eine so große Verschiedenheit durch ungleiche Dichte der Lagerung, daß die Setzungen einer Ecke des Bauwerkes das Doppelte der gegenüberliegenden betragen mußten. Auch auf anderen Baustellen wurde Ähnliches beobachtet.

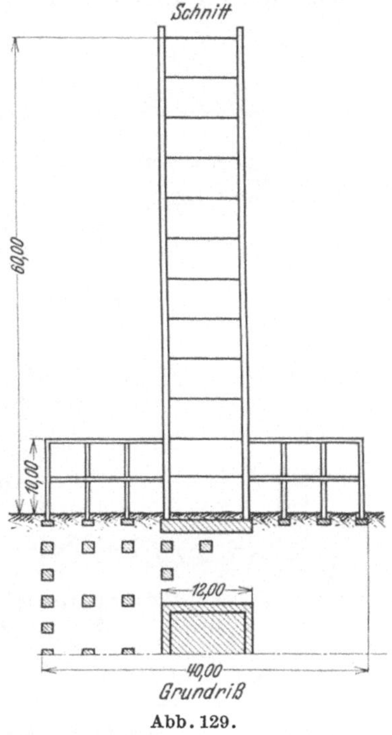

Abb. 129.

Von einem Industriebau, der sich durch Zusammendrückung weicher Schichten im Untergrund im Laufe von etwa 3 Jahren um 12 cm gesetzt hatte, wurde bekannt, daß man dicht daneben ein gleich schweres Gebäude errichten wollte, obwohl über die eingetretenen Setzungen und ihre nachträgliche Beseitigung noch Auseinandersetzungen stattfanden. Man hatte also trotz der örtlichen Erfahrungen keine Ahnung davon, daß das neue Gebäude, ähnlich wie die in Abb. 135 dargestellten Öltanks, indirekt auch den Boden unter dem vorhandenen zusätzlich belasten würde, wodurch neue und ungleichmäßige Setzungen auftreten mußten.

Aus ungleicher Gewichtsverteilung erklären sich auch die Fälle, in denen angebaute Treppenaufgänge, Veranden, Terrassen und leichtere Anbauten am Übergang abreißen, da die große Masse des Hauptgebäudes sich stärker setzt.

Zwar werden diese Setzungen oft nur zum Teil gemessen und es wird auch dann behauptet, daß die Gebäudesetzungen den Probebelastungen auf kleiner Fläche entsprächen. Erklärlich ist dies dadurch, daß auf Sandboden die Setzungen infolge Mehrbelastung sofort auftreten — also meist während der Bauzeit und solange der Mörtel noch plastisch ist —, während nur die Setzungen durch Zusammendrückung bindiger Böden oder durch Einrüttelung längere Zeit in Anspruch nehmen und nach Fertigstellung des Neubaues gemessen werden.

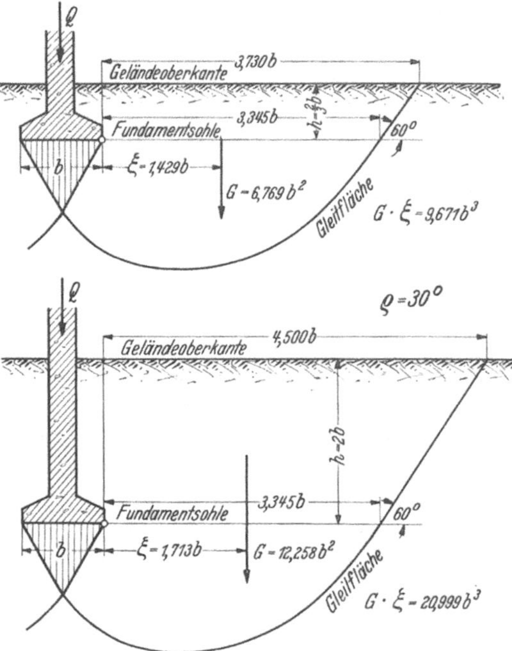

Abb. 130. Einfluß der seitlichen Überlagerung auf die Standsicherheit.

Bei Flachgründungen von Gebäuden ist noch besonders zu achten auf die Verschiedenheit der Setzung verschieden großer Lastplatten, die bereits auf S. 56 unter Probebelastungen besprochen wurde. Auf den Einfluß der Grundrißform (S. 56) und die Bedeutung der seitlichen Überlagerung sei noch besonders hingewiesen. Wenn es z. B. bei einer Streifenlast wirklich zum Bruch kommt, so tritt dieser eher ein als bei einer quadratischen Platte. Dann wirkt eine höhere seitliche Überlagerung günstig, d. h. sie wirkt den zum Bruch drängenden Kräften entgegen, wie dies in Abb. 130 dargestellt ist.

Ein weiteres Beispiel soll zeigen, daß die Reihenfolge der Entscheidung über die Gründung und die weitere Bauausführung einen Bau außerordentlich stark beeinflussen können.

Für einen großen Neubau war nach einigen Probebohrungen der mit moorigen Schichten durchzogene Boden ausgehoben worden. Einen tieferen Kellerteil (im Grundwasser, mit Dichtung) hatte man bereits hergestellt, den Rest der Baugrube 3—4 m hoch mit reinem Sand aufgefüllt, auf dem man — nach Verdichtung — die Flachgründung für das Gebäude anlegen wollte. In diesem Stadium entschloß man sich — da Sandlagen von 3—4 m von oben her nicht wirksam genug zu verdichten sind — zu Rammpfählen. Die Folge war eine Einrüttelung, die auch den bereits ausgeführten Teil beschädigte.

Die Lehre hieraus: Gründliche und rechtzeitige Untersuchung, Baubeginn erst, wenn Gründungsart feststeht. Hier wäre die richtige Reihenfolge gewesen: Erst Pfahlgründung, dann Bau des tieferen Kellerteils, während bei Flachgründung erst die tieferen Teile im Grundwasser, dann die höher gelegenen Fundamente der Gebäude ausgeführt werden sollen.

Anfüllen von Sand als Baugrundverbesserung ist nur unter lageweisem Schütten und Verdichten (Stampfen, Rütteln usw.) unbedenklich.

Aus diesen wenigen Beispielen ersieht man, daß auch der Architekt sich mit den Ansichten der neueren Baugrundforschung befassen muß. Auch die Baupolizei, die in sehr vielen Fällen der einzige Schutz eines Hausbesitzers gegenüber einem benachbarten Neubau von großem Gewicht oder mit unzureichender Gründung ist, sollte zwecks Prüfung der eingereichten Fundamentzeichnungen die beschriebenen Zusammenhänge gründlich kennen. Wir haben in mancherlei Beziehung so genaue Vorschriften, daß man an diesen tiefgreifenden Einflüssen nicht vorbeigehen kann.

Es sei noch ausdrücklich hingewiesen auf den kurzen Bericht über einen Hauseinsturz in Hamburg, der unter Pfahlgründungen besprochen wird (V, B 2) und deutlich zeigt, wie ein Hauseigentümer ohne eigenes Verschulden, auf dem Umwege über den Untergrund, das Opfer unbedachter Bau- und Betriebsmaßnahmen seiner Nachbarn werden kann.

Ein anderer häufiger Eingriff ist das Bohren oder tiefe Ausschachten in der Nähe eines vorhandenen Bauwerkes, wenn dabei feine Sandschichten im Grundwasser angeschnitten werden und zum Ausfließen kommen. Es ist dann eine teilweise Setzung benachbarter Fundamente möglich. Um dieses im voraus beurteilen zu können, müssen bei Probebohrungen die Grundwasserstände und vor allem im Bohrrohr aufsteigendes Wasser mit Feinsand beobachtet und vermerkt werden.

7. Grundbau für Zwecke der Landesverteidigung.

Bereits während des Weltkrieges hat sich gezeigt, daß im Felde der Boden sowohl als Baugrund wie auch besonders als Baustoff eine noch größere Rolle spielt als bei Friedensbauten.

Dies erklärt sich vor allem daraus, daß dieser Baustoff überall sofort zur Hand ist, allerdings in sehr verschiedener Beschaffenheit, so daß man die Eigenschaften kennen und möglichst einwandfrei beschreiben sollte. Außerdem galt jeder Soldat als einigermaßen gelernter Erdarbeiter. So konnte man Erdbauten sehr schnell und unter großem Einsatz von Menschen ausführen. Hinzu kommt noch die große Dämpfung bei Erschütterungen, die Sicherheit, selbst dünner Erdwälle, gegen das Durchschlagen von Infanteriegeschossen und die Möglichkeit ziemlich einfacher Wiederherstellung nach starken Beschädigungen.

Es ist nicht angängig, hier praktische Beispiele dafür zu geben, welche Fortschritte man auf diesem Gebiet gemacht hat und wie sich die neuere Baugrundforschung den neueren Anforderungen anpaßt. Es wird jedoch dem Leser klar sein, daß viele der an anderen Beispielen beschriebenen Zusammenhänge auch für die Ausführung von Kriegsbauten, Stellungsbau, beschleunigten Straßenbau und andere Anlagen militärischer Art nützlich sind.

Sehr wichtig ist da bereits die einheitliche Bezeichnung und Beschreibung der Böden aus Abschnitt II, die dem Praktiker zunächst etwas trocken vorkommen mag. Wenn man jedoch Versuche macht, z. B. über die Eindringungstiefe von Geschossen irgendwelcher Art, so muß man die gemachten Erfahrungen festlegen und zu den vorhandenen Bodenverhältnissen in eine eindeutige Beziehung bringen. Mit Verallgemeinerungen wie „Sand", „Lehm", „Moor", „Fels" usw. kommt man nicht aus, da sich Dichte der Lagerung, Korngröße, Wassergehalt, Verdichtungsfaktor, Durchlässigkeit, Fortpflanzungsgeschwindigkeit von Erschütterungen usw. in sehr weiten Grenzen bewegen. Man ist in der Lage, die meisten Eigenschaften, die praktische Großversuche maßgebend beeinflussen, ziffernmäßig festzulegen und sollte es deshalb auch möglichst tun.

Die Untersuchungen der letzten Zeit über die Einrüttelung nichtbindiger Böden, die Rutschung von Bodenmassen und die Druckverteilung über Hohlräumen sind ebenfalls anwendbar.

Wie man aus technischen Zeitschriften des Auslandes ersieht, schenkt man auch dort diesen Dingen große Aufmerksamkeit, beispielsweise dem Wegebau mit neuartigen und leistungsfähigen Hilfsmitteln, da brauchbare Zufahrtswege bei der im Gange befindlichen Motorisierung und Mechanisierung aller Waffen immer bedeutungsvoller werden.

Der Verfasser überläßt es dem Praktiker, sich die angeführten Beispiele von Zivilbauten, je nach Bedarf, in militärische Formen zu übersetzen, da sich erfahrungsgemäß dort ganz ähnliche Fragestellungen und Beobachtungen ergeben haben.

B. Gründungen.

1. Flachgründungen.

Selbst bei dieser einfachen Gründungsart legt man die Fundamentplatte nie auf die Geländeoberfläche. Man entfernt aus praktischen Gründen den Humus, Wurzelreste, sehr ungleichmäßige Aufschüttungen und geht bei Bauwerken bis auf frostfreie Tiefen herunter, also in Deutschland je nach Lage auf ungefähr 1—1,50 m unter G.O.K. Die Oberfläche eines trockenen Sandes z. B. würde als Unterlage des Fundamentes viel zu locker sein. Auch bei gleichem Aussehen ist der Untergrund auf einem Grundstück nie ganz gleichmäßig dicht gelagert. Man hat also, selbst wenn man in geringer Tiefe bereits sog. guten Baugrund antrifft, ungleiche Setzungen zu erwarten.

a) Druckverteilung. Es soll hier nicht die Berechnung der Platten, Plattenstreifen usw. besprochen werden. Die Wirkungen eines Fundamentes auf den Untergrund sind jedoch wichtige Unterlagen für diese Berechnungen, da sie keineswegs bei allen Böden in gleicher Weise auftreten und durch falsche Annahmen grobe Fehler in die oft sehr genau durchgeführten Berechnungen kommen können. Eine zusammenfassende Darstellung der „Druckverteilung im Baugrunde" mit ausführlichem Schrifttumsverzeichnis enthält Fröhlichs gleichnamiges Buch [107]. Eine anschauliche Zusammenfassung gibt auch Brennecke-Lohmeyer in „Der Grundbau", Bd. III, S. 1—14 [108]. Unsere Kenntnisse stützen sich in der Hauptsache auf die Theorie, deren Anfänge und Grundlagen Boussinesq um 1885 ausgearbeitet hat [109]. Durch Modellversuche sind auf vielen Gebieten, in der Hauptsache für Sand, auch versuchstechnische Werte ermittelt worden (Strohschneider, Kögler, Scheidig u. a.) [110, 111]. Die sehr aufschlußreiche Arbeit von Bernatzik [112] liegt leider nur im Manuskript vor. Sie gibt auf Grund ausführlicher Versuche ein gutes Bild der senkrechten und waagerechten Verschiebungen, der Auflockerung, Tiefenwirkung und Druckverteilung sowohl unter starren Platten als auch unter gleichmäßig belasteter Membrane.

In „Proceedings" vom Mai 1933 gibt die American Society of Civil Engineers, Committee on Earths and Foundations [38] auf S. 815—818 Beispiele der photoelastischen Untersuchungsmethode für die Druckverteilung unter Fundamentplatten. Ein Beispiel ist in Abb. 131 wiedergegeben und zeigt sehr anschaulich zunächst die kleineren Einflußzonen der drei Einzelplatten und darunter die große der Gesamtbelastung. Es soll hier auf die Methode selbst nicht näher eingegangen werden, nur soviel ist ohne weiteres deutlich, daß die sichtbaren Streifen Änderungen der Scher- oder Druckspannung angeben. Aus dem einen Beispiel kann man sehen, daß mehrere gleich große Fundamente den Boden bis in viel größere Tiefe stören als ein einzelnes von derselben Größe, was auch an anderer Stelle bereits dargelegt wurde.

In der Beilage 6 ist die Berechnung der Pressung für verschiedene Tiefen unter der Lastplatte nach Boussinesq dargestellt. Die von Steinbrenner [113] aufgestellten Tafeln zur Setzungsberechnung (inzwischen erweitert) ([12], Bd. II, S. 142) ermöglichen große Zeitersparnisse bei der Berechnung.

Die Gesichtspunkte aus den neueren Untersuchungen, soweit sie für den praktischen Fall besonders wichtig sind, seien hervorgehoben:

Abb. 131. Zusammenwirkung von Einzelfundamenten.

Der durch die Spannungen erfaßte Bereich ist in Abb. 132 dargestellt. Man ersieht daraus, wie stark bei einem Bauwerk von bekannter Flächenausdehnung bestimmte Lagen des Untergrundes beansprucht werden. Außerdem kann man sich für verschiedene Fundamente oder Gebäude und Schichten in größerer Tiefe eine Art Bodenpressungsdiagramm aufzeichnen. In ganz rohen Zügen wird ein solches Diagramm für eine Reihe von Gebäuden, selbst wenn man alle Pressungen in der Fundamentfuge für die Fundamentplatten als gleich errechnet (wie dies oft geschieht), dem Längsschnitt der Straßenfront ähneln (Abb. 133), nur mit dem Unterschied, daß alle Ecken abgerundet und die Einflüsse in die Breite gezogen sind (s. auch S. 128).

Für die Berechnung von Fundamentplatten wird meist eine gleichmäßige Verteilung des Druckes unter der Platte angenommen. Nach Abb. 40, die der Schrift von A. Casagrande "The structure of clay and its importance in foundation engineering" [16] S. 195 entnommen ist, stimmt diese Annahme nicht. Die angegebenen Figuren stützen sich größtenteils auf Berechnungen. Ergänzende Versuche sind in der

Hauptsache nur für Sand durchgeführt worden. Eine Zusammenstellung finden wir in „Die Bautechnik“ 1931, S. 276 [114].

Die Tiefenwirkung ist wichtig für die Betrachtung des ganzen Falles und die Setzungsvorhersage auf Grund der untersuchten Bodenproben. Man wird sehen, daß eine solche Flachgründung großer Bauwerke, mit der Pfahlgründung als Ganzes verglichen, oft keine großen Unterschiede in der Beanspruchung tieferer Lagen des Bodens ergibt [115].

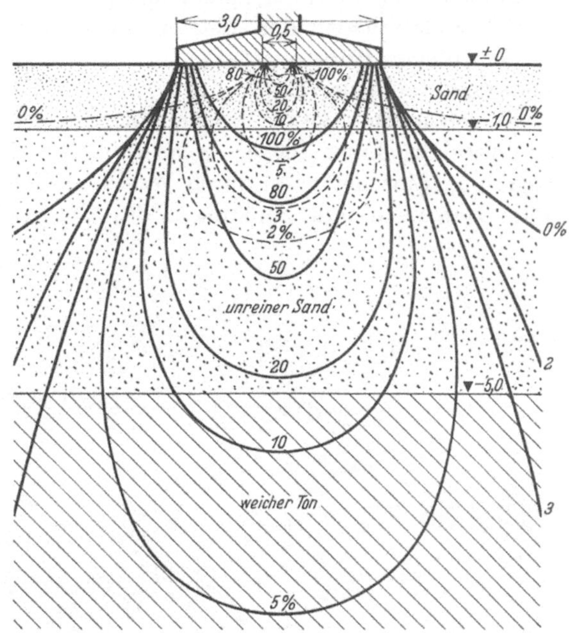

Abb. 132. Druckverteilung im Baugrund. (Nach Kögler u. Scheidig.)

b) Vorteile der Flachgründung. Wenn es gilt, die grundsätzliche Entscheidung zwischen einer Flach- oder einer Tiefgründung (Pfähle, Senkbrunnen usw.) zu treffen, sind Flachgründungen vorteilhaft:

Falls die feste Lage erst in großer Tiefe erreichbar ist, also auch durch Pfähle nicht erfaßt werden kann,

die oberen Lagen aus tragfähigen Schichten, z. B. Sand, bestehen,

das Bauwerk verhältnismäßig leicht ist,

das Baugelände bereits unter Vorbelastung gestanden hat,

die Grundrißgestaltung des Gebäudes gleichmäßig (ohne kleinere Anbauten usw.) ist,

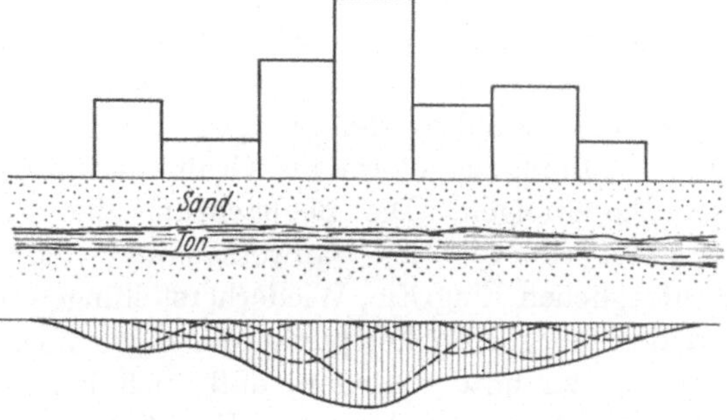

Abb. 133. Druckverteilung unter einer Häuserfront.

wenn andere Gründungen auf Grund der Bodenuntersuchungen ebenfalls Setzungen erleiden müßten, wenn der Überbau nachgiebig oder statisch bestimmt ist, so daß gewisse Setzungen nicht schädlich sind und

bei sehr eiligen Bauten, zumal dann, wenn spätere Wiederherstellungen von Setzungsschäden den Betrieb nicht stören.

Gründliche Bodenuntersuchungen sind für das Abwägen der Vor- und Nachteile erforderlich.

c) Setzungen. Die Ursachen der Setzungen sind bei Sanden Zusammendrückung locker gelagerter Schichten zu einer dichteren Lagerung, Einschlämmen durch Wasserbewegung — wozu auch wiederholte Hebungen und Senkungen des Grundwasserspiegels zu rechnen

Abb. 134. Abreißen leichterer Anbauten vom Hauptgebäude infolge geringerer Setzung.

sind —, Einrütteln durch maschinelle Erschütterungen im Gebäude und in benachbarten Baugruben sowie durch den Verkehr.

Bei bindigen Böden wird unter zusätzlicher Last das Porenwasser ausgepreßt. Wenn es sich wirklich um „Baugrund" handelt, haben die elastische Zusammendrückung und seitliches Ausweichen einen meist nur kleinen Anteil an der Setzung. Die Voraussage von Setzungen der Größenordnung nach kann auf Grund der im Abschnitt IV beschriebenen Versuche erfolgen. Die Beobachtung der auftretenden Setzungen ist die „Fieberkurve" des Bauwerkes und bildet die Grundlage für alle nachträglichen Eingriffe, Wiederherstellungen sowie deren Notwendigkeit und den geeigneten Zeitpunkt dafür (s. auch V, C).

Es ist zu unterstreichen, daß auch bei Gebäuden (ähnlich wie im Straßenbau) nur ungleichmäßige Setzungen schädlich sind. Infolgedessen kann man sehr oft bereits durch die Grundrißgestaltung schädliche Setzungen ausschließen. Beispiel: Bei den eingeschossigen Wohnhäusern auf Java, die im Küstengebiet Setzungen bis zu 50 cm erreichten, waren es immer nur die leichteren Anbauten (Terrassen, überdeckte

Verbindungsgänge, Küchengebäude usw.), die infolge ihrer geringeren Setzung am Hauptgebäude abrissen (Abb. 134). Durch Wahl eines geschlossenen quadratischen oder rechteckigen Grundrisses für das ganze Bauwerk ließen sich Risse vermeiden. Die Außenmauern standen auf T-förmigen Eisenbetonplatten, die einen festen Rost bildeten und gewisse Biegungsspannungen aufnehmen konnten.

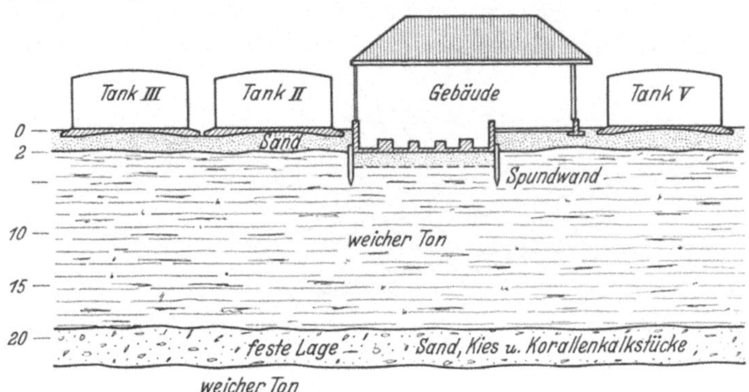

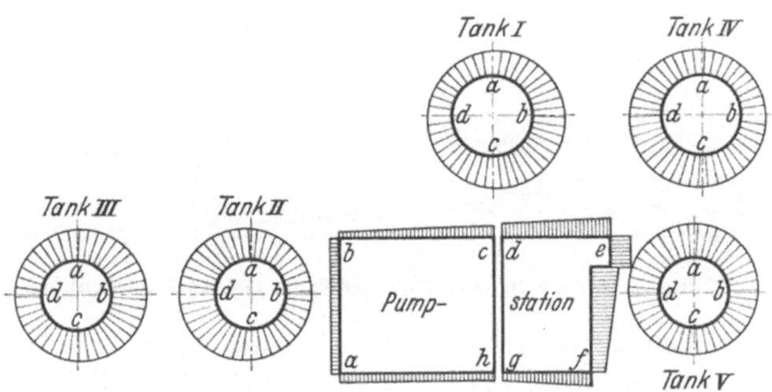

Abb. 135a. Querschnitt und Setzungsbild einer Tankanlage (Medan).

Beispiel (Abb. 135a) Tankanlage. Wegen der geringen Mächtigkeit der „festen Lage", der hohen Kosten und der trotzdem wahrscheinlichen Setzungen infolge Verdichtung des sehr jungen weichen Tones ($W = 114\%$ vom Trockengewicht) sah man von Pfahlgründungen ab (Abb. 135b).

Das Setzungsbild zeigt vor allem die gegenseitige Beeinflussung von Tanks und Gebäude — außer da, wo die kleine Spundwand abschirmend wirkt — und das geringe Maß der Setzung unter dem Keller; denn Aushub (Entlastung) ist das beste Mittel zur Verhütung von Setzungen.

Beispiel. Silo in Eisenbeton mit großen, unregelmäßig verteilten Einzellasten (Abb. 136). Der Untergrund bestand aus schluffigem Ton, war jedoch vor Baubeginn nicht untersucht worden. Eine während der Arbeiten eingeleitete Untersuchung ergab die Voraussage von

Setzungsunterschieden bis zu 20 cm. Der Bau wurde darauf eingestellt, um durch Einbau von druckverteilenden Sohlenplatten und verschiedene Stockwerksrahmen Schäden zu vermeiden. Durch rechtzeitige Untersuchung wären Kosten und Zeit erspart worden. Zweckmäßig hätte man auch in der Grundrißgestaltung eine gleichmäßigere Lastverteilung angestrebt.

Beispiel. Ein Wasserturm von 5000 m³ Nutzinhalt war bereits in Betrieb, als sich im Fundamentring (Abb. 137) drei Risse zeigten. Bei

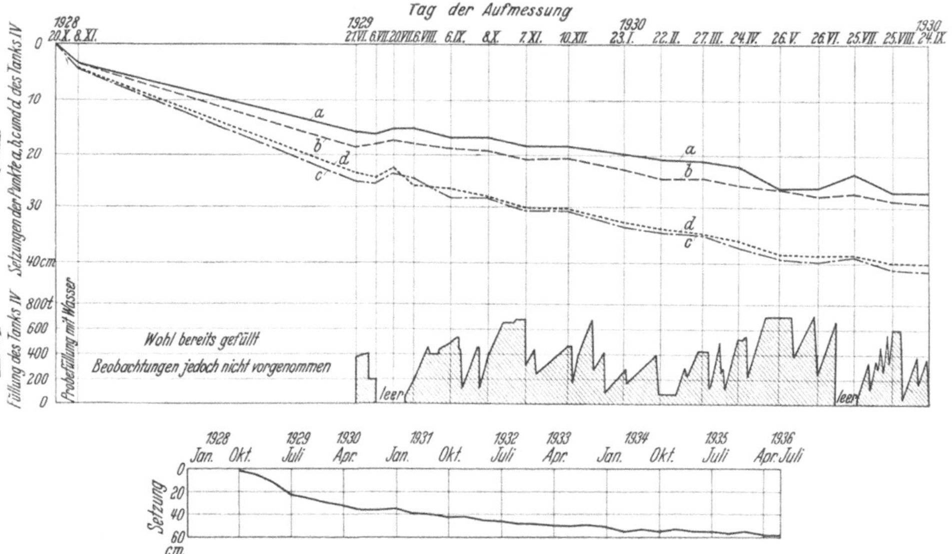

Abb. 135b. Verlauf von Setzung und Füllung eines Tanks (IV) nach 2 (oben) und 8 (unten) Jahren.

einem ähnlichen Nachbarturm in 40 m Abstand hatte man keine Schäden beobachtet. Bohrungen lagen zunächst nicht vor. Beim Bodenaushub wurde lediglich festgestellt, daß der Boden „ganz brauchbar“ sei und wohl mit etwa 2 kg/cm² belastet werden könne. Die Setzungen betrugen bei X etwa 10, bei I etwa 30 mm. Zur Klärung wurden 2 Bohrungen an der Stelle der geringsten und der stärksten Setzung ausgeführt. Sie ergaben durchweg dieselben Schichten nach Farbe und geologischer Beschaffenheit, nur mit dem Unterschied, daß sie bei I durchweg etwas weicher, also weniger verdichtet waren. Sofort angestellte Setzungsbeobachtungen (Abb. 137) deuteten auf baldiges Ende der Setzung, d. h. Anpassung an den neuen Belastungszustand. Schließlich wurde nur noch ein „Atmen“ bei wechselnder Füllung und Leerung festgestellt und eine Herstellung der Risse durch Zementeinpressung durchgeführt. Wenn auch in diesem Fall eine vorherige Untersuchung der unter dem Fundament gelegenen Schichten unterlassen wurde, die wahrscheinlich zum Verschieben des Turmes geführt hätte, lieferte sie doch als Ergebnis

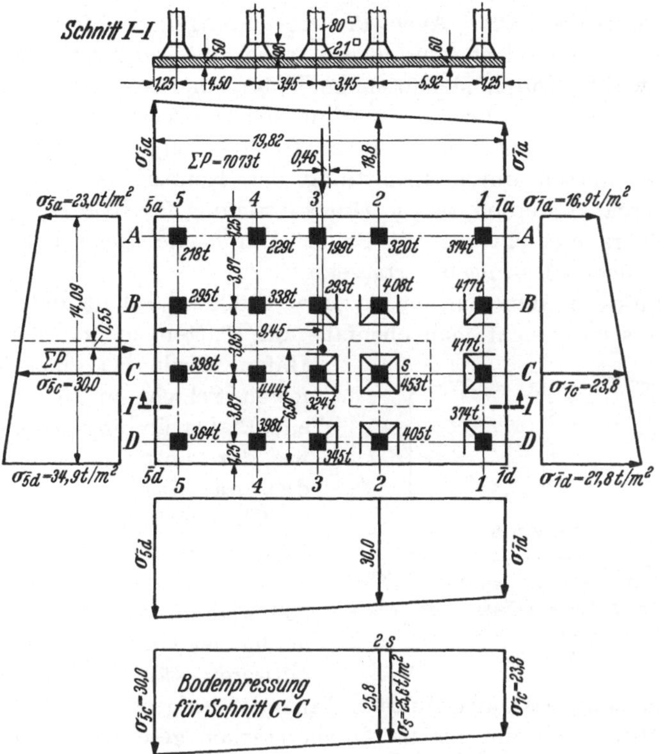

Abb. 136. Silo mit ungleicher Lastverteilung.

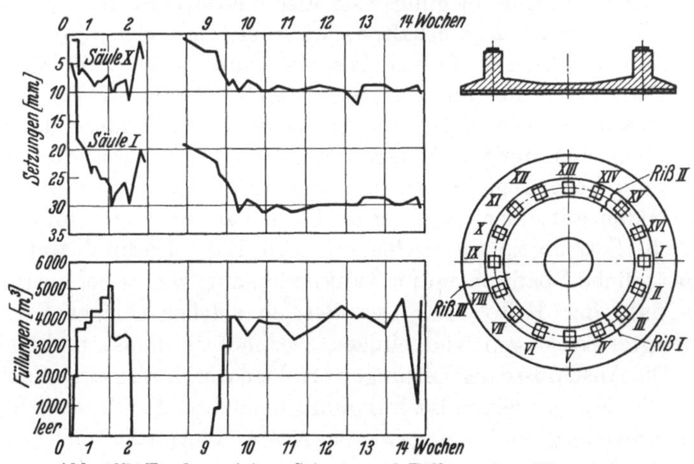

Abb. 137. Fundamentring, Setzung und Füllung eines Wasserturmes.

einen Einblick in die Zusammenhänge der Setzungsursache und die Entscheidung über den geeigneten Zeitpunkt der Wiederherstellung.

d) Besondere Fälle. Auch Pfeilergründungen in offener Baugrube gehören zu den Flachgründungen, wobei die seitliche Überlagerung günstig wirkt. Durch Meßdosen im Untergrund unter Brückenpfeilern hat man, ähnlich wie im Laboratorium, die Druckverteilung zu ermitteln gesucht („Die Bautechnik" 1932, S. 597—599) [116]. Auch solche Versuche müssen durch Ermittlung der Kennziffern des belasteten Bodens ergänzt werden, da die Druckverteilung für bindige Böden z. B. ganz anders aussieht als für Sand. Durch die Reichsbahndirektion werden solche Messungen fortgesetzt.

Öltanks in Abmessungen bis zu $\sim$ 10000 m^3 Inhalt und über 30 m Durchmesser versucht man ebenfalls auf Platten zu gründen. In den Häfen würde bei einer Lage der festen Schicht in 15—20 m Tiefe eine Pfahlgründung so teuer werden wie der ganze Tank selbst, ohne daß man damit eine ungleichmäßige Setzung ausschließt. Denn nicht alle Pfähle einer solch großen Pfahlgruppe von etwa 200 Pfählen werden sich gleichmäßig setzen, wahrscheinlich die mittleren stärker als die äußeren. Durch Messungen an ausgeführten Tanks ist festgestellt, daß der Boden in der Mitte sich um bis zu 30 cm stärker gesetzt hat als an den Rändern [117]. Aus der Druckverteilung im Baugrund ist dies ohne weiteres erklärlich. Eine biegungsfeste Eisenbetonplatte müßte demnach eine Stärke von etwa 2 m erhalten, während eine viel dünnere Platte zwecklos oder schädlich ist; falls sie Risse bekommt, reißt an diesen Stellen auch der Tankboden, der nur ein Blech von 8—10 mm Stärke ist. Es ist deshalb ratsam, keine Eisenbetonplatte zu machen, sondern da, wo die oberen Lagen aus einigen Metern Sand bestehen, eine dünne Kiesschüttung mit Betonabgleichung für die Montage zu machen, im übrigen den Tankboden mit einer Wölbung nach oben zu montieren und die voraussichtliche Setzung zu veranschlagen (Abb. 138). Dadurch treten nicht sofort zusätzliche Spannungen im Tankboden auf, wie es bei horizontaler Montage bald der Fall wäre. Der Betrieb solcher Öllager hat gegen vorausgesagte Setzungen von einigen Dezimetern meist nichts einzuwenden. Die Anschlüsse der Leitungen erfolgen durch biegsame Schläuche oder Rohre. Die gegenseitige Beeinflussung benachbarter Tanks (Abb. 135) ist nicht unwichtig und ein gewisser Abstand erforderlich, damit zu starkes Schiefsacken vermieden wird.

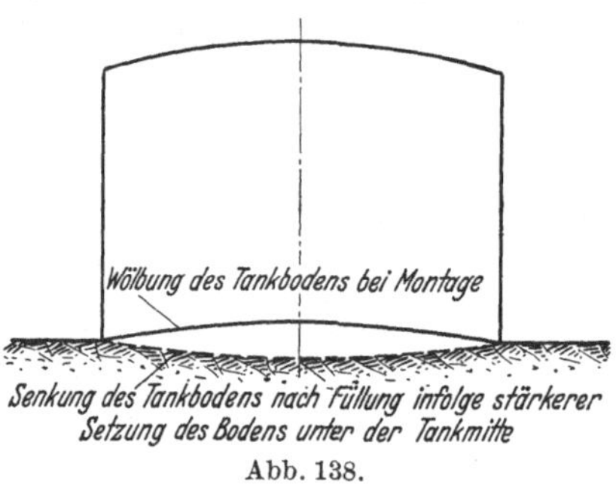

Abb. 138.

Abwalzen der Baugrubensohle. In geeigneten Fällen, z. B. bei langgestreckten Plattenfundamenten oder Stützenreihen großer Hallen, Kaischuppen u. dgl. m. ist das Abwalzen der Baugrubensohle nützlich

(Abb. 139). Auch das Abrammen mit einigen der neueren Verdichtungsgeräte, z. B. mit dem 1000-kg-Delmag-Frosch, hat sich bewährt. Es gibt zwar nur eine oberflächliche, gleichmäßige Verdichtung, besonders bei Sand, hilft jedoch, weiche Stellen, z. B. untief liegende Moor- und Tonlinsen usw. aufzufinden.

Diese Linsen kann man ausheben und dafür Sand einschlämmen, wodurch örtliche, ungleichmäßige Setzungen vermieden werden. Auch alte Gruben, Rohrgräben usw. werden beim Walzen zusammengedrückt. Bei leichteren Bauwerken kann man auf diese Weise schon einen Teil der in den obersten Schichten zu erwartenden Zusammendrükkung (also Setzungen) vorwegnehmen.

Abb. 139. Eine 8-t-Walze beim Einwalzen einer Lage Kalkschotter unter den Fundamenten eines Kaischuppens (Soerabaya, Java).

Man darf diese Hilfsmittel jedoch nicht überschätzen. Es wird so gut wie keine Verringerung der Setzungen eintreten, die aus tieferen Lagen herrühren, da der Einfluß nur ∼ 1 m tief reicht. Auch für die Zusammendrükkung von Tonschichten ist die Zeitdauer der Belastung zu klein.

Die wirkungsvolle Verdichtung sandiger Bodenschichten von großer Mächtigkeit ist auf S. 92 ausführlicher behandelt.

2. Pfahlgründungen.

Der Architekt oder auch der Bauingenieur, der sich nicht gerade mit Pfahlgründungen eingehend beschäftigt hat, steht bei der Entwurfsbearbeitung vor der Wahl aus einer großen Anzahl von Pfahlarten, die ihm unter Schilderung gewisser Vorteile empfohlen werden. Er ist meist nicht in der Lage, sich über die Bedeutung der einzelnen Vor- und Nachteile ein Werturteil zu bilden, läßt manchmal den Preis entscheiden oder wendet auch mitunter Pfahlgründung an, wo sie nicht nötig ist, nur weil er meint, das Erreichen einer größeren Tiefe an sich erhöhe die Sicherheit des Bauwerkes.

a) Der Zweck einer Pfahlgründung soll sein: Tiefere — falls bessere — Lagen zu erreichen, unregelmäßige Schichten und Einlagerungen zu durchfahren sowie die Gefahr der Unterspülung, des Abrutschens u. a. zu verhindern. Wir wollen hier, wie es der Absicht dieses Buches entspricht, die Pfahlgründung vom Untergrund aus betrachten. Jedenfalls ist auch der Pfahl nur ein Zwischenglied, das die Lasten des Bauwerkes in tragfähigere Bodenschichten überleiten soll.

b) Hauptarten der Pfahlgründungen: Wenn es irgend geht, wird man mit dem Pfahlfuß oder der Spitze nach Durchrammen wenig tragfähiger Bodenschichten eine „feste Lage" zu erreichen suchen.

Im Gegensatz dazu begnügt man sich bei der „schwebenden Gründung" nur mit der Übertragung der Lasten vom Pfahlmantel durch Mantelreibung auf die umgebenden Bodenschichten und muß sich klar darüber sein, daß dann die Pfähle alle Bewegungen (Verdichtung, Verschiebung und Setzung) des sie umgebenden Bodens mitmachen. Es hat deshalb auch meist keinen Zweck, der Spitze solcher Pfähle eine besondere Form zu geben. Im erstgenannten Fall dagegen wird man gerade den Fuß oder die Spitze des Pfahles, wenn möglich, verbreitern, um in der festen Lage einen großen Anteil der Tragfähigkeit zu erhalten. Für diesen Zweck sind „Ortspfähle" besonders geeignet.

Manchmal werden auch noch sog. „Spickpfähle" anempfohlen, die, ohne eine festere Lage zu erreichen, in der Hauptsache durch ihr Eindringen den sie umgebenden weichen Boden verdichten sollen. In plastischen Böden ist dieses Verfahren zwecklos, da eine sofortige Verdichtung schwach durchlässiger Böden (Tone) nicht möglich ist und der Boden zwischen den Pfählen einfach hochquillt, was allerdings leider oft nicht genügend beobachtet und auch nicht zugegeben wird.

Nach der Art ihrer Ausführung unterscheidet man hauptsächlich zwei Hauptgruppen:

α) Rammpfähle aus Holz, Eisenbeton, Stahlrohren, Normalprofilen und Spundwandeisen.

β) Ortspfähle, die im Boden nach Herstellung eines Loches betoniert werden, mit und ohne Verrohren des Bohrloches, oder indem man den Beton in den Boden hineinstampft oder -preßt. Hierher gehören auch einige neuere Pfahlarten, wie der Bodenverdichtungspfahl, der durch Rütteldruck hergestellte Pfahl (s. S. 92) und der Preßrohrpfahl (S. 164).

Sehr oft schließen die örtlichen Verhältnisse die eine oder andere Art der Ortspfähle aus. Es wird sich z. B. nicht empfehlen, bei stark einrüttelungsfähigem Boden in allernächster Nähe gefährdeter Bauwerke schwer zu rammen[1] oder in betonschädlichem Grundwasser Ortspfähle frisch zu betonieren, wenigstens nicht ohne besondere Vorsichtsmaßnahmen.

Auch der Kostenvergleich ist oft recht schwierig, da die Tragfähigkeit der einzelnen Pfahlarten stark voneinander abweicht und einwandfreie Vergleichswerte kaum angegeben werden können. Neuerdings bieten im Rahmen des Vierjahresplanes Pfähle ohne verlorenes Futterrohr

[1] Welche Bärgewichte und Rammhöhe besonders gefährlich sind, läßt sich durch dynamische Untersuchungen im einzelnen Fall ermitteln (IV, 4 und S. 156).

und ohne Bewehrung besondere Vorteile. Ihre Anwendung ist jedoch von gründlicher Bodenuntersuchung abhängig.

c) Wechselwirkung zwischen Pfahl und Boden. Um die im vorstehenden angedeuteten Zusammenhänge einigermaßen erfassen zu können, ist es notwendig, den Einfluß der Bodenverhältnisse auf die Arbeitsvorgänge und das spätere Verhalten des Pfahles im Boden eingehender zu besprechen.

α) Bauvorgang. Das Rammen der Fertigpfähle (Holz, Beton, Eisen) geht meist sehr glatt in wenig tragfähigen Schichten, wie z. B. weicher Ton, Schlick und Moor. Muß man jedoch durch Sandlagen hindurchrammen, so wird in vielen Fällen Spülen mit Druckwasser erforderlich sein. Der plastische Boden wird nicht verdichtet, sondern zur Seite gedrückt und dabei sogar gestört, denn in der kurzen Zeit des Rammens wird das Porenwasser nicht abgegeben, sondern es tritt an den Berührungsflächen ein Durchkneten ein. Aus Versuchen und Veröffentlichungen, besonders von A. Casagrande [16], geht hervor, daß durch Störung die Tragfähigkeit weicher Tone stark sinkt, die Setzungsgefahr und das Maß der Setzung also stark steigen.

Durch das Rammen der Pfähle können dagegen sandige Böden, falls sie in der Natur locker gelagert sind, stark eingerüttelt werden. Dasselbe gilt für Ortspfähle, die man durch Stampfen des Betons im Boden herstellt. Bei Anschüttungen, sandigen Böden usw. ergibt sich eine Verdichtung, bei plastischen Böden nur ein Verdrängen, unter Umständen sogar Hochquellen des Bodens (bis zu 40 cm beobachtet).

Eine Bestätigung dieser Erscheinung findet sich u. a. in dem Aufsatz über die Brücke bei Duisburg [118], wo durch das Rammen neuer Spundwände um einen alten Brückenpfeiler herum deutlich Setzungen von mehreren cm beobachtet werden konnten.

Wenn das ganze Baugelände unbebaut ist, kann eine schwere Rammwirkung und starkes Einrütteln recht nützlich sein, da es spätere Setzungen durch Erschütterungen vorwegnimmt. Der Sand als sog. gewachsener Boden hat oft nur ein p_v (S. 50) von 25—35%, ist also für Maschinenfundamente recht locker gelagert. Die schädliche Einwirkung des Rammens auf benachbarte Bauwerke wird oft maßlos überschätzt, so daß vorherige Messungen und Beobachtungen angebracht sind.

Die im Bohrloch ausgeführten Ortspfähle haben den Vorteil, daß man vom Standort eines jeden einzelnen Pfahles eine Probebohrung erhält, während man beim Rammen, selbst auf eingehend untersuchten Grundstücken, immer noch auf örtliche Ton- oder Moorlinsen stoßen kann. Alle „Ortspfähle“ haben den gemeinsamen Vorteil, daß durch das Einpressen oder Einstampfen des Betons eine Anpassung an die verschiedenen Schichten im Boden und dadurch eine große Mantelreibung entsteht, die jedoch nur wertvoll ist, wenn sie dauernd positiv bleibt (d. h. wenn nicht durch nachträgliche Verdichtung der den Pfahl umgebenden Bodenschichten der Pfahl gerade durch diese Mantelreibung nach unten gedrückt wird = negative Mantelreibung).

Aber in allen Fällen, in denen bei Probebohrungen wasserführende Feinsandschichten oder — wie häufig in der Umgebung Berlins — unter Spannung stehendes Grundwasser angetroffen werden, sind Bohrpfähle recht bedenklich, da viel mehr Feinsand gefördert wird als das Bohrloch selbst enthält. Ein solcher Fall ist auf S. 165 angedeutet.

β) Probebelastungen. Wie unter IV, 3 beschrieben, geben Probebelastungen von Pfählen ohne Rücksichtnahme auf die Bodenverhältnisse nur Aufschluß über die augenblickliche Tragfähigkeit des belasteten

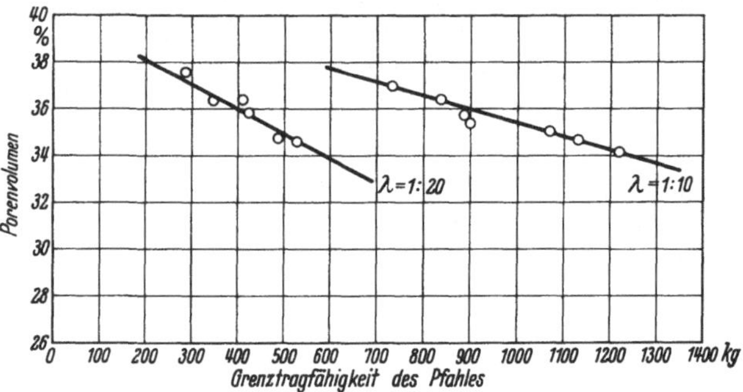

Abb. 140. Beziehung zwischen Dichte eines Sandes und Tragfähigkeit von Pfählen.

Pfahles, schließen also Setzungen durch Bodenverdichtung, geringere Tragfähigkeit der Nachbarpfähle und ganzer Gruppen nicht aus.

γ) Einfluß der Bodenart. Wenn auch der Eindringungswiderstand des Pfahles kein Maßstab für die dauernde Tragfähigkeit ist, spielen doch der Widerstand der Pfahlspitze [120] und die Mantelreibung — vor allem in den Schichten, aus denen der Pfahl seine Tragfähigkeit herleiten soll — eine große Rolle. Das Problem der Spannungsverteilung um den Pfahl ist trotz verschiedener Versuche noch nicht einwandfrei geklärt.

Eine umfangreiche, im Institut der Degebo durchgeführte Versuchsreihe (als Dissertation von Dipl.-Ing. R. Müller eingereicht) über die Tragfähigkeit von Modellpfählen ergab aufschlußreiche Beziehungen zwischen der Tragfähigkeit von Pfählen mit verschiedenem Schlankheitsgrad und verschiedenen Wandrauhigkeiten und der Lagerungsdichte von Mittel- und Feinsand. Die Abb. 140 zeigt, daß bei einer Abnahme des Porengehaltes des Sandes von nur 38 auf 34% die Grenztragfähigkeit des Versuchspfahles auf das Doppelte bis Dreifache stieg. Weiter wurde nachgewiesen, daß die Größe des von der Mantelreibung aufgenommenen Teiles der Auflast nicht durch einen Zugversuch ermittelt werden kann, wie dies häufig auf Baustellen und bei Versuchsrammungen geschieht. Dadurch, daß bei dem Modellpfahl Spitze und Mantel unabhängig voneinander belastet werden konnten, wurde auch die Mantellast gemessen, die sich als 4—7mal so groß herausstellte als die durch den Zugversuch ermittelten Werte. Wenn diese Werte auch zunächst nur für diese Modellversuche gelten, so kann man doch mit ähnlichen Verhältnissen in der Natur rechnen. Auch auf bindige Bodenarten dürfen diese Versuchsergebnisse nicht ohne weiteres übertragen werden, hier sind ergänzende Versuchsreihen erforderlich.

Durch gründliche Untersuchung von Bodenproben lassen sich jedoch feststellen: Das Porenvolumen, der ungefähre Reibungsbeiwert, Verdichtungsbeiwert, aus denen sich dann wieder die Gefahr (oder der Nutzen) des Einrüttelns, von Setzungen durch Verdichtung, von Hebungen usw. beurteilen lassen.

Bei der Entwurfsbearbeitung steht der Ingenieur manchmal vor der Frage, wie weit er eine durchgehende armierte Eisenbetonplatte, die die Sohle größerer Bauwerke bildet, als tragende Flachgründung rechnen darf, wenn ein großer Teil der Bauwerkslast durch Pfähle aufgenommen wird. Die Frage wird [119] kurz so zu beantworten sein, daß in all den Fällen, in denen Pfahlgründungen nötig sind, die Grundplatte als tragende Flachgründung nicht mitgerechnet werden kann, weil die Pfähle, falls sie wirklich tiefere und festere Lagen erreichen, Punkte stärksten Widerstandes bilden, während der zwischen ihnen liegende Ton oder Sand sich mehr oder weniger verdichtet und setzt, also keine nennenswerte Belastung aufnehmen kann.

Aus der Praxis wird auch noch die Frage gestellt, ob für Pfähle, die mit der Spitze in der festen Lage stecken und auf große Länge sehr weiche Schichten durchfahren, eine Knickberechnung notwendig sei. Verfasser hat bei solchen Pfählen von über 20 m Länge nie ein Ausknicken beobachtet. Aus dem Bericht der Degebo 1930 (vgl. Anm. auf S. 78) sei hier zitiert:

Pfahlbelastungsversuche bei Göteborg. In der Nähe von Göteborg hatte die Geotechnische Abteilung der schwedischen Staatsbahnen einige Belastungsversuche mit Einzelpfählen durchgeführt, deren Ergebnisse an Ort und Stelle mitgeteilt wurden.

Zwei Einzelpfähle waren durch den 11 m mächtigen Ton bis auf den festen Felsen gerammt. Ein Pfahl war ein fichtenes Vierkantholz von 5 auf 5 cm, der andere eine Rundeisenstange von 19 mm Durchmesser. Das obere Ende beider Pfähle wurde durch einen Sandkasten gehalten. Der Ton besaß die hallfasthetstal $H_3 = 60$, seine Schubfestigkeit war also nach den Erfahrungen der Geotechnischen Abteilung $\sim 0{,}15$ kg/cm². Der Wassergehalt des Tones wurde mit 45% des Trockengewichtes angegeben.

Der Holzpfahl wurde in zwei Stufen bis 1500 kg belastet.

Für den eisernen Pfahl konnten aus einer zeichnerischen Darstellung folgende Werte entnommen werden:

Belastung . . .	1000 kg	Einsenkung . .	2,6 mm
„ . . .	2000 „	„ . .	6,2 „
„ . . .	3000 „	„ . .	7,5 „

Diese Einsenkung ist nur wenig größer als die elastische Zusammendrückung des eisernen Pfahles, die sich mit

$$E = 2\,000\,000\,\text{kg/cm}^2 \text{ zu } d\,l = 10\,\frac{3000 \cdot 1100}{2{,}84 \cdot 2\,000\,000} = 5{,}8\,\text{mm}$$

errechnet. Die Knicklast wäre für den vorliegenden Fall nach der Formel $p_k = 2\,\pi^2 \cdot \frac{E\,J}{l^2}$ (Pfahl einerseits eingespannt durch den Holzkasten, am anderen Ende gelenkig auf dem Felsen gelagert) mit $l = 900 + \frac{200}{2} = 1000$ cm,

$$p_k = 2\,\pi^2 \cdot \frac{2\,000\,000 \cdot 0{,}64}{1000^2} = 26{,}5\,\text{kg}.$$

Der Pfahl hat somit das 113fache (!) seiner Knicklast getragen, ein Beweis dafür, daß auch in weichem Ton ausreichender Widerstand gegen Ausknicken besteht.

Die Erscheinung läßt sich dadurch erklären, daß selbst sehr weicher Boden so viel Scherfestigkeit hat, daß die schwachen horizontalen Kräfte immer noch aufgebracht werden, die das Knicken verhindern.

d) Tragfähigkeit. Diese wichtigste Eigenschaft der Pfähle hat man auf verschiedene Weise zu ermitteln und besonders auch vorauszubestimmen gesucht [115]. Trugschlüsse und Fehlgründungen sind immer noch recht zahlreich, obwohl stets wieder darauf hingewiesen wird („Die Straße“ 1935, H. 6, S. 197).

α) Die erste unerläßliche Vorarbeit ist das Bohren. Man stellt die Reihenfolge der Schichten und die Tiefe der festen Lage fest, entnimmt außerdem Proben für gründlichere Untersuchung. Sehr oft hat man sich nur mit dem Bohren begnügt, bestimmte dann aus dem Abstand zwischen Stützenfundament und „fester Lage“ mit 1—2 m Zuschlag die Pfahllänge und war überrascht, wenn ein großer Teil der Pfähle zu kurz oder zum Teil zu lang war. Durch Bohren erhält man eben nur Stichproben, findet Erhöhungen oder Mulden in der festen Lage nicht, trifft oder vermeidet Tonlinsen, auch Findlinge, und kann außerdem nicht bestimmt sagen, wie tief der Pfahl bei der geforderten Schwere der Rammung eindringen wird. Es empfiehlt sich deshalb, Fertigpfähle reichlich lang anzufertigen, falls man nicht verschiedene Längen in Vorrat halten kann. Das Absägen oder Kappen des obersten Meters ist vorteilhafter als das Verlorengehen ganzer Pfähle, die zu kurz sind, weil sie beim Erreichen der Geländeoberfläche noch stark ziehen.

Zur Bestimmung der ungefähren Länge von anzufertigenden Eisenbetonrammpfählen muß man unbedingt an mehreren Stellen bis auf eine besonders tragfähige Schicht bohren, deren Lage in den größeren

Häfen meist bekannt ist. Man darf nicht etwa bereits in geringerer Tiefe aufhören, wie es das folgende Beispiel zeigt.

Es wurde nicht tief genug gebohrt, d. h. man ließ die Bohrungen in einer Sandlage auf knapp 10 m Tiefe aufhören, plante zunächst 10 m lange Pfähle (vgl. Abb. 141). Bei späteren tieferen Bohrungen stellte sich heraus, daß zwischen 10 und 16 m Tiefe weiche, tonige und moorige Schichten lagen, so daß also die Pfähle durch den ziemlich tragfähigen Sand hindurch die Bauwerklasten gerade in diese schlechtesten, plastischen Bodenschichten eingeleitet hätten.

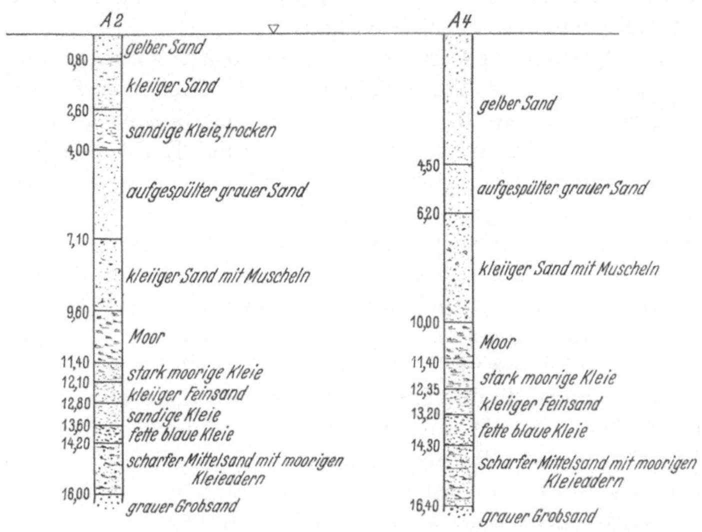

Abb. 141.

β) Durch Rammformeln hat man die Endtragfähigkeit der Pfähle zu ermitteln gesucht. Es ist sehr verlockend, sofort beim Aufstellen der Ramme aus Bärgewicht, Fallhöhe, Pfahlgewicht und dem Eindringen des Pfahles die Tragfähigkeit ermitteln zu können. Aus dem Vergleich der vielen Rammformeln ergibt sich jedoch, wie stark diese Werte auseinanderliegen. Gewiß, für den ersten Versuch arbeitet man nach einer Rammformel. Der dynamische Eindringungswiderstand des Pfahles wird bei den verschiedenen Bodenarten sich zu der Tragfähigkeit auf Dauer sehr verschieden verhalten. Man beobachtet z. B., daß Pfähle in tonigen Böden sehr gut ziehen und trotzdem eine hohe Probelast tragen, oder daß sie z. B. bereits beim Weiterrammen nach der Mittagpause sehr fest sitzen und erst langsam wieder in Gang kommen. Alle anderen Zusammenhänge (Setzung der Bodenschichten, Einfluß der Störung, der Zeit usw.), die bereits besprochen wurden, müssen außerdem berücksichtigt werden.

γ) Tragfähigkeitsberechnungen aus dem Druck des Erdreiches gegen die Mantelfläche haben Krey und Dörr ausgeführt [121]. Dabei müssen spezifisches Gewicht, Böschungswinkel und Reibungsbeiwerte des Bodens angenommen werden. Solche Berechnungen wurden auch mit Probebelastungen verglichen und sollen brauchbare Werte ergeben haben. Aus der Berechnung bekommt Dörr z. B. in dem für den Frankipfahl durchgeführten Beispiel[1] einen sehr hohen Wert für die Mantelreibung und nur etwa $^1/_8$ davon für den Pfahlfuß. Auch in diesem Fall hängt selbstverständlich von der Wahl der verschiedenen Bodenkonstanten sehr viel ab. Die versuchsmäßige Ermittlung gibt Beiwerte, die zu der Bodenart gehören, richtig an.

δ) Der nächste Schritt wäre eine Proberammung mit anschließender Probebelastung eines Einzelpfahles. Ohne Zweifel ergibt dies weit zuverlässigere Werte als die Vorausberechnung, kostet aber sehr viel Zeit, falls man das Ergebnis erst abwarten will. Es bleiben jedoch die Einflüsse des umgebenden Bodens im Laufe der Zeit und die geringere Tragfähigkeit der Pfahlgruppen zu berichtigen. Probebelastungen auf Pfahlgruppen kann man sich meist nicht leisten. Lehrreiche Schlüsse lassen sich ziehen aus den Versuchen von John Olsson (s. IV, 3 und S. 153) und einer Veröffentlichung von Terzaghi [52]. Der günstigste Pfahlabstand wird zwar in einigen Veröffentlichungen angegeben (M. Singer: „Der Baugrund" S. 210 und 211) [122], wird jedoch ebenfalls von Pfahllänge, Reibungsbeiwert usw. abhängig sein. Bei langen Pfählen werden sich die Einflußzonen der Mantelreibung, auch bei Pfahlabständen von 4 D, noch überschneiden, wie sich aus Modellversuchen des Verfassers ergab. Deshalb trägt eine Pfahlgruppe aus n Pfählen lange nicht das n-fache des Einzelpfahles.

Über Pfahlform und Pfahlspitze sind ausgiebige Versuche gemacht worden [123]. Man soll in dieser Beziehung nicht kleinlich sein, denn wohl wird der Rammwiderstand und die Verdrängung hierdurch beeinflußt werden, viel weniger jedoch die Tragfähigkeit der Gründung als Ganzes. Sogar unter einem stumpfen Pfahl wird sich eine Art Spitze selbst bilden und in jedem nachgiebigen Boden sind kleine Neigungen der Außenflächen praktisch ohne Bedeutung.

Wenn die Pfähle nicht eingerammt, sondern eingedrückt werden, wie z. B. beim Preßrohrpfahl (S. 164), hat jeder Einzelpfahl seine — meist nur kurze Zeit dauernde — Probebelastung durchgemacht.

e) Bodenuntersuchungen. Es bleibt also nichts anderes übrig, als den Boden um und vor allem unter Pfahlgründungen ebenfalls zu untersuchen, wie dies an anderer Stelle beschrieben wird. Auch die Wahl der Pfahlart muß hiervon abhängig sein. Für weiche Schichten als Ganzes ist der Größenordnung nach eine Setzungsvorhersage möglich, während man in der Nähe gefährdeter Gebäude durch dynamische

[1] Prospekt der Franki-Pfahl Baugesellschaft VI.

Untersuchungen die Eigenfrequenzen des Bodens feststellen und daraus die Entscheidung über Rammen oder Nichtrammen oder schädliche Schlagfolge und Bärgewicht ungefähr ermitteln kann.

f) Zur Erläuterung des Vorstehenden seien noch einige **Setzungsbeobachtungen** an ausgeführten Pfahlgründungen zitiert:

In „Bautechnik" 1930, H. 31 [115] gibt Terzaghi einige Beispiele von Setzungsbeobachtungen an Bauwerken, die auf Pfahlgründungen stehen mit Erläuterung der Zusammenhänge für den einzelnen Fall. Auch in „Bautechnik" 1933, H. 41 [52] wird eine solche Beobachtung ausführlicher beschrieben. Bemerkenswert ist dort vor allem, daß die

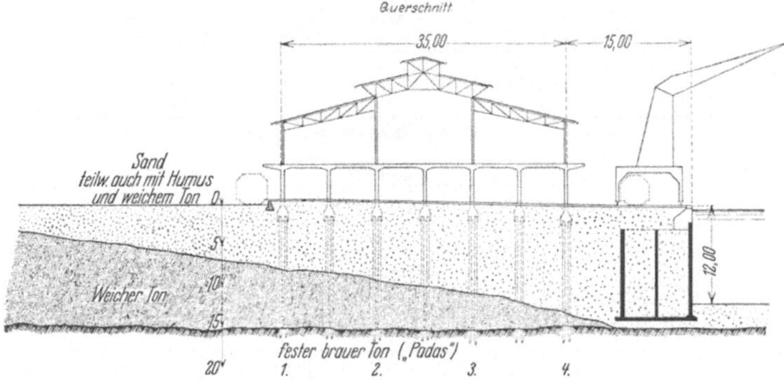

Abb. 142. Querschnitt des Kaischuppens.

Setzung der Pfähle unter dem Bauwerk bei derselben durchschnittlichen Belastung ein Vielfaches der Setzung des Probepfahles beträgt.

In Heft 3 der Degebo, S. 6, beschreibt der Verfasser die Setzungsbeobachtung an den vier Stützenreihen eines Kaischuppens, der auf 17 m langen Eisenbetonpfählen steht, die alle beim Rammen beobachtet und von denen einige Probebelastungen unterworfen waren, bei denen sich eine ausreichende Tragfähigkeit ergab. Daraus, daß bei der westlichsten Stützenreihe (Landseite) die weichen Tonschichten mächtiger waren als bei den anderen, zeigt sich, daß die bis zu 20 cm betragende Setzung durch die nachträgliche Verdichtung der den Pfahl einschließenden Bodenschichten verursacht wurde. Durch sog. „negative Mantelreibung" wurden die Pfähle tiefer in die Lage eingedrückt, in der sie beim Rammen genügenden Widerstand gefunden hatten (Abb. 142, 143, 144). Selbstverständlich waren in der Längsrichtung der Schuppen die Untergrundverhältnisse auch nicht gleichmäßig. Das zeigt deutlich Abb. 143, wobei sich jedoch der sandige Boden an der Wasserseite (4. Reihe) viel günstiger verhielt. Die Zeitsetzungskurve (Abb. 144) gab nicht nur eine gewisse Beruhigung über den Stand des Bauwerkes nach 13 Jahren, sondern zeigte auch den Zeitpunkt für die endgültige Herstellung etwa aufgetretener Risse an. Also immer wieder: Setzungsbeobachtungen!

g) Einige **Beispiele** ausgeführter oder beabsichtigter Gründungen sollen das Bild ergänzen:

Ein Beispiel für Verstärkung der Spitze gibt Tellegen in „Ingenieur“, Haag 1934, H. 40 [124] (s. Abb. 145). Er sucht die Mantelreibung,

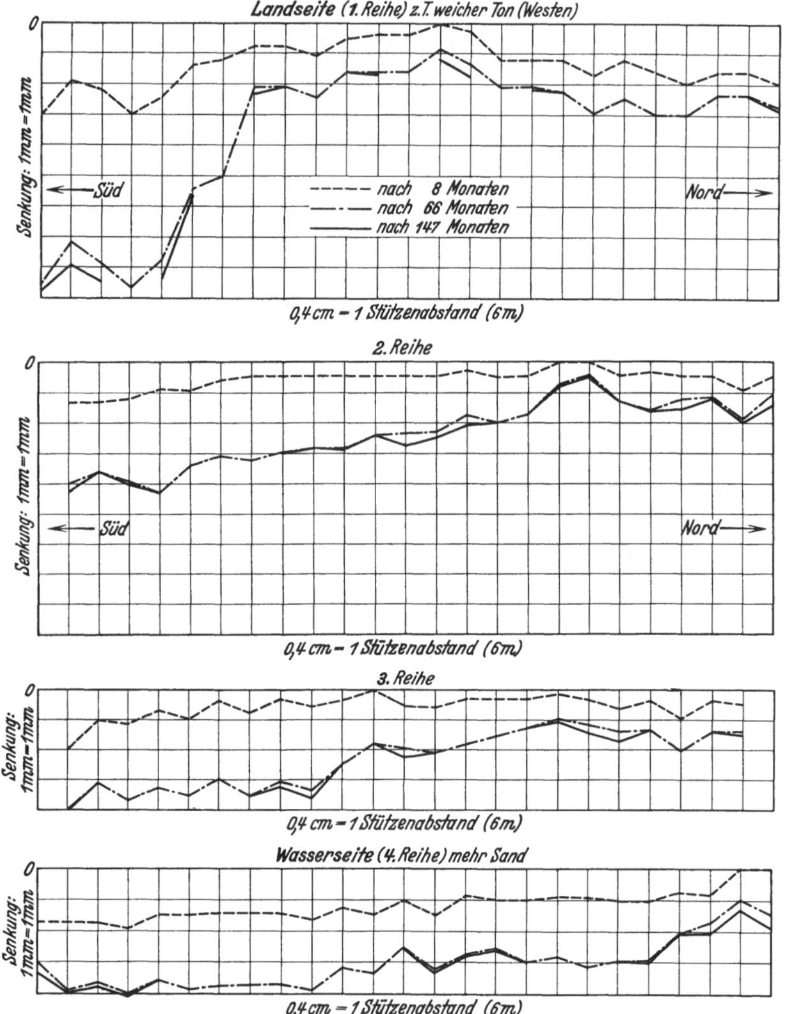

Abb. 143. Zunahme der Setzungen für die 4 Stützenreihen des Obergeschosses des Kaischuppens.

deren negative Richtung infolge Verdichtung der oberen weichen Tonschichten befürchtet wird, gegenüber dem großen Eindringungswiderstand der sog. „Flügelspitze“ zurücktreten zu lassen. Solche Pfähle müssen zum Teil eingespült werden, was in der Nähe der höher gelegenen Caissonkaimauer nicht unbedenklich ist, wie sich aus dem Querschnitt ergibt (s. auch Steinkohlenkaje Soerabaya).

Ein ganz überraschendes Beispiel für das starke Hochquellen des durch das Einrammen der Pfähle verdrängten weichen Bodens und

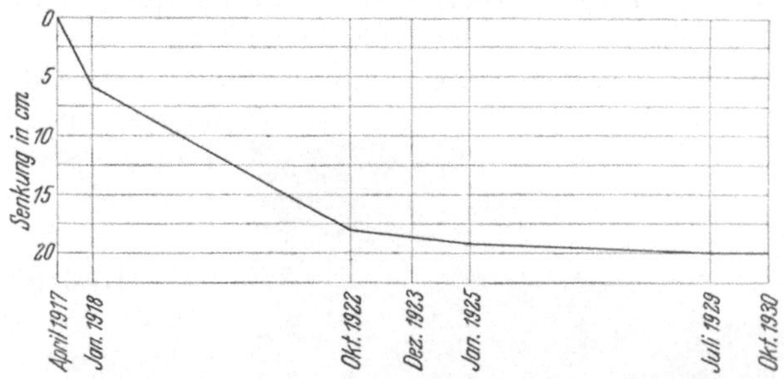

Abb. 144. Setzungen der südwestlichen Ecke des Schuppens.

gleichzeitig für die Wirkung der Mantelreibung (in diesem Fall nach aufwärts gerichtet) ergab sich in einem unserer Häfen. Eine große Anzahl von Pfählen (im Boden gestampfter Betonpfahl), von der der Probepfahl 220 t fast ohne bleibende Einsenkung getragen hatte, brachte auf der Baustelle, wo die Pfähle verhältnismäßig dicht beieinander standen, den weichplastischen Boden mit $W = 240\%$ des Trockengewichtes zum Hochquellen um etwa 40 cm. Die frisch betonierten Nachbarpfähle bekamen durch dieses Hochquellen vor

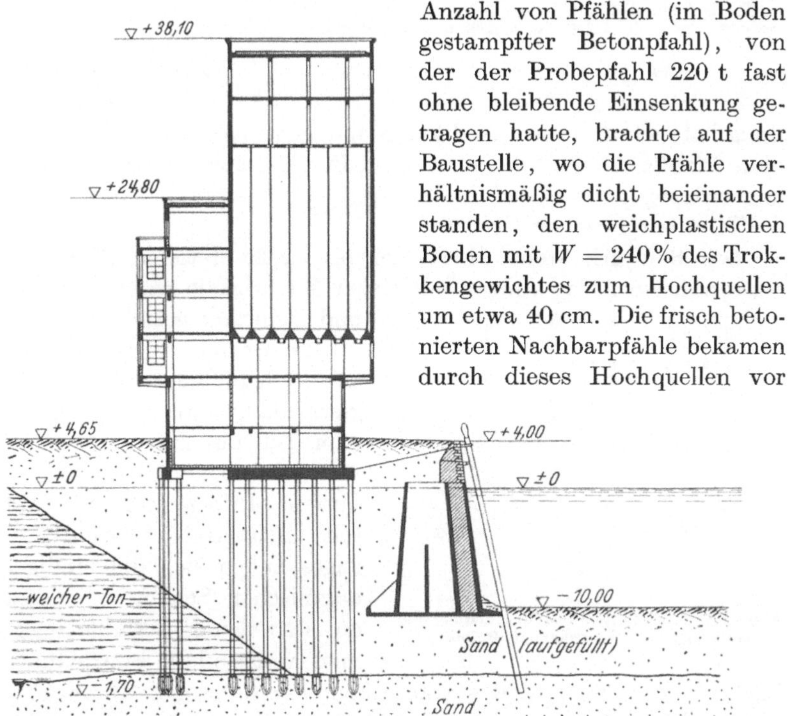

Abb. 145. Gründung eines Gebäudes auf „Flügelspitzenpfählen".

dem Abbinden Zugspannung und mehrere Querrisse, die später durch Aufgraben an verschiedenen Stellen unterhalb der Armierung festgestellt wurden. Der Vorgang wurde auch am Modellversuch dargestellt.

Praktische Nutzanwendung hieraus: Man muß sich über die Möglichkeit einer Bodenverdrängung, die auch bereits unter „Spickpfählen“ besprochen wurde, durch vorherige Bodenuntersuchung Klarheit verschaffen und im plastischen Boden auch eingestampfte oder eingepreßte Pfähle, die anderswo unbedenklich ohne Armierung ausgeführt werden können, bis zu der tragfähigen Schicht hinab armieren.

Abb. 146. Ufermauer im Lustgarten.

Die Ufermauer am Lustgarten in Berlin steht auf einem Schwellrost mit Holzpfählen, die die in etwa 20 m Tiefe befindlichen Sandschichten nicht erreichen. Die sehr starken und ungleichmäßigen Setzungen zeigt Abb. 146. Die schwebende Pfahlgründung hat sich in diesem Fall kaum anders verhalten als die Schwellroste ohne Pfähle. Beim Neubau wurden Pfähle bis in die tragfähige Schicht angeordnet.

Theater in einer Großstadt.

Das Bauwerk steht über einer bis zu 25 m tiefen Rinne, die mit wasserreichen Ablagerungen ungleicher Mächtigkeit wie Schlamm, Moor und Feinsand gefüllt ist.

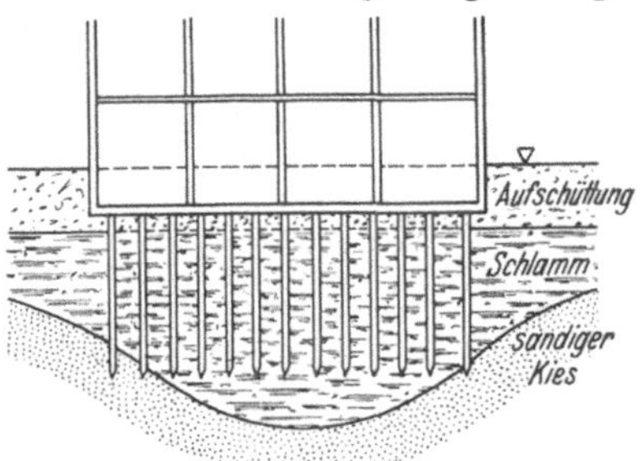

Abb. 147. Fehlerhafte Gebäudegründung auf stehenden und schwebenden Pfählen.

Die Gründung besteht zum Teil aus Bohrpfählen, die bis in den guten Baugrund (Grobsand) reichen, zum Teil aus Holzpfählen, die nur als „schwebende Gründung“ gelten dürfen. Infolge des seit Jahrzehnten andauernden Grundwasserentzuges haben sich die bindigen und organischen Schichten gesetzt und die schwebenden Pfähle mitgenommen, während die Bohrpfähle stehen blieben. Die Folge sind starke Risse, hervorgerufen durch Setzungsunterschiede von über 50 cm (Abb. 147, schematisch dargestellt).

Brücke im Zuge eines etwa 8,60 m hohen Dammes. Geplant war zunächst ein Balken auf 4 Stützen. Die Verhältnisse sind in Abb. 110 schematisch dargestellt. Man war entschlossen, zu rammen, um eine etwa 3,50 m starke Tonschicht im Untergrund zu durchfahren. Die

Folge wäre gewesen, daß das ganze Bauwerk, infolge der sehr schwierigen Rammung durch die Sandlagen hindurch, einen starren „Bock“ gebildet hätte, während der anschließende Damm sich durch Zusammendrückung des Untergrundes stark setzen mußte. Durch diese Setzung wären vor allem die Endwiderlager mitbeeinflußt worden. Der zweite Vorschlag ist infolgedessen, überhaupt nicht zu rammen, das Bauwerk statisch bestimmt ohne Zwischenpfeiler auszuführen und die nur wenige Zentimeter betragenden Setzungen des Dammes „mitmachen“ zu lassen.

Einen guten Vergleich bieten zwei gleichzeitig entworfene Gründungen. Bei dem einen Bauwerk bestand der Untergrund aus weichem Ton, 6 m tiefer aus verwittertem Fels. Man wollte 2,5 kg/cm^2 zulassen. Beim anderen wurde unter Baugrubensohle ein sehr dicht gelagerter, schwach toniger Sand angetroffen, darunter feiner, toniger Sand mit höherem Wassergehalt. Die Fundamentpressung betrug jedoch nur etwa 1 kg/cm^2, die überdies der langjährigen Belastung durch den alten Erdkörper ungefähr entsprach. Im ersten Fall wollte man das Bauwerk auf einer Platte ausführen, im zweiten Pfähle rammen. Das Umgekehrte wäre richtig und wirtschaftlich.

In ähnlicher Form öfters wiederkehrende Fälle von Pfahlgründungen am falschen Platze werden in „Die Straße“ 1935, H. 6, S. 197 besprochen und einer hier zitiert:

Das Beispiel, in Verbindung mit einem kleineren Brückenbauwerk, verdient beschrieben zu werden. Hier besteht der Untergrund aus einer etwa 5 m starken Sandschicht, darunter steht plastischer Ton in größerer Mächtigkeit an. Trotzdem die Sandschicht ohne weiteres erlaubt hätte, eine Flachgründung auszuführen, entschied man sich auch für eine Pfahlgründung. Die etwa 8—10 m langen Eisenbetonpfähle konnten nur bis zur Hälfte gerammt werden, der Rest mußte abgeschnitten werden.

In Fällen, in welchen eine mehrere Meter mächtige Sandschicht über einer Bodenschicht geringer Tragfähigkeit liegt, soll man grundsätzlich trachten, die Lasten in möglichst geringer Tiefe unter der Oberfläche in den Erdboden überzuleiten, um jede wesentliche Mehrbelastung und damit auch Setzung der weichen Schicht zu vermeiden. Dies hätte sich in vorliegendem Beispiel nur durch eine Flachgründung erreichen lassen. Die Setzung des Bauwerkes bei Ausführung einer Flachgründung würde in vorliegendem Fall nur einen Bruchteil der Setzung bei Ausführung einer anderen Gründungsart betragen.

Ein weiteres Beispiel eines ganz ähnlichen Falles sei des Interesses halber durch Übernahme des abschließenden Berichtes der Degebo skizziert:

„Zur Bestimmung der zu wählenden Gründung der Brücke bei ... wurden unter den Widerlagern und unter jedem der 5 Pfeiler je 2 Bohrlöcher angeordnet. Mit Ausnahme des Widerlagers *A* wurde unter allen

Pfeilern und dem Widerlager *B* fast durchweg guter sandiger, nichtbindiger Baugrund vorgefunden, abgesehen von äußerst kleinen angeblichen ‚Ton‘ Linsen[1] (Pfeiler 2, Bohrloch *P* 3, Tiefe 19,30—20,35 und Pfeiler 4, Bohrloch *SBB*, 25,25—25,50) und einer bei Pfeiler 1 von Geländeoberkante bis in 6,40 m reichenden Schlickschicht.

Unter dem Widerlager *A* hingegen traf man erst in 17—29 m Tiefe auf Schluffschichten, die zum Teil mit schluffigen Feinsandschichten abwechselten.

Diese Schichten sind aber verhältnismäßig ungefährlich, wenn sie im Erdreich (Sand) eingeschlossen bleiben, vorausgesetzt, daß man den

Abb. 148. Hauseinsturz in Hamburg.

Boden nicht stört, etwa durch das Hineintreiben von Pfählen. Für das Widerlager *A* wäre demnach eine Flachgründung zweckmäßig. Die bereits vorhandene Belastung der fraglichen Schluffschicht beträgt durch die natürliche Überlagerung 3—3,5 kg/cm². Wenn die Fundamentpressung unmittelbar unterhalb des Fundamentes 2 kg/cm² beträgt, wird die in 17—29 m befindliche Schicht zusätzlich nur mit 0,6 bis 0,8 kg/cm² belastet, während man bei einer Gründung auf Pfählen eine Pfahllänge von 32 m wählen müßte. Bei kürzeren Pfählen liefe man Gefahr, die volle Fundamentpressung in den schlechteren Baugrund einzuleiten. Auch bei den Pfeilern 2—5 und dem Widerlager *B* bestehen keine Bedenken gegen eine Flachgründung. Der sog. ‚feine Sand mit Holz‘ unter Pfeiler 3, wie er der Degebo in den Probekästen zugegangen ist, ist als guter Baugrund anzusehen. Die Bestandteile an Holz betragen nur 0,2% (Gewichtsprozente). Die Flachgründungen haben stets den Vorteil, daß man den in größeren Tiefen eventuell vorhandenen bindigen Schichten möglichst fernbleibt.

[1] Im Bohrprofil wird jedoch auch z. B. bei Bohrloch *P* 2, Widerlager *A*, ein schluffiger Sand als „Ton flüssig“ bezeichnet.

Eine Ausnahme bildet die Gründung des Pfeilers 1. Hier wird man zweckmäßig das Fundament auf 6—7 m lange Pfähle setzen, um einen Aushub der moorigen Schlickschicht zu vermeiden.

Es ist selbstverständlich, daß man auch bei Sandboden mit Setzungen rechnen muß. Diese treten aber nach so kurzer Zeit ein, daß sie meistens schon während der Bauzeit ihr Ende erreichen. Für ein statisch bestimmtes Bauwerk — wie die bei . . . geplante Brücke — sind Setzungen, selbst wenn sie unter den einzelnen Pfeilern um ein geringes Maß verschieden sein sollten, unschädlich.“

Ein an sich recht verwickelter Fall, aus dem deutlich hervorgeht, wie unzureichende Gründungen und unbedachte Eingriffe in die Bodenverhältnisse auch die Nachbarn schädigen können, läßt sich leider nur auf Grund des Berichtes aus Tageszeitungen einigermaßen darstellen:

Abb. 149. Hauseinsturz in Hamburg.

Hauseinsturz in Hamburg 1912 (Abb. 148 und 149)[1]. Zwischen einer Straße und einem Fleet wurden 4 Vieretagenhäuser errichtet. Drei davon stehen auf Eisenbetonplatten, das vierte, am Fleet gelegen, auf Holzpfählen. Neben diesem Haus befindet sich ein Holzlagerplatz, der dadurch hergestellt wurde, daß man am Fleet auf Holzpfählen eine 4—5 m hohe Eisenbetonstützmauer ausführte und dann den Hofplatz auffüllte. Das Ende der Mauer (etwa von dem letzten vertikalen Riß bis zu dem beschädigten Haus) gehörte dem Hausbesitzer und wurde an den Fundamenten des Hauses verankert.

Durch den Druck der Holzmassen kam die Ufermauer ins Rutschen, und der Boden wurde sogar unter der Mauer hindurch und im Fleet hochgepreßt. Infolge der Verankerung wurde eine ganze Ecke des Hauses weggerissen. Daß es sich um eine Bodenrutschung handelt, geht daraus hervor, daß der Hof des Holzlagerplatzes auf etwa 50 m Länge und 15 m Tiefe um rund 3 m gesunken ist. Die Zeitungen stellten es so dar, als ob die Konstruktion der Ufermauer zu schwach gewesen sei. Man sieht aus den Abbildungen, daß sie die starken Bodenbewegungen (Wegsacken

[1] Nach Mitteilungen von Dipl.-Ing. Lanzendörfer, der auch die Abbildungen überließ.

des Hofes — Aufpressen des Bodens im Fleet) verhältnismäßig gut überstanden hat. Es wird erwähnt, daß das Fleet in den Tagen vor dem Unfall gerade ausgebaggert wurde. Dadurch kann die Rutschung oder der Grundbruch sehr gut ausgelöst worden sein. Einige Tage vor dem Unfall hat man bereits kleinere Bewegungen beobachtet und die Lösung der Verankerung erwogen. Ob eine größere Anzahl von Rammpfählen eine solche große Gleichgewichtstörung verhindert hätte, scheint recht fraglich. Richtig ist die Schlußfolgerung des Berichtes:

„Aus allem, was bisher festzustellen war, geht hervor, daß man bei der Herstellung der Mauer sowie bei der späteren Belastung des Platzes die äußerst schlechten Grund- und Bodenverhältnisse nicht genügend berücksichtigt hat . . .“

Abb. 150. Einpressen von Pfählen.

h) Beispiel für die Verwendung der Preßrohrpfähle zur Unterfangung und Gründung von Gebäuden[1]. Der neue Pfahl entstand etwa 1935 bei der erforderlichen Unterfangung eines schweren Bauwerkes, das für das Eindrücken der Pfähle als Auflast dienen konnte und dessen Fundamentplatte über etwa 9 m mächtigen weichplastischen Bodenschichten lag. Der Arbeitsraum unter der Platte war beschränkt. Später hat man den Pfahl auch für Neubauten angewendet. Dabei ist ausreichender Ballast (Abb. 150) als Gegendruck für die Pressen notwendig.

1. Beschreibung. Der Pfahl besteht aus 1,5—3 m langen Rohrschüssen, die durch ausziehbare hydraulische Pressen in den Boden eingedrückt werden (Abb. 151). Nach Bedarf werden weitere Rohrschüsse aufgesetzt und angeschweißt, während das Ausbetonieren zwischen dem Abdrücken erfolgt. Auch Bewehrung kann eingesetzt werden. Die

[1] Beschreibung einem Prospekt entnommen: „Der hydraulische Preßrohrpfahl DRP.“ der Frankipfahl Baugesellschaft.

erforderliche Pfahllänge ist erreicht, wenn die Presse bei dem vorgeschriebenen Druck, z. B. 100 t, den Pfahl nicht weiter einzudrücken vermag. Dadurch hat jeder Pfahl seine eigene Probebelastung durchgemacht (Abb. 152). Als Vorteile des Pfahles werden genannt:

Erschütterungsfreie Herstellung,

Sicherheit durch Probebelastung,

Anwendungsmöglichkeit selbst in 1,5 m hohen Arbeitsräumen,

Schutz des Betons durch Rohrmantel.

Dennoch bleibt zu beachten, was über die Tragfähigkeit von Pfahlgruppen (S.60) und die Notwendigkeit vorheriger Bodenuntersuchungen gesagt wurde.

Die Anwendung in Emden zur Gründung eines Getreidespeichers ist in mehr als einer Hinsicht lehrreich. Der Untergrund bestand in den oberen Lagen aus tonigen Sand- und Feinsandschichten, stellenweise etwa 3 m moorigen Böden und erst in mehr als 10 m Tiefe aus feinem und gröberem Sand. Zuerst war ein 40 m hoher Reinigerturm auf Bohrpfählen hergestellt worden. Dadurch, daß er sich an der Nordseite auf das Fundament eines alten Schuppens stützte, der sich vermutlich bereits gesetzt hatte, entstanden einseitige Setzungen, die sich noch verstärkten, als auf der Südseite Bohrpfähle für den Erweiterungsbau (Speicher) ausgeführt wurden. Diese Bohrpfähle hatten aus den bekannten Feinsandschichten viel mehr ausfließenden Sand gefördert, als das Bohrloch selbst enthielt. Aus dem durch Bohrungen, Versuche und Überlegungen rekonstruierten Vorgang der Neigung des Turmes (oben 80 cm aus dem Lot!), entstand auch der Gedanke eines Versuches zum Wiedergeraderichten.

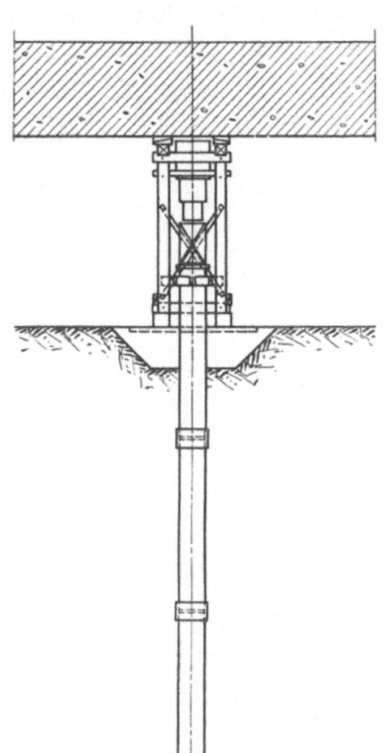

Abb. 151. Schematische Darstellung des Einpressens.

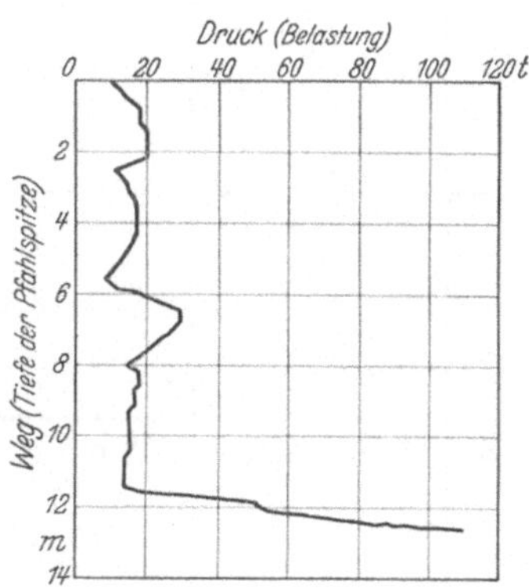

Abb. 152. Belastungseindrückungsdiagramm.

Nun wurden auf der anderen Seite (im alten Schuppen) Bohrpfähle gemacht und über den neu ausgeführten Preßrohrpfählen Pressen und Hebel angesetzt, wodurch die Aufrichtung gelang. Die Ausführung geschah durch die Firma Hochtief, Essen, unter Beachtung aller Vorsichtsmaßnahmen, wozu auch gute Erkundung der Bodenverhältnisse gehört (ausführliche Beschreibung folgt). Für den gleichzeitig zu gründenden Neubau des Speichers waren nach den gemachten Erfahrungen die Forderungen recht schwer. Der Bauherr lehnte wegen der Feinsandschichten (ortsüblich auch Schlämmsand und Fließsand genannt) Bohrpfähle ab, während das Wasserbauamt mit Rücksicht auf den Zustand der Kaimauer Bedenken gegen Rammpfähle hatte. Dadurch fiel

Tabelle. Ergebnis des Nachdrückens der Preßrohrpfähle.

Pfahl Nr.	Pfahlherstellung			Pfahlnachdrücken			
	Tag	Länge	Letzte Einsenkung	Tag	Tonnen	Einsenkung	Bel.-Dauer
97	10. 3.	14,30	11 mm in 2 min	27. 3.	55 70 95 110	0,0 mm 0,0 „ 0,3 „ 1,0 „ Σ e = 1,3 mm	jew. 3 min
101	4. 3.	14,10	12 mm in 2 min	28. 3.	55 70 95 110	0,0 mm 0,0 „ 0,5 „ 1,2 „ Σ e = 1,7 mm	jew. 3 min
78	5. 3.	13,95	3 mm in 2 min	28. 3.	55 70 95 110	0,0 mm 0,0 „ 0,5 „ 5,0 „ Σ e = 5,5 mm	jew. 3 min
65	6. 3.	13,95	14 mm in 2 min	28. 3.	55 70 95 110	0,0 mm 0,0 „ 0,5 „ 2,0 „ Σ e = 2,5 mm	jew. 3 min
93	28. 2.	14,00	10 mm in 2 min	30. 3.	55 70 95 110	0,0 mm 0,0 „ 0,5 „ 1,0 „ Σ e = 1,5 mm	jew. 3 min
68	29. 2.	13,90	7 mm in 2 min	30. 3.	55 70 95 110	0,0 mm 0,0 „ 0,0 „ 2,5 „ Σ e = 2,5 mm	jew. 3 min

der Entschluß zugunsten der Preßrohrpfähle, die mit 110 t pro Pfahl in der oben beschriebenen Weise etwa 14 m tief bis in die Sandlagen hineingedrückt wurden. Nach der Rechnung bekommt jeder Pfahl 55 t Auflast. Da die Belastung beim Einpressen nur kurze Zeit auf dem Pfahl ruht, wurden einige Pfähle nach 3—4 Wochen nochmals probebelastet. Die Ergebnisse sind in nebenstehender Tabelle dargestellt.

i) Einige der allgemeinen Gesichtspunkte, die für Ausführung einer Pfahlgründung sprechen, seien angeführt:

Tragfähige Bodenschicht in erreichbarer Tiefe (ungefähr 20 m).

Beschaffenheit der oberen Bodenschichten sehr ungleichmäßig oder aus weichen Bodenarten (Schlick, Moor usw.) bestehend.

Schwere Bauwerke, ungleichmäßige Lastverteilung.

Mauerwerk des Bauwerkes ohne Eisen- oder Eisenbetongerippe.

Genügend lange Bauzeit.

Art des Betriebes so, daß selbst kleine Wiederherstellungen störend sind.

Gefahr der Unterspülung.

Der Wunsch, Spundwände und Wasserhaltung zu sparen.

Wenn auch Pfähle große Rutschungen meist nicht aufhalten können, so hat man doch in den Vereinigten Staaten Straßenböschungen durch mehrere Reihen von eingerammten Stahlrohren gesichert.

Eine falsche Anwendung von Pfahlgründungen ist unwirtschaftlich und schadet sowohl dem Bauwerk als auch den Ausführenden.

Auch bei dieser Gründungsart ist durch Zusammenarbeit zwischen Theorie, Versuchsanstalt und Beobachtung am Bauwerk noch vieles zu klären (Setzungsbeobachtungen). Die häufig durchgeführten Versuche mit Proberammungen verschiedener Pfahlarten und Probebelastungen sind bei weitem nicht das Dringendste. Auch ihnen fehlt meist die gründliche Auswertung durch Beziehung zu den vorhandenen Bodenverhältnissen, die durch Aufzeichnen eines Bohrprofiles lange nicht genügend genau beschrieben werden. Es ergibt sich sonst leicht eine fehlerhafte Verallgemeinerung oder Überbewertung von Zufälligkeiten, die im Boden liegen.

3. Brunnen- und Druckluftgründungen.

Auf den Bauvorgang, der im Schrifttum häufig und ausführlich behandelt wird, brauchen wir nur soweit einzugehen, als besondere Zusammenhänge mit den Bodenverhältnissen hervorzuheben sind. Der Druck des Bauwerkes wird auf den Untergrund in derselben Weise übertragen wie bei Flachgründungen (B 1). Nur ist zu berücksichtigen, daß bei Erreichung tieferer Lagen die frühere Vorbelastung und die seitliche Überlagerung (Abb. 130) meist größere Bodenpressungen zulassen.

Brunnen- und Senkkästen werden angewandt, um unter dem Wasser oder im Grundwasser sog. tragfähige Lagen zu erreichen. Die Beurteilung der Tragfähigkeit geschieht bisher meist dadurch, daß man Bodendruckversuche ausführt, die im Senkkasten sehr einfach sind, weil man den Druckstempel oder die Druckpresse gegen die Senkkastendecke abstützen kann. Man muß sich jedoch klar darüber sein, daß man mit den gebräuchlichen Lastflächen (bis zu 1 m²) nur Aufschluß über die nächstgelegenen Schichten erhält, während ein schwerer Brückenpfeiler infolge seiner großen Abmessungen noch viel tiefere Lagen des Untergrundes mit seinen Spannungen erfaßt. Handelt es sich um bindige

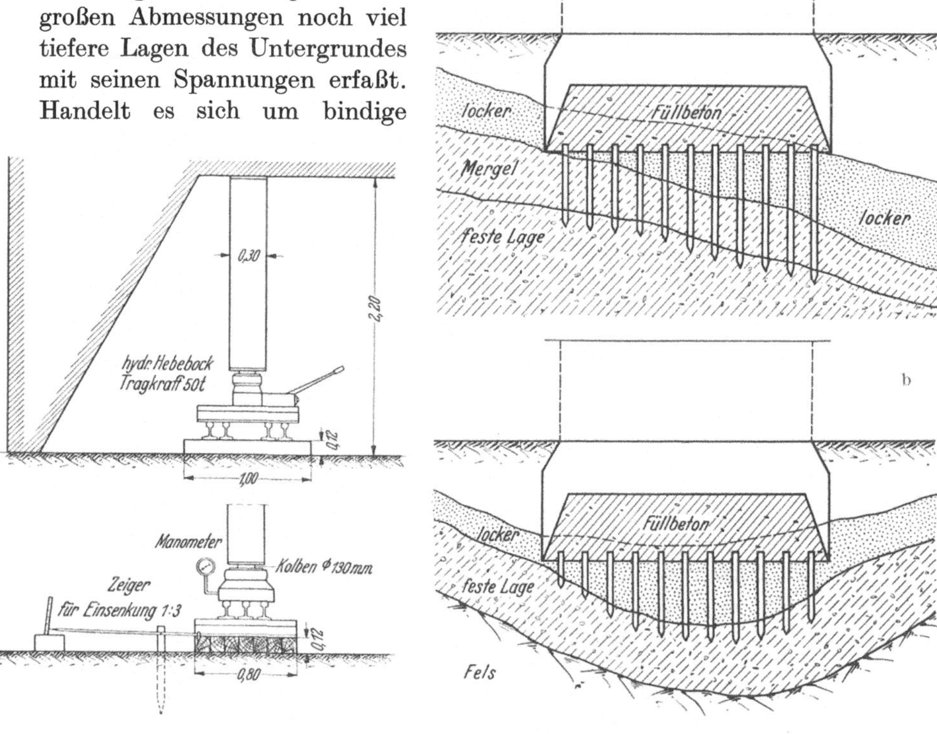

Abb. 153. Probebelastung im Senkkasten.

Abb. 154a und b. Zusatzpfähle zwecks Anpassen an die Schichtung.

Böden, dann wird auch der Einfluß der Zeit bei solchen Druckversuchen ganz oder teilweise vernachlässigt.

Es ist deshalb notwendig, für Pfeilergründungen viel tiefer zu bohren als die Senkkastenschneide reicht und dadurch vor allem festzustellen, ob etwa vorhandene plastische Lagen überall die gleiche Mächtigkeit haben. Sonst wäre eine ungleichmäßige Setzung des Pfeilers wahrscheinlich, die gewissen Brückensystemen schädlich werden kann und erfahrungsgemäß sogar bei beweglichen Brücken das Schließen verhindert. Geeignete Entnahme der Proben, Vornahme der wichtigsten Untersuchungen, Setzungsvorhersage usw. müßten sich anschließen. Gewiß braucht man Probebelastungen auf der Senkkastensohle Abb. 153 nicht zu unterlassen, sie sind auf jeden Fall aufschlußreicher als die Begutachtung mit dem Stiefelabsatz. Das auch angewandte Abrammen der tragenden Schicht mit Rammhämmern hat im Verhältnis zur Gesamtsetzung wenig Zweck. Denn nicht die gerade angetroffene Schicht allein, sondern die darunter folgenden Schichten sind maßgebend für Standsicherheit und Größenordnung der möglichen Setzung.

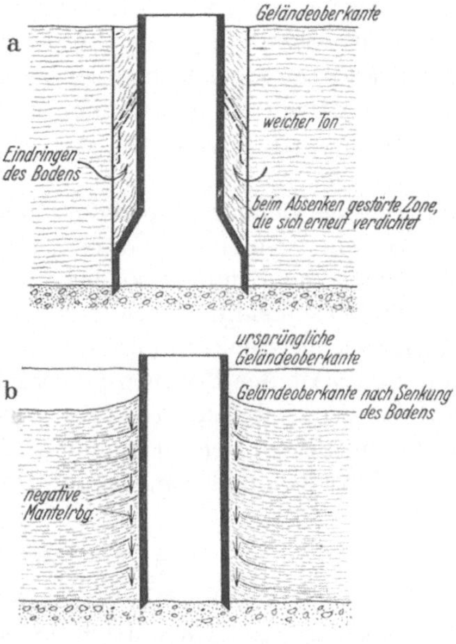

Abb. 155. Störung des Bodens durch Absenken von Brunnen.

In letzter Zeit hat sich bei den etwa 25 m langen Senkkästen für Pfeiler der Reichsautobahnbrücken manchmal herausgestellt, daß die festeren Schichten an den beiden Enden sehr verschieden tief lagen. Es ist also notwendig, daß man in solchen Fällen nicht nur in der Bahnachse, sondern auch etwa 15 m rechts und links von ihr bohrt. Falls man bei geneigten Schichten oder Mulden (Abb. 154 a u. b) sich nicht ohnehin zu Pfahlgründungen entschließt, könnte man ein ungleiches Aufsitzen der Schneiden des Kastens durch zusätzliche Pfähle verschiedener Länge unschädlich machen. Die Beurteilung der Baugrundverhältnisse für diese Zwecke ist ausführlicher beschrieben in Bauing. 1936, Heft 39/40, S. 418—420 [46].

Abb. 156. Schiefstellen der Brunnen durch seitliches Auflockern des Bodens.

Während des Bauvorganges ist beim Senkkasten noch auf die Auflockerung des Bodens an den Seitenwänden, zum Teil durch Luftaustritt, zu achten. Da es außerdem möglich ist, daß bei plastischen Böden auch außerhalb des Senkkastens Störungen des Bodens auftreten, sollte man stets erst die Druckluftgründung und dann erst benachbarte, viel höher gelegene Flachgründungen ausführen.

Bei Brunnen, die manchmal auch in einer unten verbreiterten Form (Arbeitsraum) ausgeführt werden, darf die Mantelreibung längs des Schaftes nicht als mittragend gerechnet werden. Im Gegenteil, durch die erfolgte Störung des umgebenden Bodens (Abb. 155a) ist eine nachträgliche Verdichtung der gelockerten Massen und das Auftreten einer negativen Mantelreibung wahrscheinlich. Sie kann auch bei ganz senkrechten Außenwänden der Brunnen auftreten (Abb. 155b). Die Schicht, bis zu der man die Brunnenschneide absenkt, muß demnach für Eigengewicht plus Nutzlast plus negative Mantelreibung tragfähig genug sein. Außerdem wäre zu untersuchen, ob z. B. bei schweren Gebäuden die Brunnen so dicht stehen, daß sie sich gegenseitig durch Drucküberschneidung unter der Aufstandsfläche stark beeinflussen. Wie stark sich die Senkbrunnen durch Auflockerung des Bodens beim Aushub innerhalb der Brunnen verschieben können, zeigt Abb. 156. Es liegt auf der Hand, daß der so stark gestörte, tonige Boden für ein Mittragen nicht in Frage kommt, sondern im Gegenteil durch die erfolgende Konsolidierung und sog. negative Mantelreibung eine starke Belastung darstellt.

4. Bodenverfestigung.

Hier sollen die Verfahren besprochen werden, die unter Verdichtung mit maschinellen Hilfsmitteln (S. 86f.) nicht bereits genannt wurden.

a) Im Erdbau, Grund- und Wasserbau.

Aus dem Gedanken heraus, daß man statt Bodenaushub und Einbringung von Stampfbeton auch aus dem Boden selbst durch Einpressen des Bindemittels auf der Stelle ein Konglomerat bilden könne, hat man Verfestigungsverfahren entwickelt, deren jedes für verschiedene Zwecke und Böden mehr oder weniger geeignet ist. Man braucht also zweckdienliche Voruntersuchungen [125].

Zweck. Im Grund- und Wasserbau will man entweder aus einem weniger tragfähigen Boden einen tragfähigeren Baugrund machen oder Wasserundurchlässigkeit erreichen, um Grundwasserströme zu unterbrechen (Schürze, Herdmauer) oder das Abrutschen großer Bodenmassen zu verhindern.

Verfahren. Die bisher erprobten Verfahren sind nicht nur von dem Zweck, sondern in erster Linie auch von der Bodenart abhängig.

1. Zementinjektion. Dieses Verfahren wird bereits seit Jahren in Deutschland im Bergbau und auf Ölfeldern, besonders im Ausland, in großem Maßstab angewandt. Da sich nur einzelne Firmen damit beschäftigen und die Arbeitsmethoden möglichst geheim halten, ist recht wenig veröffentlicht worden[1]. Terzaghi brachte in seinem Kolleg (Sommersemester 1932) eine kurze Darstellung der in den Vereinigten Staaten gebräuchlichen Verfahren und Gerätschaften. Die Ausführung

[1] Veröffentlichungen (z. B. Brennecke-Lohmeyer Bd. III, S. 20—22) erwähnen nur Zementinjektion; nennen nur groben Kies und klüftigen Fels als geeigneten Baugrund für Injektionen.

gehört nicht hierher. Die Ausführungsmöglichkeit muß durch Voruntersuchungen geklärt und ebenfalls der Erfolg durch Kontrollbohrungen festgestellt werden. Beispielsweise ist die Zementeinpressung nicht anwendbar, wenn die Zementmilch durch große Spalten oder strömendes Grundwasser bald wieder oberflächlich austreten kann. Andererseits ist sie zwecklos, wenn die Risse des klüftigen Gesteins oder die Hohlräume des Sandes so fein sind, daß aus der Zementmilch der Zement ausgefiltert wird. Doch ergänzen sich die Verfahren, so daß man allenfalls mit den unter 2 und 3 genannten zum Ziele kommt oder sogar eine Kombination anwenden kann. Der Zementverbrauch läßt sich im voraus nur sehr roh angeben, da durchlässige Adern oder Klüfte sehr viel Zementmilch verschlingen oder ableiten können. Terzaghi hat nie Spalten enger als 0,1 mm angetroffen, in die Zement eingedrungen war.

Abb. 157. Mit Zement injizierte Bodenprobe.

In den Jahren 1933—1935 sind am Mittellandkanal Zementinjektionen in Bänderton und Geschiebemergel angewandt worden, um rutschgefährliche Böschungen zu verfestigen, ja sogar, um anfangende Rutschungen aufzuhalten (s. auch „Rutschungen“ S. 81). Über diese Ausführungen wird ausführlich berichtet in Bautechn. 1936, Heft 51, durch Sartorius und Kirchhoff [60]. Im ganzen wurden für Zementeinpressungen annähernd 600000 RM. aufgewendet, wobei die Verfestigung von 1 m^3 Boden durchschnittlich 0.65 RM. kostete. Der Abstand der Bohrlöcher untereinander war etwa 10 m. Diese praktische Ausführung wird hier angeführt, da man oft gemeint hat, in bindige Böden könne man nicht injizieren. Wenn der Ton z. B. nicht klüftig ist, so wird zunächst mit Druckluft vorgepreßt, um die Spalten zu erweitern oder ihn klüftig zu machen. Italienische Firmen haben Drücke bis zu 80 at angewandt. Es entsteht im Ton keineswegs ein Konglomerat ähnlich einem Magerbeton, sondern es bilden sich in den Spalten Längs- und Querlamellen aus erhärtetem Zement, die sehr verschieden dicht beieinander liegen und Abmessungen zwischen 0,2 und 20 mm haben. Der Erfolg der Injektion liegt darin, daß die Wasserbewegung innerhalb des Bodens fast gänzlich unterbunden wird und dadurch die weitere Schmierung von Rutschflächen oder das Eindringen des Wassers durch Risse unterbleibt. Außerdem werden bereits vorhandene wasserführende Sandadern ebenfalls ausgefüllt; die Zementlamellen sind an ihren Außenflächen keineswegs glatt, sondern durch das Eindringen des Zementes in kleine Querspalten mit kleinen Rippen und Geraden besetzt (Abb. 157). Durch einfache Druckversuche hat man festgestellt, daß der verfestigte Boden als Ganzes bei derselben Einsenkung etwa die 7—10fache Belastung aushalten konnte wie der nichtinjizierte Boden, d. h. der Größenordnung nach wurden Druckfestigkeiten (nicht am Würfel) von etwa 30 kg/cm² erreicht, wo man am Ton vorher nur 3 kg/cm² beobachtet hatte. Es wäre wünschenswert, wenn die praktischen Versuche mit diesem Verfahren fortgesetzt würden, da die Vorbeugungsmaßnahmen gegen Rutschung noch recht spärlich sind. Übrigens sind praktische Versuche mit der Zementinjektion bereits beschrieben im „Zbl. der Bauverw.“ 1911, Nr. 13 [126] und 1913, Nr. 82 [127]. Die Anregung ging damals

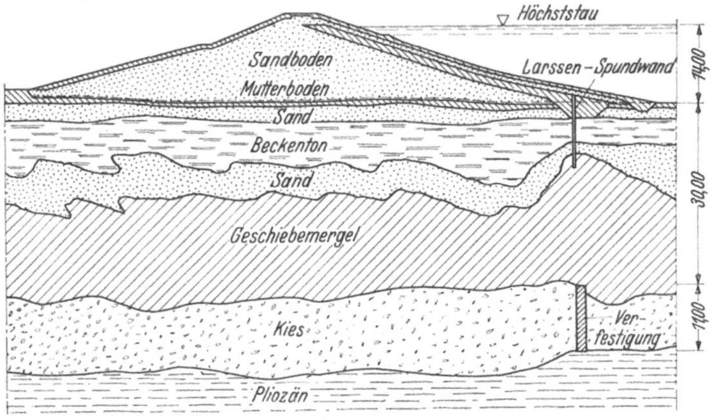

Abb. 158. Querschnitt des Untergrundes und Staudammes Turawa.

von der Firma August Wolfsholz aus. Man beobachtete hierbei, daß im feinen Sand der Zement nicht als Mörtel auftritt und die Sandkörner verkittet, sondern kompakte Zylinder oder Platten aus Zement bildet. Praktisch wird meines Wissens deshalb auch heute die Zementinjektion in Sand und Kiessand nicht angewandt, es sei denn, daß man den Sand durch Wassereinpressen mit aufrührt.

Größere Versuche mit Zementeinpressungen zur Herstellung von Uferdeckwerken werden beschrieben in „Zement“ 1935, Nr. 17/18 durch A. Stalf [128]. Nach diesem Verfahren wird durch Röhren mit Düsen unter ständiger Bewegung Zement oder Zementmilch in den Kiessand der Flußböschung eingepreßt, die nach oben durch eine Schalung abgedeckt ist.

2. Einspritzen chemischer Lösungen. Auch diese Verfahren, die in der Hauptsache zur Verfestigung von Sand angewandt werden, sind durch verschiedene Patente geschützt. Am bekanntesten in Deutschland ist das Verfahren von Joosten, das durch die Firmen Mast und Siemens Bauunion [125] in vielen Fällen angewendet wurde. In den

meisten Fällen werden zwei Lösungen injiziert, die im Boden nach einer längeren oder kürzeren Zeit (durch Wahl der Chemikalien regelbar) Kieselsäuregele bilden. Auch hierbei entsteht kein Konglomerat, das die Festigkeit des Betons hat. Trotzdem wird der praktische Zweck (s. S. 170) erreicht. Falls der Sand zu fein ist, dringen die Lösungen nicht zwischen die Körner ein, sondern drücken den Sand zur Seite. Die praktische Anwendung ist beschränkt, da durch die hohe Zähigkeit der benutzten Lösungen die Durchtränkung von sehr feinem oder tonigem Sand erschwert ist. In solchen Fällen wird man zu dem unter 3 genannten Verfahren greifen. Auch die Kosten sind immerhin so hoch, daß sie je m³ den Preis eines guten Betons übersteigen. Das bedeutet, daß man überall da, wo man Beton gut einbringen kann, nicht zur chemischen

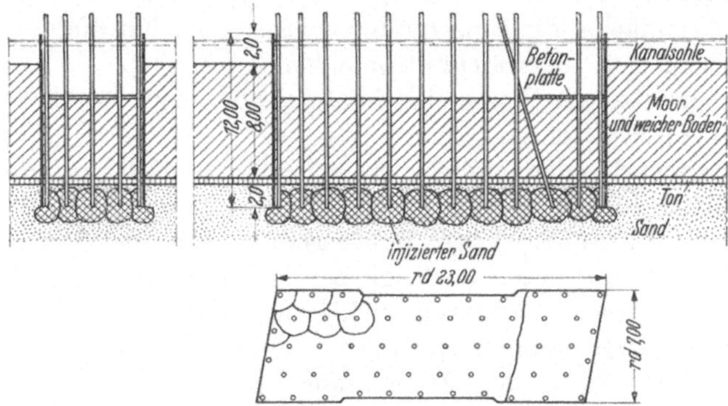

Abb. 159. Dichtung einer Baugrubensohle durch Bitumeninjektion.

Verfestigung greift. In „Bautechnik" 1934, Heft 33/34 beschreibt Dr.-Ing. Mast die Herstellung einer Schutzwand rings um einen höher gelegenen vorhandenen Pfahlrost durch chemische Verfestigung eines feinen Sandes. In Bautechnik 1936, Heft 1, berichtet Rossmann [129] über die Ausführung einer tief gelegenen Schürze nach dem Verfahren Joosten im Kies unter dem Geschiebemergel (Abb. 158).

Weitere Beispiele und Schrifttumsangaben [125].

3. Einpressen einer Bitumenmilch. In Holland wurde im Jahre 1934 das sog. „Shellperm-Verfahren" zur Verdichtung einer Baugrubensohle im Sand angewandt [130]. Bei diesem Verfahren wird durch Rohre von etwa 100 mm Lichtweite, auf deren Sohle ein Kiesfilter eingebracht ist, die Asphaltemulsion eingepreßt. Gleichzeitig werden Chemikalien zugefügt, die das Koagulieren nach einer gewissen Zeit bewirken. Injiziert wurden kugelförmige Sandkörper von etwa 4 m Durchmesser je Rohr. Diese Kugeln wurden durch eine große Anzahl von Bohrlöchern zu einer wasserundurchlässigen, waagerechten Schicht vereinigt (Abb. 159). Will man eine lotrechte Abdichtungswand erreichen, so kann dies ebenfalls durch ein Aneinanderreihen von Bohrröhren und

durch Ziehen der Einpreßrohre während des Arbeitsvorganges geschehen. Eine größere Anwendung aus den letzten Jahren ist die Dichtung des Untergrundes unter der Betonsohle des Assiutwehres in Ägypten [131].

4. Elektrochemische Verfestigung von Ton. Ausgehend von einer Reihe von Vorversuchen [62], hat L. Casagrande mit Probepfählen in Ton zunächst Modellversuche [132] und später Großversuche mit blechbeschlagenen Holzpfählen in tonigem Schluff anstellen lassen [133].

Diese Versuche ergaben beim Stromdurchgang von den Aluminiumblechpfählen (Anode) zum Kupferblechpfahl (Kathode) eine Verfestigung des Tones, die auch bei Probebelastung der Einzelpfähle am Chiemsee deutlich meßbar war. Errechnet wurde z. B. eine Erhöhung der Mantelreibung Pfahl-Ton von 1,4 auf 6,8 t/m^2.

Dies gilt zunächst für Einzelpfähle bei schwebenden Pfahlgründungen in homogenen Ton- oder Schlufftonböden.

Ob die ermittelten Werte sich im Laufe der Zeit wieder verringern, wäre noch zu beobachten.

Für etwa vorhandene weiche Schichten unterhalb der Pfahlspitzen gilt das auf S. 161 Gesagte.

5. Wahl des geeigneten Verfahrens. Für die Baugrunduntersuchung ist es von größter Wichtigkeit, die Vorbedingungen für das zur Anwendung geeignete Verfahren zu klären. Dafür ist Kenntnis der im Schrifttum niedergelegten Erfahrungen unerläßlich. Hier sei nur so viel gesagt, daß die Wahl des Einpressungsverfahrens oder der zu verwendenden Stoffe in allererster Linie von Korngröße, Kornverteilung, Durchlässigkeit und Grundwasserverhältnissen des Bodens abhängig ist. Zementmilch dringt nur in groben Kies ein oder in Sand, den man in dauernder Bewegung erhält. Mit Anwendung sehr hoher Drücke muß man dabei vorsichtig sein. Da jedoch die Zementeinpressung das billigste Verfahren ist, wird man zunächst versuchen, mit ihr auszukommen und erst beim Versagen zu den unter 2 und 3 genannten Mitteln übergehen. Bemerkenswert ist, daß die Zementeinpressung in Ton- und Mergelschichten sowie in nicht zu feine Felsspalten gelingt.

Das Verfahren Joosten setzt Sand ohne tonige oder organische Beimengungen voraus und bildet dadurch eine willkommene Ergänzung zur Zementinjektion. Es wird auch mit dieser vereinigt, z. B. um Spalten zu schließen, durch die Zementmilch entweichen könnte.

Das Einpressen von Bitumenmilch bildet wiederum eine willkommene Ergänzung zum Verfahren Joosten, da die hierbei verwandten Lösungen vermöge ihrer dünnflüssigen Beschaffenheit noch in viel feinere Sande eindringen. Andererseits kann man dieses Verfahren auch wieder mit dem unter 1 kombinieren, indem man eine Mischung von Bitumenmilch und Zement einpreßt. Ausführlich und sehr anschaulich sind die Zusammenhänge dargestellt in Deutsche Wasserwirtschaft 1937, Heft 3 [125]

6. Verschiedenes. Ähnlich wie in kleinem Maßstab durch Trocknen hat man auch im großen die Festigkeit von Tonböden zu steigern versucht. In der Nähe von Los Angeles z. B. wurden in einem rutschgefährlichen Hang, der aus Ton besteht, horizontale Stollen vorgetrieben, von denen aus mit Hilfe von Öfen und großen Ventilatoren der Boden ausgetrocknet wurde. In „Civil Engineering“ Bd. 4 (August 1934) wird angegeben, daß innerhalb der ersten 6 Monate etwa 1400 Liter Wasser je Tag verdampft, also dem Boden entzogen wurden. Der Versuch ist interessant, doch scheint das Verfahren teuer zu sein und muß, sobald einmal die Heizung aussetzt, durch Rissebildung die Rutschgefahr vergrößern, etwa wie sonst am Ende einer Trockenperiode bei einsetzendem Regen.

b) Im Straßenbau, bei der Anlage von Rollfeldern usw.

Es handelt sich hier nicht so sehr um hochwertige Straßen als um deren Unterbau, um schnelle Fahrbarmachung sehr großer Flächen oder um Straßen mit geringerer Verkehrsdichte. In USA. werden dafür etwa seit 1907 bei den sog. „low cost roads“ Verfahren der Bodenverfestigung angewandt, die man kurz „soil stabilization“ nennt. Die Verhältnisse für die Entwicklung lagen günstig, da man bei großen Abständen selten befahrene Straßen für Automobile brauchbar machen wollte. In vielen Fällen stand toniger Sand (top soil) zur Verfügung, der in einem Zustand schwacher Durchfeuchtung fast wie eine lehmgestampfte Scheunentenne wurde. Auch auf Sumatra z. B. wäre der Autoverkehr auf den Pflanzungen über Hunderte von km nicht möglich, wenn dort nicht ein sandiger Ton von ziemlicher Gleichmäßigkeit vorhanden wäre, der fast immer — außer bei ganz lange anhaltenden Regengüssen — gut befahrbar bleibt. In den letzten Jahren erkannte man die Bedeutung künstlicher Verfahren, die dasselbe Ziel erreichen sollen, für solche zweitklassigen Straßen, für den Straßenunterbau, auf den später hochwertige Decken kommen sollen und für Rollfelder, soweit sie nicht durch Grasnarbe bedeckt sind.

1. Kornaufbau. Wo der ideale Kornaufbau nicht vorhanden ist, z. B. bei reinem Sand oder hohem Tongehalt, hat man versucht, durch Beimischung von Ton bzw. Sand ein Optimum zu finden. Die Kornverteilung, die Hogentogler (Public Roads, Vol. XVII, No. 3, Fig. 10, Kurve 6) für den „Grundmörtel“ empfiehlt, gibt Abb. 160 wieder. Wo man zwischen Unterbau und Verschleißschicht unterscheidet, kämen die Kornverteilungen nach Abb. 161 in Betracht.

Bei unseren Versuchen, nach eingesandten Proben Böden in dieser Weise zu verbessern, hat sich gezeigt, daß es manchmal auf wenige Prozent ankommt. Ein gemischtkörniger Kiessand z. B. wurde durch Zufügung von 5% eines tonigen Humusbodens fast wasserundurchlässig. Es ist also sehr schwer, das Optimum zu finden, da folgende Forderungen erfüllt werden müssen:

Kiessand muß bindig gemacht werden, er soll wenig schrumpfen (Risse), soll eine gewisse Wasserdurchlässigkeit behalten, nicht frostschiebend sein, bei Austrocknung nicht stauben, bei Regen sich nicht auflösen und — wenn es geht — bei Rollfeldern fruchtbar genug für eine Grasnarbe sein.

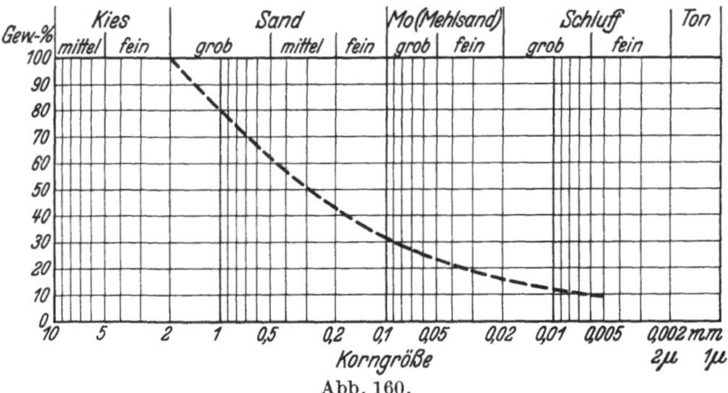

Abb. 160.

Eine Patentlösung gibt es noch nicht; sie wird auch in jedem Falle durch abweichende Verhältnisse und Forderungen anders aussehen.

Wenn man eine solche Mischung herstellt, erfolgt der Zusammenhalt im feuchten Zustande durch die Adhäsion der Wasserfilme der feinen Teile, während im trockenen Zustand die bindende Wirkung der Tonteile die Kohäsion liefert.

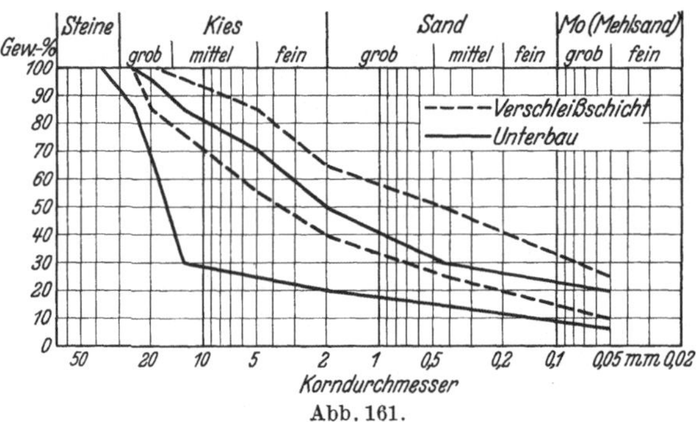

Abb. 161.

Auf die im Schrifttum sehr ausführlich beschriebenen Misch- und Einbauverfahren soll hier nicht eingegangen werden [134, 135, 136, 148].

2. Behandlung mit Chemikalien. Weitverbreitete Anwendung finden in USA. Chlorcalcium und Chlornatrium zur künstlichen Bodenstabilisierung [134, 135]. Der Zweck dieser Behandlung ist, durch die Hygroskopizität den Boden dauernd feucht zu halten und bei beginnender Austrocknung eine große Kapillarwirkung zu erzeugen, die ihn zusammenhält. Geeigneter Kornaufbau ist dabei Vorbedingung.

3. Bitumen und Teer. Die hier angedeutete Arbeitsweise [137, 138, 139, 140] darf nicht mit dem Bau hochwertiger Asphalt- oder Teerbeläge verwechselt werden. Um große Flächen schnell einigermaßen zu befestigen, hat man den vorwiegend sandigen Boden — so wie man ihn antraf — aufgerissen, durchgeeggt, pflanzliche Bestandteile mit dem Rechen entfernt und Straßenteer oder erwärmtes Bitumen mit dem Sprengwagen aufgebracht, dann durchgemischt, erneut geteert und wieder gemischt. Die Verfahren im einzelnen weichen voneinander ab. Für Teer z. B. werden folgende Zahlen genannt: 13 Liter pro m² wurden etwa 15 cm tief eingemischt, zum Abschluß wurde noch 1 Liter Teer mit 15 kg/m² Splitt aufgebracht, nachdem die Oberfläche profilgerecht abgewalzt worden war. Daß eine Voruntersuchung der vorhandenen Bodenarten notwendig ist und hiervon die Arbeitsweise im einzelnen abhängt, braucht nicht mehr betont zu werden.

4. Zement. Auch Zement wurde in großem Maßstabe als Mittel zur Stabilisierung verwandt [141, 142]. Dieses Verfahren darf nicht etwa mit der Herstellung von Beton verwechselt werden. Im Gegenteil, man bevorzugte tonige Böden, während sonst Ton im Beton als schädlich angesehen wird. An Kleinversuchen ist festzustellen, daß ein geringer Zementzusatz das Schwinden und Schwellen des Tones sehr stark hindert. Das Erhärten verläuft meist so schnell, daß es schon nach 24 Stunden schwer ist, die Oberfläche einzuebnen, so daß die Wege nach wenigen Tagen befahrbar sind [141]. Bei den Großversuchen hat man meist nur 4—6 Gewichtsprozente Portlandzement zugesetzt. Man bevorzugte die trockene Mischung, besprengte dann mit Wasser, mischte nochmals gut durch, planierte und walzte die Oberfläche. Bei lang anhaltender Trockenheit zeigte sich nur geringes Austrocknen und Rissigwerden, bei Regen geringes Aufweichen. Die Kosten in USA. betrugen etwa 50 Cents/m² bei 15 cm verfestigter Schichtstärke. Die Leistung im Straßenbau war bereits bei den Probestrecken über 1 Meile pro Tag.

In Australien hat man auf Wegen den Ton sogar an Ort und Stelle gebrannt. Auf reinen Tonböden wurde eine von oben her durch Gebläse stark erhitzte Eisenplatte vorwärtsgeschoben, die den darunter liegenden Boden bis in einige Zentimeter Tiefe brannte und eine feste Wegedecke herstellte. Das Verfahren ist nur anwendbar bei gleichmäßigen, tonigen Böden ohne Steine, erfordert große Mengen Brennstoff (dort Holz) und liefert wohl kaum eine Straße für längere Dauer und schwere Lasten.

Ohne daß die Zusammenhänge im einzelnen aufgezeigt wurden, ersieht man aus der kurzen Beschreibung der Verfestigungsverfahren, daß Erfahrungen von einer Baustelle nicht ohne weiteres auf die andere übertragbar sind und daß die vorherige Untersuchung der Bodeneigenschaften bereits darüber Auskunft gibt, welches Verfahren überhaupt in Frage kommt. Einzelheiten allerdings kann man erst durch Großversuche an Ort und Stelle ermitteln und eine Vorausbestimmung,

z. B. der erforderlichen Zementmengen zu 1., ist nicht möglich, da selbst benachbarte Bohrlöcher sehr verschiedene Mengen absorbieren.

C. Fortlaufende Beobachtung an Bauwerken.

Da alles hier Gesagte der Sicherheit, der sparsamen und zweckmäßigen Ausführung der Bauwerke zu dienen hat, bildet ihr Verhalten auch den Wertmesser und Beweis für die Richtigkeit aller Voruntersuchungen und der danach getroffenen Maßnahmen. Beobachtungen am Bauwerk sind also die Probe aufs Exempel, und man wird bald finden, wie aufschlußreich und wertvoll sie sind. Ohne sie wäre auch die bisherige Entwicklung der Baugrundforschung kaum denkbar und der Nachweis ihrer Verwendbarkeit nicht zu erbringen.

Meist spricht man nur von Setzungsbeobachtungen, die selbstverständlich in vielen Fällen durch Nachprüfung horizontaler Verschiebungen ergänzt werden müssen. Sie gehören zur Beurteilung des Bauwerkes wie die Fieberkurve zur Diagnose. Die rechtzeitige Vornahme und Art einer Wiederherstellung, die Schlichtung von Streitfällen usw. sind nicht möglich ohne ein klares Bild über den Verlauf der Geschehnisse. Der Verfasser hatte z. B. an Beobachtungen und Messungen von Bauten in den Häfen Niederländisch-Indiens [50], die zunächst seit 1922 ohne Zusammenhang mit Bodenuntersuchungen vorgenommen wurden, ein wertvolles Erfahrungsmaterial, das sich später durch Zusammentragen ergänzender Angaben zum Teil gut auswerten ließ (Abb. 79—82, 84—86). Besser ist jedoch, von Anfang an alle Erhebungen zu machen, um ein vollständiges Bild zu bekommen.

Terzaghi benutzt jede Gelegenheit, in seinen Aufsätzen auf die große Bedeutung der Setzungsbeobachtungen [143] hinzuweisen. Er ist es, der nicht nur die Ausbildung und Anwendung der bodenphysikalischen Versuche, sondern auch die Praxis der Setzungsbeobachtung stark gefördert hat [52, 12, Bd. III, S. 79—87]. Ausführliche Ratschläge für die Durchführung und Aufzeichnung von Setzungsbeobachtungen gibt das gerade fertiggestellte Normblatt Nr. 4107 [144]. Nach dem Erscheinen haben die Fachministerien die ihnen unterstellten Bauämter zu fortlaufender Beobachtung von Bauten und Einsendung der Ergebnisse an die Degebo zwecks Auswertung veranlaßt. Darüber hinaus empfiehlt sich die Anschaffung des Normblattes für jeden Bauherrn, Entwurfsbearbeiter, Bauleiter und Bauausführenden. Eine Wiedergabe erübrigt sich hier durch die folgenden kurzen Hinweise[1]:

Anordnung der Beobachtungen. Man soll so frühzeitig wie möglich, am besten vor Baubeginn, den Gang der Nachmessungen festlegen und geeignete Festpunkte anordnen. Liegen diese selbst im Senkungs- oder Rutschgebiet (z. B. Häfen im Schwemmland), so ist Verankerung an

[1] Nach der ersten Auflage unverändert geblieben.

zuverlässige rückwärtige Festpunkte und gelegentliche Nachprüfung etwaiger Setzungen notwendig. In gewissen Fällen muß man auch auf horizontale Verschiebungen, z. B. durch Rutschen oder Einrütteln, vorbereitet sein; also ist außer Nivellieren auch das Einmessen und Festlegen der waagerechten Abstände wichtig. Es ist stets verwirrend, wenn man beim Auftreten von Bewegungen nicht mehr genau weiß, wie hoch z. B. Oberkante des Fundamentbetons ausgeführt war und auf primitive Marken des Maurers oder Zimmermannes angewiesen ist. In Brückenpfeilern z. B. sollte man Eisenstäbe einbetonieren, die den genauen Abstand von Caissonschneide bis an einen über der Wasserlinie einzumessenden Punkt angeben. Mißt man dagegen erst, wenn der Pfeiler fertig ist, so wird die durch das Pfeilergewicht bereits verursachte Setzung ganz oder teilweise vernachlässigt.

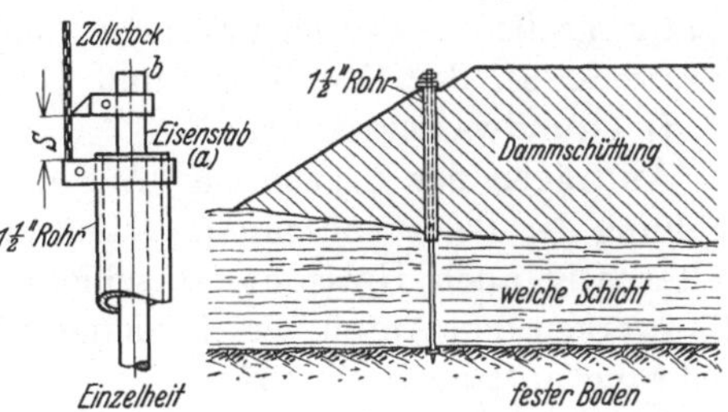

Abb. 162. Grundpegel für Dämme. Messung der Dammsetzung geschieht mit Hilfe eines Zollstocks, wenn der Eisenstab (a) fest im Boden sitzt. Andernfalls wird auch der Kopf des Eisenstabes einnivelliert, um die Dammsetzung und die Setzung des Untergrundes zu bestimmen.

Die Hilfsmittel für solche Messungen sind einfach und großenteils auf den Baustellen vorhanden. Als Beobachtungspunkte wählt man Sockel, Fußplatten, eiserne Stützen, Auflagerquader oder besonders eingesetzte Bolzen. In Hochbauten kann man diese Bolzen unauffällig anordnen [52].

Die Höhenmessung geschieht meist durch Nivellieren; in schlecht zugänglichen Räumen, niedrigen Kellern, Beobachtungsgängen oder unter Brücken mit der Schlauchwaage [52].

Will man die Setzungen von Erdbauten, Verschiebungen von Achsen oder den Anteil gewisser Schichten an der Setzung messen, so muß man Pfähle, Setzungsmarken oder Grundpegel anordnen. Eine solche Marke für Bahndämme, ungefähr nach schwedischem Vorbild, zeigt die Abb. 162. Dadurch, daß die Eisenstange bis in den Untergrund reicht, kann man die Setzungen s des Dammes, verglichen mit dem Untergrund, an der Schneide a mit dem Zollstock messen. Vermutet man auch eine Zusammendrückung der alten Untergrundschichten, so bekommt man deren Setzmaß durch Einnivellieren des Stangenkopfes b von einem außerhalb des Dammes gelegenen Festpunkt aus.

Die Grundpegel bestehen aus einer in die betreffende Lage reichenden Platte mit aufgesetzter Eisenstange, die in einem Gasrohr möglichst reibungslos nach oben geht, so daß die Reibung der durchfahrenen oberen Schichten ausgeschlossen wird. Näheres über Grundpegel [52, 115].

Gegenstand der Beobachtungen. Es ist für eine aufschlußreiche Auswertung notwendig, alles zu beobachten, was mit dem Verhalten des Bauwerkes irgendwie im Zusammenhang stehen könnte.

a) Ergebnisse von Probebohrungen und anschließende Untersuchungen.

b) Belastungen des Bodens durch zunehmendes Eigengewicht des Bauwerkes und Betriebsarten (bei Lagerhäusern, Silos und Tanks auch die Füllung).

c) Zeitpunkt der Belastungsänderungen.

d) Sonstige Einflüsse, wie z. B. Betriebsaufnahme, Rammarbeiten, Erdbeben, starke Verkehrserschütterungen, Überschwemmungen usw.

e) Einmessung der Beobachtungspunkte in zunächst ziemlich kurzen, später größeren Zwischenräumen, und zwar Festpunkte, Punkte am Bauwerk, an der Oberfläche und Grundpegel.

f) Grundwasserstände.

Auftragen der Ergebnisse. Aus den Messungen läßt sich eine Darstellung der Belastungszunahme und eine Zeitsetzungskurve aufzeichnen (alternativ auch Horizontalverschiebungen). Außerdem kann man bei Bauwerken den Anteil verschiedener Stützenreihen in Längs- und Querrichtung auftragen (S. 157).

Diese bildliche Darstellung ist nach Besprechung der verschiedenen Einflüsse wertvoll für ähnliche Neubauten, notwendige Wiederherstellungen am beobachteten Bauwerk, besondere Betriebsvorschriften u. dgl. m. Nicht umsonst nennt Terzaghi die Setzungsanalyse das Rückgrat der Baugrundforschung.

Auch noch im letzten Jahr war in einigen Fällen eine bindende Auskunft über Entstehung und zweckmäßige Beseitigung von Schäden nicht möglich, da jede Messung früherer Setzungen fehlte und andere Anhaltspunkte nicht erhältlich waren.

VI. Zusammenfassung, Ausblick.

Möglichst kurz werden die wichtigsten Zusammenhänge zwischen Boden, Baugrund und Bauwerk aufgezeigt, da, wo es ohne Weitschweifigkeit möglich war, auch an ausgeführten Beispielen. Gründlichere Studien sind durch Hinweise auf Veröffentlichungen und Schrifttumsverzeichnis erleichtert. Jede weitere Anregung, besondere Beispiele usw. sind dem Verfasser willkommen.

Es ist in Baugrundfragen ganz und gar unrichtig, wenn der Fachgenosse draußen auf der Baustelle, der sich als „Nur-Praktiker" fühlt, die Weitererforschung der Zusammenhänge dem Wissenschaftler oder Spezialisten überläßt. Einerseits ist es für seine eigenen kommenden Arbeiten unerläßlich, daß er sich mit den wichtigsten Zusammenhängen zwischen Baugrund und Bauwerk, deren Kenntnis ihm viel Kosten und Ärger ersparen kann, mehr als bisher befaßt; andererseits ist schon jeder Beitrag aus Beobachtungen am Bau, sei es auch nur eine einfache

Setzungs- oder Verschiebungsmessung, wertvoll. Unsere Untersuchungsverfahren, auch die nur im Laboratorium angewandten, können ohne gleichzeitige und nachträgliche Beobachtungen am Bauwerk nicht brauchbar bleiben oder werden, soweit sie es überhaupt schon sind. Es ergeht deshalb die Aufforderung zur Mitarbeit an alle Fachgenossen, die mit, in, auf und über der Erde bauen.

VII. Erklärung einiger bodenmechanischer Ausdrücke.

Aräometer (in USA. auch Hydrometer genannt)	Dichtemesser für Flüssigkeiten und Suspensionen (Schlämmanalyse).
Ausrollgrenze	Untere Grenze der Plastizität nach Atterberg.
Bettungsziffer	Setzung in cm bei Belastung in kg/cm² (Einheit kg/cm³).
Bindiger Boden	Boden, bei dem die Körner durch echte Kohäsion zusammenhaften (z. B. Ton, Letten ...).
Bodenbeanspruchung (zulässige)	Weiter Begriff, je nach Zweck verschieden, besser ist Angabe der bei bestimmter Belastung zu erwartenden Setzung.
Böschungswinkel (natürlicher)	Winkel, unter dem sich eine Schüttung im Laufe der Zeit einstellt (nicht gleich dem Reibungswinkel!). Abhängig vom Wasserstand.
Dispersion	Lösung der einzelnen Körner voneinander in einer Flüssigkeit, z. B. für die Schlämmanalyse.
Druckporenzifferdiagramm	Ergebnis (graphisch) des Zusammendrückungsversuches.
Durchlässigkeitsbeiwert	Filtergeschwindigkeit des Wassers im Boden in cm/sec.
Feuchtigkeitsgrad G	Nach Terzaghi: $G = \frac{w \cdot \gamma\,(1-n)}{n}$.
Fließgrenze	Eine der Konsistenzgrenzen (s. Beschreibung S. 38).
Flockenbildung (Koagulation)	Durch Ausfällen beim Sedimentieren z. B. Wird gefördert durch Salzsäure, unter anderem gehemmt durch Natronwasserglas.
Frostgefährlicher Boden	Boden, der beim Gefrieren starke Eislinsen bildet.
Frostgrenze	Tiefste Trennungslinie zwischen gefrorenem und ungefrorenem Boden.
Frosthebung (z. B. von Straßen)	Hebung der Straßendecke um etwa die Summe der Dicke der Eislinsen im Boden.
Frostschiebend (Boden)	Etwa wie frostgefährlicher Boden.
Gestörte Bodenprobe	Bei Entnahme oder im Laboratorium durchgeknetete, -gerührte oder -gerüttelte Probe.
Ungestörte Bodenprobe	In natürlicher Lagerung entnommen, z. B. durch Ausstechen so, daß die Struktur unversehrt erhalten bleibt.
Halbgestörte Bodenprobe	Bei der die ungestörte Entnahme nur zum Teil gelingt.

Gleichförmiger Boden	Ein großer Anteil der Körner von etwa gleicher Größe, also steile Kornverteilungskurve.
Grenzbelastung	Belastung, bei der die Bettungsziffer sehr stark abnimmt, die Proportionalitätsgrenze überschritten wird.
Höhe, reduzierte (einer Probe)	Höhe der festen Phase allein. $h_0 = \frac{h}{1+\varepsilon}$.
Höhe, wahre (einer Probe)	h, entspricht dem Raumgewicht.
Kapillarer Wasseraufstieg (im Boden)	Heberwirkung mit Oberflächenspannung als Saugkraft.
Kegelprobe	Schwedische Kegelprobe, beschrieben unter IV, 1.
Klebegrenze	Nach Atterberg Wassergehalt bindigen Bodens, bei dem er gerade noch an einem Neusilberspachtel haftet.
Koagulation	Siehe Flockenbildung.
Kohäsion eines Erdstoffes (echte)	Haften der Körner aneinander durch molekulare Anziehungskraft.
Kohäsion eines Erdstoffes (scheinbare)	Haftung der Teilchen durch äußere Kräfte, z. B. Überdruck, Kapillarkraft.
Konsistenzgrenzen	Nach Atterberg: Fließgrenze S. 38, Klebegrenze, Ausrollgrenze S. 38, Schrumpfgrenze S. 39, angegeben in % des Trockengewichtes bei Erreichung der betreffenden Grenze.
Konsolidierung (bindiger Böden)	Verdichtung eines Bodens durch Abgabe von Porenwasser bis zu einem der Belastung entsprechenden Porengehalt.
Korngröße (wirkliche)	Durchmesser der Einzelkörner, meist nicht genau bestimmbar.
Korngröße (äquivalente)	Z. B. bei der Schlämmanalyse Durchmesser von Kugeln gleicher Sinkgeschwindigkeit.
Mantelreibung	Reibung zwischen Pfahl und Boden.
Mo (zwischen Feinsand und Schluff)	Korn $< 0{,}1$ und $> 0{,}02$ mm.
Oedometer	Nach Terzaghi Apparat, in dem die Zusammendrückung einer Probe gemessen wird (S. 45).
Passiver Erddruck	Druck, der der Verschiebung einer Wand gegen das Erdreich widersteht.
Plastizitätszahl	Differenz der Wassergehalte bei Fließ- und Ausrollgrenze (s. S. 39).
Porengehalt (n)	In % $= n$, Verhältnis der Hohlräume zum Gesamtrauminhalt.
Porenziffer (ε)	$\varepsilon = \frac{n}{1-n}$ Verhältnis der Hohlräume zum Gesamtrauminhalt der Einzelkörner.
Porenwasser	Wasserfüllung der Hohlräume; bei bindigem Boden = Porengehalt.
Reibungsbeiwert	Gleich Tangente des Winkels der inneren Reibung.

Scherfestigkeit	Widerstand, den der Boden einem Abscheren (bei Bildung von Rutschflächen) entgegensetzt, gemessen in kg/cm².
Schlämmen	Aufbereitung eines Bodens durch Wasserzusatz.
Schluff	Feines Gesteinsmehl. Korngröße $< 0{,}02$ und $> 0{,}002$.
Schrumpfen	Rauminhaltsverminderung des Bodens infolge Austrocknung.
Schrumpfgrenze	Der Wassergehalt einer Probe, unterhalb dessen trotz weiterer Austrocknung der Rauminhalt nicht mehr abnimmt.
Schwellen	Zunahme an Rauminhalt infolge Wasseraufnahme, die durch Entlastung ermöglicht wird.
Schwellbeiwert	$= \frac{\Delta\,\varepsilon}{\Delta p}$ wobei $\Delta\,\varepsilon$ = Zunahme der Porenziffer und $\Delta\,p$ = Druckabnahme.
Schwimmsand, Triebsand, Fließsand usw.	Mittel- und Feinsand $> 0{,}5$ mm. Bezeichnung ist darauf zurückzuführen, daß Sandschichten bei geringer Wasserbewegung, z. B. beim Aushub von Baugruben, aus„fließen".
Siebanalyse	Bestimmung der einzelnen Fraktionen durch Sieben mit verschiedener Loch- oder Maschenweite.
Spannungsausgleich	Anpassung des Wassergehaltes an den neuen Druck.
Trockengewicht	Gewicht der bei 105° C getrockneten Probe.
Ungleichförmigskeitsgrad	$\frac{dw'}{dw} = \frac{\text{Korngröße bei } 60\%}{\text{Korngröße bei } 10\%}$ (vgl. S. 37).
Verdichtungsziffer $a = \frac{\Delta\,\varepsilon}{\Delta\,p}$	wobei $\Delta\,\varepsilon$ Abnahme der Porenziffer bei einer Druckerhöhung um Δp.
Wassersättigung	Alle Poren mit Wasser gefüllt.
Zeitsetzungsdiagramm	Auftragung der Setzung nach der Zeit (also ohne Lasterhöhung). Meist für einzelne Laststufen aufgezeichnet.
Zylinderdruckversuch	Nach Terzaghi. Druckversuch mit unbehinderter Seitenausdehnung (S. 41).

VIII. Schrifttumsverzeichnis.

Vor der Bearbeitung dieses Buches wurde eine ausführliche Übersicht des vorhandenen Schrifttums zusammengestellt, die jedoch viel zu umfangreich ist, um sie hier abzudrucken. Im nachstehend aufgeführten Schrifttumsverzeichnis sind deshalb nur die Abhandlungen erwähnt, die im Text irgendwo zitiert werden. Sehr oft hat dies nur bezug auf ein einzelnes Beispiel oder Verfahren. Mit der Nennung der Abhandlung ist nicht gesagt, daß die betreffende Schrift in allen ihren Teilen den heute gültigen Auffassungen über die Zusammenhänge entspricht.

1. Collin, Alexandre: Recherches expérimentales sur les glissements spontanés des terrains argileux accompagnées de considérations sur quelques principes de la mécanique terrestre. Paris 1846.
2. Zimmermann, H.: Die Berechnung des Eisenbahnoberbaues, 2. Aufl., 1930. Berlin: W. Ernst & Sohn 1888.
3. Siehe auch Rendulic: Ein Beitrag zur Bestimmung der Gleitsicherheit. Bauing. 1935 Heft 19/20.
4. Schulze: Gekrümmte Erdgleitflächen. Beton u. Eisen 1915 Heft 19/20.
5. Pihera: Druckverteilung, Erddruck, Erdwiderstand, Tragfähigkeit. Wien 1928.
6. Statens Järnvägars Geotekniska Kommission 1914—22 Slutbetänkande. Stockholm 1922.
7. Terzaghi: Erdbaumechanik auf bodenphysikalischer Grundlage. Wien und Leipzig: Franz Deuticke 1925.
8. Redlich-Terzaghi-Kampe: Ingenieurgeologie. Berlin: Julius Springer 1929.
9. Terzaghi-Fröhlich: Theorie der Setzung von Tonschichten. Leipzig-Wien: Franz Deuticke 1936.
10. Terzaghi: 15 Jahre Baugrundforschung. Bauing. 1935 Heft 3/4.
11. VDI-Jb. 1936 S. 81.
12. Proceedings of the International Conference on Soil Mechanics and Foundation Engineering June 22—26, 1936, Cambridge Mass. (USA.) Bd. I, II, III.
13. Vorbericht zum II. Kongreß der Internationalen Vereinigung für Brückenbau und Hochbau in Berlin-München 1936. Berlin: W. Ernst & Sohn 1936.
14. Fillunger, P.: Erdbaumechanik? Selbstverlag des Verfassers. Wien 1936.
15. Ekström: Klassifikation av Svenska Åkerjordar. Stockholm 1927.
16. Casagrande, A.: The structure of clay and its importance in foundation engineering. J. Boston Soc. Civil Engr. Bd. 19 (1932) Nr. 4.
17. Hertwig, A.: Bodenverdichtung. Straße 1934 Heft 4.
18. Loos u. Lorenz: Verdichtung geschütteter Dämme. 1. Bericht. Straße 1934 Heft 4.
19. Scheidig: Der Löß und seine geotechnischen Eigenschaften. Dresden: Theodor Steinkopff 1934.
20. Hoffmann, R.: Die geotechnischen Arbeitsmethoden der schwedischen Staatsbahnen. Bauing. 1930 Heft 41.
21. Ehrenberg: Geräte zur Entnahme von Bodenproben für bodenphysikalische Untersuchungen. Bautechn. 1933 Heft 24.
22. Früh: Ein neues Gerät zur Entnahme ungestörter Tonproben aus Bohrlöchern. Bautechn. 1932 Heft 49.
23. Burckhardt: Die Aufschließung des Untergrundes. Bautechn. 1931 Heft 17.
24. Burckhardt: Entnahme von Bodenproben in ungestörter Verfassung. Bautechn. 1933 Heft 1/2.
25. Wegenstein: Einwandfreie Bodenaufschlüsse durch die Bohrpfahlsondierung. Schweiz. Bauztg. Bd. 101 (1933) Nr. 22.
26. Din Vornorm 4021: Grundsätze für die Entnahme von Bodenproben. Herausgegeben vom Deutschen Ausschuß für Baugrundforschung bei der Deutschen Gesellschaft für Bauwesen.
27. Din Vornorm 4022: Einheitliche Benennung der Bodenarten und Aufstellung der Schichtenverzeichnisse (Bohrergebnisse). Herausgegeben vom Deutschen Ausschuß für Baugrundforschung bei der Deutschen Gesellschaft für Bauwesen.
28. Casagrande, A.: Die Aräometermethode zur Bestimmung der Kornverteilung von Böden und anderen Materialien. Berlin: Julius Springer 1934.

29. Gessner: Die Schlämmanalyse. Leipzig: Akademische Verlagsgesellschaft 1931.
30. Keil, R.: Die Ergebnisse der mechanischen Bodenanalyse nach dem Schöneschen Spülverfahren und der Aräometermethode von A. Casagrande. Vergleichend-kritische Studie auf experimenteller Grundlage. Geol. u. Bauwes. März 1937 Heft 1.
31. Streck: Fortschritte auf dem Gebiet der Baugrundforschung. Zbl. Bauverw. 1928 Heft 19 S. 309.
32. Hultin: Grusfyllningar för kajbyggnader. Tekn. T. 1916 Heft 31 S. 292—294.
33. Pettersson, K. E.: Kajraset i Göteborg den 5:te mars 1916. Tekn. T. 1916 Heft 30 S. 281—287, Heft 31 S. 289—291.
34. Fellenius, W.: Erdstatische Berechnungen mit Reibung und Kohäsion (Adhäsion) und unter Annahme kreiszylindrischer Gleitflächen. Berlin: W. Ernst & Sohn 1927.
35. Krey: Erddruck, Erdwiderstand, 4. Aufl. Berlin: W. Ernst & Sohn 1932.
36. Terzaghi: Settlement of buildings due to progressive consolidation of individual strata. Publ. Massachusetts Inst. Technol. Bd. 65 (1930) Nr. 83.
37. Scheidig: Neuere Verfahren in der Analyse und Vorhersage von Bauwerksetzungen. Bautechn. 1933 Heft 12 u. 15.
38. American Society of Civil Engineers: Progress report of the special comittee on earths and foundations. Proc. May 1933.
39. Bierbaumer: Vorschläge für die Beurteilung von Flach- und Pfahlgründungen. Wien 1929.
40. Kögler: Baugrundprüfung im Bohrloch. Bauing. 1933 Heft 19/20.
41. Aichhorn: Über die Zusammendrückung des Bodens infolge örtlicher Belastung. Diss. Freiberg 1931, abgedruckt in Geol. u. Bauwes. 1932 Heft 1.
42. Press: Baugrundbelastungsversuche mit Flächen gleicher Größe, jedoch verschiedener Form. Bautechn. 1931 Heft 50.
43. Loos: Erkenntnisse der neueren Baugrundforschung bei der Gründung von Bauten. Zbl. Bauverw. 1935 Heft 12.
44. Loos: Derzeitiger Stand, Zweck und Nutzen der angewandten Baugrundforschung. Beton u. Eisen 1937 Heft 5.
45. Leissler, K. u. W. Keil: Umbau der Straßenbrücke über den Rhein bei Mainz. Bautechn. 1932 Heft 46 u. 48, 1933 Heft 19.
46. Loos: Senkkastengründungen und Beurteilung der tragenden Schicht. Bauing. 1936 Heft 39/40.
47. Proefbelasting en draagvermogen van heipalen. Ingenieur, Haag 1934 Heft 44.
48. Terzaghi: Praktische Baugrundbelastungsversuche in Europa. Engng. News Rec. Bd. 109 (1932) Heft 6.
49. Kögler: Über Baugrundprobebelastungen. Alte Verfahren — neue Erkenntnisse. Bautechn. 1931 Heft 24.
50. Loos: Kritische Betrachtung von Flach- und Pfahlgründungen besonders in den Hafenplätzen Niederländisch-Indiens. Diss. Berlin 1930, abgedruckt in Heft 3 der Veröffentlichungen der Degebo. Berlin: Julius Springer 1932.
51. Loos: Pfahlgründungen von Kunstbauten. Straße 1934 Heft 6.
52. Terzaghi: Verbessertes Verfahren zur Setzungsbeobachtung. Bautechn. 1933 Heft 41.
53. Hertwig, Früh, Lorenz: Die Ermittlung der für das Bauwesen wichtigsten Eigenschaften des Bodens durch erzwungene Schwingungen. Heft 1 der Veröffentlichungen der Degebo. Berlin: Julius Springer 1933.
54. Lorenz: Neue Ergebnisse der dynamischen Baugrunduntersuchung. Z. VDI Bd. 78 (1934) Nr. 12.

55. Die Anwendung dynamischer Baugrunduntersuchungen. 2. Bericht. Mitteilungen über gemeinsame Arbeiten der Deutschen Forschungsgesellschaft für Bodenmechanik und des Geophysikalischen Institutes der Universität Göttingen. Veröffentlichungen der Degebo Heft 4. Berlin: Julius Springer 1936.
56. Erlenbach, L.: Frosthebungen und Frostversuche in Ostpreußen. Straße 1935 Heft 16.
57. Kötter: Die Bestimmung des Druckes an gekrümmten Gleitflächen, eine Aufgabe aus der Lehre vom Erddruck. Sitzsgber. preuß. Akad. Wiss., Physik.-math. Kl. 26. Februar 1903.
58. Ehrenberg: Das Ausfließen einer Sandkippe in einer Braunkohlengrube. Bautechn. 1933 Heft 19.
59. Verfestigungsverfahren an Tonböschungsrutschungen. Forschgs-Ber. Mineral. Geol. Inst. Techn. Hochsch. Braunschweig, Sept. 1933.
60. Sartorius u. Kirchhoff: Die Böschungsrutschungen am Mittellandkanal im tiefen Einschnitt bei Wenden und die Maßnahmen zu ihrer Beseitigung. Bautechn. 1936 Heft 51.
61. Kirchhoff: Untersuchungen über die Ursachen von Böschungsrutschungen in Jura- und Kreidetonen bei Braunschweig. Diss. Braunschweig 1930, abgedruckt in Geol. u. Bauwes. 1930 Heft 2.
62. Endell: Beitrag zur chemischen Erforschung und Behandlung von Tonböden. Bautechn. 1935 Heft 18.
63. Spilker, A.: Mitteilung über die Messung der Kräfte in einer Baugrubenaussteifung. Bautechn. 1937 Heft 1.
64. Ramspeck u. Müller: Fortschritte der Baugrunduntersuchungen. Z. VDI Bd. 80 (1936) Nr. 37.
65. Hertwig: Johann Wilhelm Schwedler. Berlin: W. Ernst & Sohn 1930.
66. Loos: Verdichtung geschütteter Dämme, 2. Bericht. Straße 1935 Heft 13.
67. Müller, R. u. A. Ramspeck: Verdichtung geschütteter Dämme, 3. Bericht. Straße 1935 Heft 18.
68. Müller, R.: Verdichtung geschütteter Dämme, 4. Bericht. Straße 1936 Heft 16.
69. Loos: Verdichtung geschütteter Dämme, 5. Bericht. Straße 1936 Heft 17.
70. Loos: Verdichtung nichtbindiger Böden. Straßenbau 1936 Heft 16.
71. Loos u. Breth: Bericht über die Nachprüfung der Verdichtungswirkung von Explosionsrammen auf bindigem Boden. Straße 1937 Heft 12.
72. Ramspeck: Bodenverfestigung durch Schwingungsrüttler. Bautechn. 1937 Heft 17.
73. Hertwig: Zum Einsturzunglück bei der Berliner S-Bahn. I, II, III. Räder 1936 Heft 22/23, 1937 Heft 1.
74. Dischinger: Die Ursachen des Einsturzes der Baugrube der Berliner Nord-Süd-S-Bahn in der Hermann-Göring-Straße. Bauing. 1937 Heft 9/10.
75. Keinhorst: Betrachtungen zur Bergschädenfrage. Z. Glückauf 1934 Heft 7.
76. Carp: Über Bergschäden im Ruhrgebiete und ihre Vermeidung. Bautechn. 1937 Heft 17 u. 19.
77. Roloff: Die Einwirkung des Bergbaues auf die Eisenbahn. Diss. Hannover, Bautechn. 1935 Heft 53.
78. Oberste-Brink: Das Wesen des Bewegungsvorganges bei Bodensenkungen infolge von Einwirkungen des Bergbaues. Glückauf 1929 Nr. 4.
79. Terzaghi: Sickerverluste aus Kanälen. Wasserwirtsch. 1930 Heft 18/19.
80. Kyrieleis-Sichardt: Grundwasserabsenkung bei Fundierungsarbeiten, 2. Aufl. Berlin: Julius Springer 1930.
81. Wouter Cool: Technische lessen en vraagstukken op het gebied van den Indischen havenbouw. Ingenieur, Haag 1919 Nr. 8.

82. Elenbaas, W.: Technische lessen en vraagstukken op het gebied van den Indischen havenbouw. Ingenieur, Haag 1919 Nr. 45.
83. Meijers, A. A.: Technische lessen en vraagstukken op het gebied van den Indischen havenbouw. Ingenieur, Haag 1920 Nr. 3.
84. Todt: Fehlerquellen beim Bau von Landstraßendecken aus Teer und Asphalt. Halle: Martin Boerner 1932.
85. Schönleben: Frostschäden. Straßenbau 1930 Heft 31.
86. Schönleben: Frostschäden und ihre Verhütung. Straßenbau 1931 Heft 17.
87. Schönleben: Beobachtungen über Frostschäden auf Landstraßen. Straßenbau 1934 Heft 17 u. 23.
88. Butzer: Unterpressen und Heben von Betonfahrbahnplatten. Betonstraße Juli 1936 S. 161.
89. Loos: Moorstrecken bei Straßenbauten oder Modellversuche mit Mooreinlagerungen in Sand. Straßenbau 1934 Heft 17, 1935 Heft 5.
90. Loos: Bericht über die Moorversuchsstrecke bei Bremen. Straße 1935 Heft 16.
91. Casagrande, L. u. Wheeler: Sprengen, ein einfaches Hilfsmittel zur raschen Stabilisierung von Straßendämmen auf weichem Untergrund. Straße 1934 Heft 7.
92. Casagrande, L. u. Siedek: Moorsprengungen beim Bau der Reichsautobahn. Straße 1935 Heft 17.
93. Dücker: Über Moorsprengversuche auf der Blocklandstrecke. Straße 1936 Nr. 10.
94. Beskow: Tjälbildningen och Tjällyftningen med Särskild Hänsyn Till Vägar och Järnvägar. Stockholm 1935.
95. Müller, R.: Frostbildung und Frosthebung. Auszugsweise Übersetzung von 94. Straßenbau 1936 Nr. 4, 5, 9 u. 10.
96. Taber: Freezing and thawing of soils as factors in the destruction of road pavements. Public Roads 1930 Heft 6.
97. Hogentogler: Subgrade soil constant, their significance, and their application in practice. Public Roads 1931 Nr. 4.
98. Dücker: Ist das Maß der Frosthebung unabhängig von der Temperatur? Straße 1937 Heft 5.
99. Casagrande, L.: Über den Wert von Straßengräben und Drainagen. Schriftenreihe der Straße 1936 Heft 3.
100. Loos: Anwendung der Baugrundforschung im Großstraßenbau. Z. VDI Bd. 78 (1934) S. 35.
101. Backofen: Frosthügel und Schlagstellen im Eisenbahnbau. Org. Fortschr. Eisenbahnwes. 1930 S. 1—5.
102. Blum: Ursachen der Frosthügel im Eisenbahn- und Straßenbau und Mittel zu deren Verhütung. Org. Fortschr. Eisenbahnwes. 1931, S. 102—105.
103. Kegel: Die Frosthügel im Gleise.
104. Wieland: Der Bau bituminöser Eisenbahnoberbau-Schutzdecken in Theorie und Praxis. Z. Bitumen 1931 S. 144—149.
105. Wieland: Neuartige Befestigungen und Abdichtungen im Eisenbahn- und Wasserbau. Geol. u. Bauwes. 1934 Heft 2.
106. Meischeider: Setzung und Sicherung alter Turmbauten. Bauing. 1937 Heft 15/16.
107. Fröhlich: Druckverteilung im Baugrunde mit besonderer Berücksichtigung der plastischen Erscheinungen. Wien: Julius Springer 1934.
108. Brennecke-Lohmeyer: Der Grundbau, Bd. III, 4. Aufl. Berlin: W. Ernst & Sohn 1934.
109. Boussinesq: Application des potentials à l'étude de l'équilibre et du mouvement des solides élastiques. Paris 1885.

110. Strohschneider: Elastische Druckverteilung und Drucküberschreitung in Schüttungen. Sitzgsber. Akad. Wiss. Wien, Math.-naturwiss. Kl. Bd. 121 (1912) Abt. IIa.
111. Kögler u. Scheidig: Druckverteilung im Baugrunde. Bautechn. 1927 Heft 29 u. 31, 1928 Heft 15 u. 17, 1929 Heft 18 u. 52.
112. Bernatzik: Formänderungen von Schüttungen unter kreisförmigen Lastflächen. Diss. Wien Okt. 1931.
113. Steinbrenner: Tafeln zur Setzungsberechnung. Straße 1934 Heft 4.
114. Scheidig: Die Berechnungsgrundlagen durchgehender Fundamente und die neuere Baugrundforschung. Bautechn. 1931 Heft 19 u. 20.
115. Terzaghi: Die Tragfähigkeit von Pfahlgründungen. Bautechn. 1930 Heft 31 u. 34.
116. Burger: Der Bau der neuen Rheinbrücke bei Ludwigshafen (Rhein)—Mannheim. Bautechn. 1931 Heft 38, 1932 Heft 6, 8 u. 45.
117. Berichte Freiberg. Nach einem Bericht von Prof. Terzaghi auf einer Zusammenkunft in Freiberg (Sa.), 27. Okt. 1932.
118. Schinkel u. Grube: Sicherung von Pfeilerbauwerken in den Duisburg-Ruhrorter Häfen. Bautechn. 1937 Heft 9.
119. Loos: Darf bei Pfahlgründungen die die Pfähle verbindende Grundplatte als teilweise mittragend in Rechnung gestellt werden? Z. Bauverw. 1936 Heft 42.
120. Buisman: De weerstand van paalpunten in zand. Ingenieur, Haag 1935 Nr. 14 u. 18.
121. Dörr: Die Tragfähigkeit der Pfähle. Berlin: W. Ernst & Sohn 1922.
122. Singer: Der Baugrund. Wien: Julius Springer 1932.
123. Zimmermann: Die Rammwirkung im Erdreich, Versuch auf neuer Grundlage. Berlin: W. Ernst & Sohn 1915.
124. Tellegen: Gewapend beton paalfundeeringen voor zware belastingen. Ingenieur, Haag 1934 Nr. 40 S. 79.
125. Joosten: Neuzeitliche Abdichtungsverfahren mit Einpressen von Dichtungsmitteln. Dtsch. Wasserwirtschaft 1937 Heft 3 S. 47—54.
126. Neue Gründungsverfahren. Zbl. Bauverw. 1911 Nr. 13 S. 82.
127. Über einen Versuch zur Herstellung einer Herdmauer durch Einspritzen von Zement. Zbl. Bauverw. 1913 Nr. 82 S. 456.
128. Stalf, A.: Neues Unterwasserzementeinpreßverfahren zur Herstellung von Uferdeckwerken an geschiebeführenden Flüssen und am Meer. Zement 1935 Nr. 17 u. 18.
129. Rossmann: Der Staudamm des Staubeckens an der Malapane bei Turawa. Bautechn. 1936 Heft 1.
130. Hulst, J. van: Dichting van den bodem van een kwellenden bouwput door injectie met aspaltemulsie volgens het shellperm procédé. Ingenieur, Haag 1935 Nr. 17.
131. Joedicke, Fr.: Bitumenemulsionen zur Verdichtung durchlässiger Bodenarten. Bautechn. 1936 H. 17.
132. Erlenbach: Die Anwendung der elektrochemischen Verfestigung auf schwimmende Pfahlgründungen. Bautechn. 1936 H. 19.
133. Casagrande, L.: Großversuch zur Erhöhung der Tragfähigkeit von schwebenden Pfahlgründungen durch elektrochemische Behandlung. Bautechn. 1937 H. 1.
134. Hogentogler: Stabilized Soil Roads. Public Roads Bd. 17 (Mai 1936) Nr. 3.
135. Haller: Vom amerikanischen Straßenbau. Straßenbau 1. Febr. 1937f.
136. Gould and Stoddard: Stabilized Bases for Iowa Roads. ENR Bd. 118 Nr. 4 S. 121—123.

137. Reagel and Schappler: Oil-Stabilization of Road Bases Under Test in Missouri. ENR Bd. 118 Nr. 3 S. 84—86.
138. Martin: Die Befestigung der Rollfelder auf dem Flugplatz von Savannah im Staate Georgia (USA.). Roads and Streets, Chicago 1936 Nr. 10.
139. Stabilisierte Erdstraßen. Bitumen März 1937 S. 40.
140. Llewellyn, Melville and Cirigottis (Asphalt Department Shell Comp., Cairo): Plastic Roads and Runways, Juli 1934.
141. Mills: Road-Base Stabilization with Portland Cement. ENR 28. Nov. 1935 S. 751—753.
142. Mills: Stabilizing Soil with Portland Cement. 16. Annual Meeting, Highway Research Board of the National Research Council, Washington.
143. Terzaghi: Settlement analysis — the backbone of foundation research. Wld. Engng Congr. Tokyo 1929, Paper Nr. 337.
144. Din 4107: Richtlinien für die Beobachtung der Bewegungen entstehender und fertiger Bauwerke. Herausgegeben vom Ausschuß für einheitliche technische Baupolizeibestimmungen, Febr. 1937.
145. Ehrenberg, Joachim: Standfestigkeitsberechnung von Staudämmen. Bericht des 2. Talsperrenkongresses in Washington 1936, Bd. IV. Berlin: VDI-Verlag GmbH., 1937.
146. Terzaghi u. Fröhlich: Erdbaumechanik und Baupraxis. Leipzig-Wien: Franz Deuticke 1937.
147. Schäfer, H.: Die rechtliche Bedeutung der Bodenverhältnisse bei der Ausführung von Bauten. Beton- und Tiefbau-Wirtschafts-Verband E.V., Berlin 1927.
148. Bilfinger: Über die Anlage von Rollfeldern unter besonderer Berücksichtigung ihrer Oberflächenbefestigung. Allgem. Industrie-Verlag, Berlin W 9, 1937.

Beilage 1.

Einheitliches Benennen der Bodenarten und Aufstellen der Schichtenverzeichnisse zur Untersuchung des Untergrundes für Bau- und Wassererschließungszwecke.

DIN 4022 Entwurf 1 b.

Inhalt: 1. Zweck der Norm „Einheitliches Benennen der Bodenarten und Aufstellen der Schichtenverzeichnisse zur Untersuchung des Untergrundes für Bau- und Wassererschließungszwecke. — 2. Anwendungsgebiet der Schichtenverzeichnisse. — 3. Ausfüllen der Schichtenverzeichnisse.

1. Zweck der Norm „Einheitliches Benennen der Bodenarten und Aufstellen der Schichtenverzeichnisse zur Untersuchung des Untergrundes für Bau- und Wassererschließungszwecke. Die Norm soll dazu dienen, ein einheitliches Benennen der durchbohrten Boden- und Gesteinsarten und eine einheitliche Darstellung der Schurf- und Bohrergebnisse in den Schichtenverzeichnissen zu erreichen. Durch das Benennen soll die Boden- und Gesteinsart möglichst genau und eindeutig gekennzeichnet werden. Daher sind in den Schichtenverzeichnissen nur einheitliche Benennungen nach der Anweisung für das Ausfüllen der Schichtenverzeichnisse (Anlage 3) zu verwenden.

2. Anwendungsgebiet der Schichtenverzeichnisse. Die Schichtenverzeichnisse sollen für Zwecke des gesamten Bauwesens, z. B. Baugrund, Wasserbau, Kulturbau, Steinbruch- und Sandgrubenindustrie u. a., der Wassererschließung und der hierfür erforderlichen geologischen Untersuchung verwendet werden.

Für den Brunnenbau sind besondere, vereinfachte Schichtenverzeichnisse vorgesehen, die jedoch nur für diese Zwecke bestimmt sind.

Nur das eingehende Auswerten der Angaben über die Bodenarten in den Schichtenverzeichnissen in Verbindung mit bodenphysikalischen Untersuchungen ungestörter Proben läßt Schlüsse auf die Eigenschaften der Bodenart im Hinblick auf die Bearbeitbarkeit, Tragfähigkeit, Standfestigkeit, Wasserführung usw. zu.

3. Ausfüllen der Schichtenverzeichnisse. Das Ausfüllen der Schichtenverzeichnisse soll mit größter Sorgfalt vorgenommen werden, damit die Ablagerungsverhältnisse möglichst genau zu erkennen sind.

Bei Untergrunduntersuchungen für Bauzwecke sollen ausschließlich die nach den Anlagen 1 und 2a hergestellten Vordrucke verwendet werden, bei Brunnenbohrungen, soweit sie nicht gleichzeitig zur Feststellung der Baugrundeigenschaften dienen, genügt an Stelle der Anlage 2a das Ausfüllen der Anlage 2b. Bei dem Ausfüllen der Vordrucke sind die in Anlage 3 gegebenen Anweisungen genau zu beachten. Das Kopfblatt des Schichtenverzeichnisses (Anlage 1) dient zum Kennzeichen des Schurfes oder der Bohrung nach Lage, Höhe, Zeit, Zweck, Ausführungsart, sowie zum Vermerken sonstiger wichtiger Feststellungen. Die Lage des Schurfes oder des Bohrpunktes muß so bezeichnet werden, daß sie jederzeit wiedergefunden werden kann, z. B. durch Angabe der Rechts- und Hochwerte oder durch Skizzen nach dem Meßtischblatt oder der topographischen Grundkarte.

Das eigentliche Verzeichnis zum Eintragen der erbohrten Schichten (Anlage 2) soll durch die Anordnung in einer Tafel zum Einhalten einer bestimmten Reihenfolge und (durch das Vorhandensein einer besonderen Spalte für jede einzelne Eigenschaft) zum vollständigen Aufzeichnen aller wesentlichen Eigenschaften zwangsweise veranlassen. Für beide Blätter werden je nach dem Verwendungszweck verschiedene Vordrucke[1] hergestellt.

Vordruck	Format	Anordnung des Vordrucks nach	Ausführung
B 1	A 4	Anlage 1	Kopfblatt einseitig bedruckt
B 2a	A 4	Anlage 2a	einseitig bedruckt
B 2b	A 4	Anlage 2b	einseitig bedruckt
B 3a[2]	A 5	Seite 1 wie Anlage 1 Seite 2 bis 4 wie Anlage 2a	vierseitig bedruckt mit Kopfblatt (Anlage 1) auf der ersten Seite und mit Schichtenverzeichnis (Anlage 2a) auf den übrigen Seiten
B 3b[2]	A 5	Seite 1 wie Anlage 1 Seite 2 bis 4 wie Anlage 2b	vierseitig bedruckt mit Kopfblatt (Anlage 1) auf der ersten Seite und mit Schichtenverzeichnis (Anlage 2b) auf den übrigen Seiten
B 4a[2]	A 5	Anlage 2a	zweiseitig bedruckt mit Schichtenverzeichnis (Anlage 2a)
B 4b[2]	A 5	Anlage 2b	zweiseitig bedruckt mit Schichtenverzeichnis (Anlage 2b)

Die Beachtung der Anweisungen in Anlage 3 soll das richtige Ausfüllen der Schichtenverzeichnisse im einzelnen und das Anwenden der festgelegten einheitlichen Benennungen sicherstellen. Der Bohrmeister muß deshalb die Anweisungen jederzeit zur Hand haben[3].

[1] Die Vordrucke können vom Beuth-Verlag, Berlin SW 19, bezogen werden.

[2] In den Vordrucken B 3a, B 3b, B 4a und B 4b sind des kleineren Formats wegen die Spalten 1 und 3 der Anlage 2a bzw. 2b fortgelassen.

[3] Die Anweisung ist als Sonderdruck zweiseitig auf Normformat A 5 gedruckt (Bestell-Nr. B 5) herausgegeben worden, damit sie auf die Hälfte gefaltet als Einlage in ein Taschenbuch geeignet ist.

Anlage 1. **Schichtenverzeichnis.** (Bohr- oder Schurfergebnis)[1].

Bohrloch/ ~~Schurf~~ [2] (Nr. oder Zeichen) *Nr. 2*

Ort und Lage: (Kreis, Provinz, Kartenblatt *, Gemarkung *, Parzelle * usw.):	*Kreis A.* *Gemarkung B.* *Kartenbl. 2, Parz.* $\frac{1096}{370}$
Höhenlage des Ansatzpunktes zu einem Festpunkt: *	*49,50 über N.N.*
Zeit der Ausführung:	*August 1936.*
Zweck:	*Baugrunduntersuchung.*
Bohrverfahren: Art des Gerätes (Verrohrung, Anfang- und Enddurchmesser):	*Schappenbohrer 178 mm* *Im Kies unter Wasser Kiespumpe.*
Ausführender:	*Bohrmeister X in Firma Y.*
Auftraggeber:	*Brückenbaubüro in B.*
Bemerkungen (Aufbewahrungsort der Proben* u. a.):	*Kreisbauamt in A.*

Ort: *A.* Tag: *28. 6. 36* Name: *Firma Y.*

Raum für Lageplan * [3], Untersuchungsergebnisse*.

[1] Die Schurf- und Bohrergebnisse sind an Hand der vorschriftsmäßig entnommenen und aufbewahrten Bodenproben auszuwerten* (vgl. DIN 4021 — „Grundsätze für die Entnahme von Bodenproben zur Untersuchung des Untergrundes für Bau- und Wassererschließungszwecke").

[2] Nichtzutreffendes durchstreichen!

[3] Die Lage des Bohrpunktes oder des Schurfes muß so bezeichnet werden, daß sie jederzeit wiedergefunden werden kann* (siehe Ziffer 3 der Norm).

* Wenn der Bohrunternehmer diese Leistungen mit ausführen soll, ist es besonders zu vereinbaren.

Anlage 2a. **Für Baugrunduntersuchungen.**

Ort: *Kreis A, Gemarkung B, Kartenbl. 2, Parz.* $\frac{1096}{370}$ Bohrloch/~~Schurf~~ [1] (Nr. oder Zeichen) *Nr. 2.* Tag: *28. 8. 36.*

Nr.	Tiefe unter Ansatzpunkt in m	Erbohrte Mächtigkeit in m	a Hauptbodenart b Farbe c Art der Beimengungen	d Beschaffenheit e Wassergehalt f Kalkgehalt	Bemerkungen wie: Ortsübliche Benennung, geologische Bezeichnung, Grundwasserstand, Tiefe der entnommenen ungestörten Bodenproben und Nr. des Behälters, physikalische Bezeichnung der Versuchsanstalt usw.
1	2	3	4	5	6
1	*0,30*	*0,30*	a *Feinsand* b *braun* c *mit Pflanzenresten*	d *locker* e *trocken* f *kalkfrei*	*Örtliche Schwarzerde*
2	*4,10*	*3,80*	a *Mittelsand* * b *graugelb* c *lehmig*	d *lose gelagert* e *trocken bis zum Grundwasser* f *kalkfrei*	*Gestörte Probe in t = 2,5 m Büchse Nr. 7* *Grundwasser bei t = 2,8 m*
3	*11,20*	*7,10*	a *Mittelkies 5 bis 15* * b *braunrot* c *schwach lehmig*	d *locker* e *naß* f *kalkfrei*	*Gestörte Probe in t = 5,20 m Büchse Nr. 8* *Gestörte Probe in t = 9,5 m Büchse Nr. 9*
4	*15,0*	*3,80*	a *Lehm* b *braun* c *grobkiesig*	d *mager* e *knetbar* f *kalkfrei*	*Ungestörte Probe in t = 11,5 m Stutzen Nr. 211* *dto in t = 12,5 m, St. Nr. 212* *dto in t = 14,0 m, St. Nr. 213*
5	*16,0*	*1,0*	a *Mittelsand* b *grau* c *rein*	d *scharfkörnig* e *naß* f *braust schwach*	*Gestörte Probe in t = 15,5 m Büchse Nr. 10* *Grundwasser gespannt, steigt bis 1,5 m unter Gelände*
6	*19,50*	*3,5*	a *Geschiebemergel* b *grauschwarz* c *Kies und Steine*	d *sehr fest* e *feucht* f *braust stark*	*Ungestörte Probe in t = 17,0 m Stutzen Nr. 214* *dto in t = 19,2 m Stutzen Nr. 215*

Allgemeine Bemerkungen: * *Vielleicht aufgefüllt, durch Kiespumpe gestört und Lagerung nicht zu erkennen, gegebenenfalls Schurf anlegen.*

[1] Nichtzutreffendes durchstreichen!

Anlage 2 b. **Nur für Brunnenbohrungen,**
wenn damit keine Bodenuntersuchung verbunden ist.

Ort: *Kreis A, Gemarkung B, Kartenbl. 2, Parz.* $\frac{1096}{370}$ — $\frac{\text{Bohrloch/ Schurf}}{\text{(Nr. oder Zeichen)}}$ *Nr. 2.* — Tag: *28. 8. 36.*

Nr.	Bis ... m und Ansatzpunkt (auf volle 10 cm zu runden)	Erbohrte Mächtigkeit in m	a) Hauptbodenart, b) Farbe, c) Art der Beimengungen, d) Beschaffenheit, e) Wassergehalt, f) Kalkgehalt, g) ortsübliche Benennung, h) geologische Bezeichnung (a bis c stets auszufüllen, d bis h nach Bedarf)	Bemerkungen (Inhalt vgl Spalte 7 der Anweisung Vordruck B 5)
1	2	3	4	5
1	*0,30*	*0,30*	*Mutterboden, schwarz, Schutt*	*aufgefüllt*
2	*1,00*	*0,70*	*Müll- und Mauerschutt*	*aufgefüllt*
3	*2,40*	*1,40*	*sehr feiner Sand, gelb, schwach lehmig, im Bohrloch zusammenfließend, feucht*	*Oberwasser auf 1,80 m*
4	*2,80*	*0,40*	*Feinsand, grau, rein*	
5	*3,50*	*0,70*	*Feinsand, grau, tonig*	
6	*8,00*	*4,50*	*Ton grau, etwas feinsandig, fest gelagert, feucht*	
7	*11,20*	*3,20*	*Ton, graublau, mit kleinen Steinen, knetbar, feucht*	
8	*12,50*	*1,30*	*Feinsand, grau, schwach tonig, fest gelagert, im Grundwasser liegend*	*Grundwasser stellt sich auf 10,50 m ein*
9	*19,80*	*7,30*	*Mittelsand, grau, stark feinsandig, ziemlich lose gelagert*	
10	*24,00*	*4,20*	*Mittelsand, grau, rein*	
11	*28,40*	*4,40*	*Mittelsand, grau, grobsandig, rein*	
12	*32,50*	*4,10*	*Grobsand, grau, mit kleinen Steinen*	
13	*32,90*	*0,40*	*Steinschicht*	*(1 Sprengung)*
14	*33,40*	*0,50*	*Grobsand, grau, stark tonig, mit Steinen*	*Grundwasser stellt sich in 33,00 m Tiefe auf 10,20 m ein*
15	*34,00*	*0,60*	*Ton, grau, steinig festliegend Bohrung mit genügendem Erfolg auf 34,00 m Tiefe eingestellt*	*Verrohrung: bis 9,00 m 600 mm ⌀, bis 34,00 m 318 mm ⌀*

Allgemeine Bemerkungen: *Die Sande von 25,00 bis 32,50 m (Nr. 10 bis 12) sind zum Filtereinbau sehr gut geeignet. Grundwasserspiegel am Tage nach Beendigung der Bohrung 10,15 m.*

1	2	3	4		
			a	b	c
Nr.	Bis .... m unter Bohrpunkt	Erbohrte Mächtigkeit in m	Hauptbodenart	Farbe	Art der Beimengungen
			Steine über 70 mm[1] Grobkies 30 bis 70 mm Mittelkies 15 bis 30 mm (bis Walnußgröße) Mittelkies 5 bis 15 mm (bis Haselnußgröße) Feinkies 2 bis 5 mm (bis Erbsengröße) Grobsand 1 bis 2 mm (Korngröße wie Grobgrieß) Mittelsand 0,2 bis 1 mm (Korngröße wie feiner Grieß) Feinsand 0,1 bis 0,2 mm (Körner eben erkennbar) Mehlsand 0,02 bis 0,2 mm (Körner nicht erkennbar) Schluff 0,002 bis 0,02 mm (feinstes Gesteinsmehl, naß bindig, trocken zerreibbar) Löß — Lößlehm Lehm Mergel (Tonmergel, Geschiebemergel) Ton Schlick Moorerde Faulschlamm Torf Braunkohle Steinkohle Gips Steinsalz Sandstein Kalkstein Mergelstein (Steinmergel, Kalkmergel) Mergelschiefer Schieferton Granit Porphyr Basalt und andere	weiß, grau, blau, gelb, rot, grün, braun, schwarz usw. graugelb, braunrot, hellgrün, dunkelblau bunt, grüngefleckt, roststreifig usw.	rein-humos, moorig, sandig, lehmig, tonig, usw. feinsandig, grobkiesig usw. stark tonig, schwach lehmig, schluffig usw. mit viel Mittelsand, wenig mit Grobkies, mit großen Steinen usw. mit Kohlenspuren, mit Pflanzenresten, mit Muschelschalen (wichtig) usw. Versteinerungen mit genauer Tiefenangabe der Fundschicht gut aufbewahren.

[1] Die Korngrößen entsprechen den „Körnungen“ (Siebdurchgang und Rückstand) messers vor-

5			6		Bemerkungen
d	e	f	g	h	
Beschaffenheit	Wassergehalt	Kalkgehalt	Ortsübliche Benennung	Geologische Bezeichnung oder Formation	
Im Bohrloch zusammenfließend, weich, lose gelagert, fest gelagert schmierig, knetbar, quellfähig, zäh, fest, hart locker, bröckelig, brüchig, klüftig, porös, mager, fett, eckig, kantig, flach, rund, kantengerundet usw. Vorsicht bei Spülbohrungen)	trocken, naß, im Grundwasser liegend. Grundwasserstand ist in Spalte 7 anzugeben. (Bei Spülbohrungen ist hier keine Angabe zu machen.)	Es ist anzugeben: Kalkhaltig, kalkfrei (Prüfung stets ausführen mit einigen Tropfen Salzsäure [1 Teil handelsübl. Salzsäure mit 1 bis 2 Teilen Wasser gemischt] Kalkgehalt gibt sich durch Aufbrausen zu erkennen.) (Salzsäure kann in Hartgummifläschchen für Füllfedern mitgeführt werden.)	Die Angabe derselben ist hier erwünscht, dagegen nicht in Spalte 4a. Beispiele: Klei, Schliefsand usw. Auch soll hier die Bezeichnung Mutterboden gebracht werden.	Nur ausfüllen, wenn bekannt Beispiele: Düne, Grundmoräne, Bänderton, Weserkies, Septarienton, Grünsand, Muschelkalk	Beobachtungen über: Grundwasserstand: Wasserzu- und -abfluß, Wasserauftrieb, Bodenauftrieb, Gasausbrüche Nachsacken oder Verdrücken der Rohre, Seitliches Ausweichen der Rohre, Schwierigkeiten beim Bohren, Wechsel des Bohrgeräts, Bohrzeit, Unterbrechungen der Bohrarbeit Witterung Bei Kernbohrungen Fallwinkel Auch ist hier anzugeben, ob es sich um aufgeschütteten Boden handelt.

nach DIN 1179. Sie sind in mm anzugeben. Nötigenfalls sind Grenzwerte des Durchzusehen.

Anlage 3. **Anweisung für das Ausfüllen der Schichtenverzeichnisse**
(Bohr- und Schurfergebnisse).

1. Für jedes Schurf- oder Bohrloch ist ein besonderes Blatt (Kopfblatt mit Anlagen) zu verwenden.

2. Die Lage der Bohrpunkte ist in einer Skizze anzugeben*.

3. Alle Messungen sind auf eine Vergleichshöhe (möglichst auf NN) zu beziehen*.

4. Alle Proben sind in frischem Zustande zu beurteilen. Die Farben sind bei Tageslicht zu bestimmen. Nachträgliche Farbenänderungen sind im Schichtenverzeichnis (Spalte Bemerkungen) anzugeben.

5. Boden- und gegebenenfalls Wasserproben für chemische Untersuchungen sind sorgfältig zu entnehmen und aufzubewahren*. Vergleiche DIN 4021 — Grundsätze für die Entnahme von Bodenproben.

6. Alle Spalten sind auszufüllen. Bei unsicherer Beurteilung ist hinter der Bezeichnung der Bodenart ein Fragezeichen zu setzen. Liegt keine Feststellung vor, so ist ein Strich zu machen. Auf derselben Baustelle sind dieselben Bodenarten mit derselben Bezeichnung zu versehen.

Künstlich aufgeschütteter Boden ist als solcher in Spalte 7 bzw. 5 kenntlich zu machen, seine Beschaffenheit ist wie sonst anzugeben.

7. Sehr wichtig sind alle Angaben über Wasservorkommen. Bei Grundwasser sind sein Stand und dessen Änderungen (verschiedene Grundwasserstockwerke) festzustellen. Das endgültige Einspiegeln ist abzuwarten. Bei Brunnenbohrungen ist anzugeben, welche Absenkung bei Pumpversuchen eintritt und in welcher Zeit das Wasser wieder ansteigt.

Wasserbringende oder wasserschluckende Schichten oder Spalten sind besonders anzugeben. (Vorsicht bei Spülbohrungen.)

Die Wasserspiegel benachbarter Brunnen und etwa in der Nähe gelegener offener Wasserläufe sind möglichst ebenfalls einzumessen.

---

* Wenn der Bohrunternehmer diese Leistungen mit ausführen soll, ist es besonders zu vereinbaren.

Beilage 2.

Merkblatt.

Vorarbeiten für Baugrunduntersuchungen.

(Für Gründungen und Tiefbauten verschiedener Art.)

Gang der Feststellungen:

I. Allgemein.

Lagepläne, Karten,
Geologische Verhältnisse, Vorgeschichte des Geländes,
Anschüttungen, Abgrabungen, alte Teiche, Flußläufe usw.,
Beobachtungen über Grundwasserbewegungen und -schwankungen,
Stollen, Bergwerke,
Festpunkte, frühere Messungen,
Niederschläge, Grundwasserstände, Brunnen,
örtliche Bauerfahrungen.

II. Im besonderen.

a) Bei Neubauten:
Pläne, Gewichte und Belastungen, Breite, geplante Gründungsart, stat. System des Bauwerkes, Form und Größe der Fundamentplatten,
Gründungstiefe über N.N., benachbarte Bauten und ihr Verhalten,
Für Maschinenfundamente auch Massen, Leistung und Umdrehungszahlen.

b) Begutachtung vorhandener Bauten oder Erweiterungen, Anbauten:
Vorhandene Pläne und Messungen (Höhe, Verschiebungen),
Nutzlast, bei Tanks Füllungen,
äußere Einflüsse, Erdbeben, Erschütterungen, Art des Betriebes,
Frühere Hebungen, Anbauten, Wiederherstellungen usw.,
Eingriffe in den Boden in der Nähe (z. B. Schachtbauten, Aushub, Rammen, Grundwasserabsenkungen usw.).

III. Auf der Baustelle.

Probelöcher und -schächte,
Probebelastungen oder dynamische Versuche,
Bohrungen (Art), Probeentnahme,
Bezeichnen und Verpacken der Proben (s. Entnahmeanweisung),
Entnahme von Wasserproben (Entnahmeanweisung!), Beobachtung des Grund- oder Sickerwasserandranges im Schürf- oder Bohrloch (gespanntes Grundwasser?, verschiedene Stockwerke?),
Anbringen von Bolzen für Nivellement oder Schlauchwaage,
Einmessen der Fixpunkte und Bolzen (von Zeit zu Zeit, mit Fortschreiten des Baues in kürzeren, später längeren Abständen, wiederholen!),
bei Staudämmen Feststellen der Wasseraustritte und -verluste.

IV. Im Laboratorium.

a) Von allen Proben:
Nat. Wassergehalt,
spezifisches Gewicht, Raumgewicht (für Verdichtungsnachprüfung) und meist auch Kornverteilung,
Atterbergsche Grenzen bindiger Bodenarten.

b) Für Setzungsnachrechnung oder -vorhersage:
Wie zu a), Kompressions-Durchlässigkeitsversuch,
Porenziffer, Druckversuch mit unbehinderter Seitenausdehnung,
Ermittlung der Druckverhältnisse im Untergrund, der Vorbelastung,
ferner des Druckanstieges durch Lasterhöhung,
Berechnung des Maßes und der Geschwindigkeit der Setzung,
Nachprüfen auf Einbruchgefahr.

c) Für Rutschungen, Dämme usw.:
Versuche nach a), ferner Druckversuch mit unbehinderter Seitenausdehnung, Reibungsversuch,
Durchlässigkeitsversuch, Böschungswinkel, Schichtung,
Ermittlung der gefährlichsten Gleitfläche durch Berechnungen,
Berücksichtigung des Strömungsdruckes.

d) Für Straßenbau:
Versuche nach a), ferner Einrüttelungsversuch, Kapillaritätsversuch.

Beilage 3.

Besondere Anweisung zur Entnahme von ungestörten Bodenproben aus Bohrlöchern mit dem Entnahmegerät nach A. Casagrande (Abb. 12).

Vorbedingungen.

Innerer Futterrohrdurchmesser $\geqq$ 150 mm.

Der Durchmesser der Schappe, mit der vorgebohrt wird und die gestörten Proben entnommen werden, muß dem Durchmesser des Bohrrohres entsprechen, sonst klemmt sich das Entnahmegerät beim Einbringen leicht fest.

Arbeitsvorgang.

1. Gerät an das Gestänge anschrauben.
   Das Entnahmegerät ist mit einem $1^1/_2''$ Whitworth-Gewinde, 6 Gang je Zoll, versehen. Deshalb ist allenfalls, entsprechend dem vorhandenen Bohrgestänge, ein Zwischenstück anzufertigen.
2. Mit Hilfe einer Holzschablone ist aus 0,5 mm starkem Klaviersaitendraht (*h*) eine Drahtschlinge zu formen und in die in der Schneide (*c*) vorgesehene Nut einzulegen. Etwas mit Ton „verkitten“! Die beiden je 1 m langen freien Enden des Drahtes sind an der Außenwand des Mantelrohres (*a*) in der Nut (*i*) hochzuführen und dann an dem Drahtseil (*g*) so zu befestigen, daß sie beim Einbringen in das Bohrloch noch keinen Zug bekommen.
3. Die Vakuumpumpe (*d*) an das Gerät anschließen. (Ansatz im Kopfstück (*b*)!)
4. Drahtseil (*g*) und Schlauch (*e*) sind lose an das Bohrgestänge anzubinden, um zu verhindern, daß sich der Schlauch oder das Seil zwischen Entnahmegerät und Rohrwandung einklemmt und vorzeitig die Schlinge (2.) gezogen wird.

5. Während des Absenkens des Gerätes ist das obere Schlauchende zu verschließen bzw. abzuklemmen, damit die in dem Gerät vorhandene Luftsäule ein Eindringen des Grundwassers in das Gerät möglichst verhindert. Erst wenn die Schneide eingedrückt oder mit wenigen leichten Schlägen etwa 3—4 cm in den Boden der Bohrlochsohle gerammt worden ist, so daß ein Abschluß entsteht, wird die Luft mit Hilfe der Vakuumpumpe aus dem Entnahmerohr abgesaugt.
6. Eindrücken des Gestänges mit dem Entnahmegerät geschieht mit einer Presse oder durch Rammen mit einem leichten Fallbär oder schweren Meißel.
7. Während des Eindrückens oder Einrammens Luft pumpen.
8. Nachdem das Gerät etwa 40—45 cm in den Boden eingedrungen ist, wird das Drahtseil um etwa $^1/_2$ m gezogen, so daß die im Gerät vorhandene Probe unten abgeschnitten wird.
9. Das Gerät vorsichtig anheben; besondere Vorsicht beim Heben über den Grundwasserspiegel. Während des Hebens muß noch gepumpt werden.
10. Kopf (*b*) und Schneide von dem Gerät, am besten liegend, abschrauben, die Probe aus dem Mantelrohr nehmen oder vorsichtig ausdrücken und entsprechend der „Entnahmeanweisung" einparaffinieren, bezeichnen und versenden.

Von bindigen Böden werden auch Proben mit einem einfachen „Entnahmestutzen" entnommen. Die Handhabung ist der des Entnahmegerätes nach Casagrande ähnlich, nur wird kein Vakuum durch Pumpen erzeugt, und die Schneide ist nicht abschraubbar. Auch das Abschneiden der Probe durch Draht fällt fort. In der Regel sind dann mehrere Stutzen (Rohre) im Gebrauch. Die Bodenprobe bleibt in dem Entnahmerohr, wird nur oben und unten mit Paraffin vergossen, beschriftet, verpackt, an die Untersuchungstelle eingesandt und dort vorsichtig herausgedrückt.

Beilage 4.

Umrechnungstabelle zur Bestimmung des Wassergehaltes.

in % des Trocken-Gewichts	Wassergehalt in % des Gesamt-Gewichts	in % des Gesamtrauminhaltes für $\gamma = 2{,}0$	$\gamma = 2{,}65$	in % des Trocken-Gewichts	Wassergehalt in % des Gesamt-Gewichts	in % des Gesamtrauminhaltes für $\gamma = 2{,}0$	$\gamma = 2{,}65$
5	4,76	9,1	11,8	80	44,5	61,5	68,0
10	9,1	16,7	21,1	90	47,3	64,1	70,3
20	16,7	28,6	34,8	100	50,0	66,7	72,5
30	23,1	37,4	44,4	200	66,7	80	84,3
40	28,6	44,5	51,4	300	75	85,7	89,0
50	33,3	50,0	56,8	500	83,3	91	93,0
60	37,5	54,5	61,3	800	88,9	94	95,5
70	41,1	58,4	65,0	1000	90,9	95,2	96,3

Beilage 5.

Tabelle zur Bestimmung der Porenziffer aus dem Porengehalt.

Porengehalt in % des Gesamtrauminhaltes	Porenziffer	Porengehalt in % des Gesamtrauminhaltes	Porenziffer
5	0,053	50	1,0
10	0,111	55	1,22
15	0,177	60	1,50
20	0,250	65	1,86
25	0,333	70	2,33
30	0,429	75	3,00
35	0,540	80	4,0
40	0,667	90	9,0
45	0,819	100	∞

Beilage 6.

Beispiel für die Berechnung der Druckverteilung im Baugrund mit Hilfe der Kurven von Steinbrenner[1].

Die Steinbrennerschen Kurven gelten nur für Eckpunkte von Rechtecken. Soll also die maximale Beanspruchung des Baugrundes in Fundamentmitte bestimmt werden, so ist der Grundriß des Fundamentes in 4 gleiche Rechtecke zu unterteilen und die für einen Eckpunkt ermittelte Spannung mit 4 zu multiplizieren.

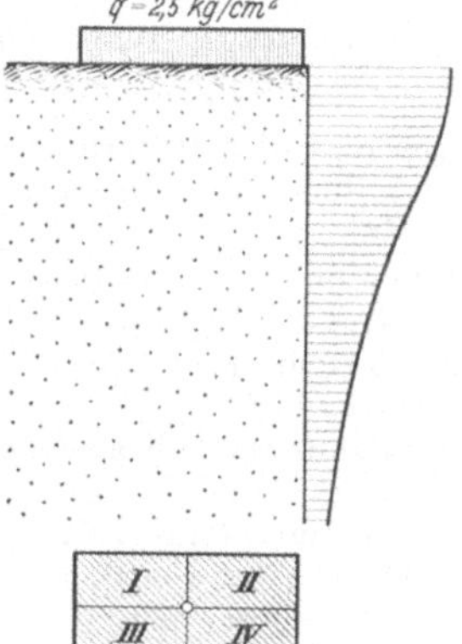

Abb. 163.

Es seien:

a = 4 m = Länge des Fundamentes,
b = 2 m = Breite des Fundamentes,
c = Tiefe unter Fundamentsohle, in der die Spannung σ gemessen werden soll,
q = Auflast = 2,5 kg/cm².

Für $\frac{a}{b} = 2$ ergibt sich nach der entsprechenden Kurve in Abb. 164 eine bestimmte Abhängigkeit von $\frac{c}{b}$ zu $\frac{\sigma}{q}$. Da b und q konstante Werte sind, kann ohne große Rechnung für jede beliebige Tiefe c die Spannung σ ermittelt werden.

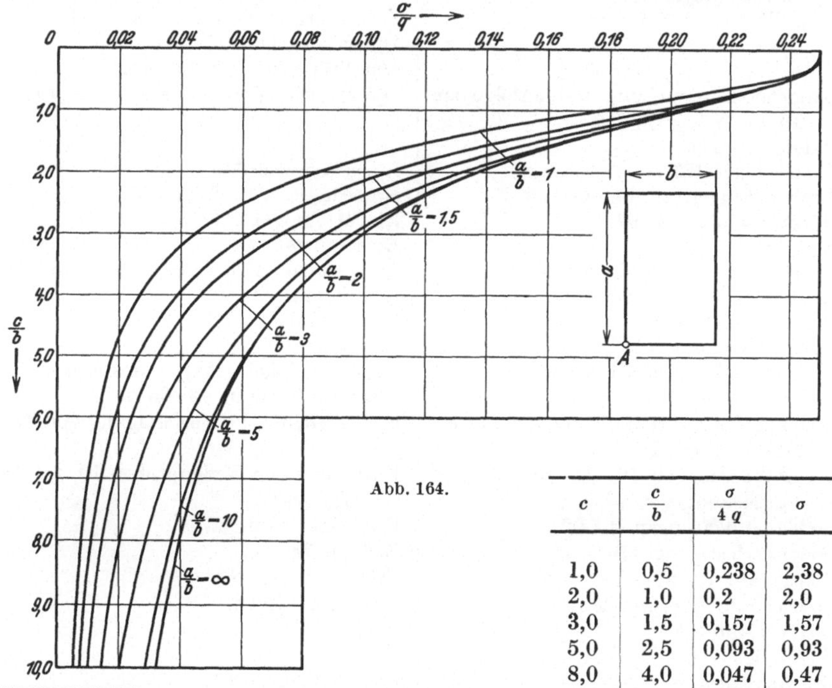

Abb. 164.

c	$\frac{c}{b}$	$\frac{\sigma}{4\,q}$	σ
1,0	0,5	0,238	2,38
2,0	1,0	0,2	2,0
3,0	1,5	0,157	1,57
5,0	2,5	0,093	0,93
8,0	4,0	0,047	0,47

[1] Aus Aufsatz Steinbrenner, „Tafeln zur Setzungsberechnung“. Straße 1934 Heft 4; siehe auch [12, Bd. II S. 142 u. 143].

Stichwortverzeichnis.